"十二五"重点图书
教授·博导精心编写

·研究生系列教材

# 现代图像分析

高新波　李　洁　田春娜　编著

西安电子科技大学出版社

## 内 容 简 介

　　本书系统地介绍了现代图像分析的基本原理、典型方法和实用技术，同时还介绍了近年来国内外有关图像分析的最新研究进展、研究成果和应用实例。全书共分为六章，第一章为绪论，主要介绍图像处理与图像分析的关系；第二章介绍区域分割与描述；第三章讨论边缘提取与描述；第四章为形状描述与分析；第五章是数学形态学分析；第六章为纹理图像分析。本书从颜色、形状、纹理以及形态学方面对图像中的目标进行了特征描述和分析，结合内容的阐述列举了典型的应用，并附有相当数量的习题。

　　本书可以作为高等院校工科电子信息类专业的教材，也可以作为从事多媒体信息处理的科技工作者的参考书。

**图书在版编目(CIP)数据**

**现代图像分析**/高新波，李洁，田春娜编著. —西安：西安电子科技大学出版社，2011.5

研究生系列教材

ISBN 978 - 7 - 5606 - 2532 - 4

Ⅰ. ① 现… Ⅱ. ① 高… ② 李… ③ 田… Ⅲ. ① 图像分析—研究生—教材 Ⅳ. ① TP391.41

**中国版本图书馆 CIP 数据核字(2010)第 261470 号**

策　　划　高维岳

责任编辑　张晓燕　高维岳

出版发行　西安电子科技大学出版社(西安市太白南路 2 号)

电　　话　(029)88242885　88201467　　邮　　编　710071

网　　址　www. xduph. com　　　电子邮箱　xdupfxb001@163.com

经　　销　新华书店

印刷单位　陕西天意印务有限责任公司

版　　次　2011 年 5 月第 1 版　2011 年 5 月第 1 次印刷

开　　本　787 毫米×1092 毫米　1/16　印　张　13

字　　数　304 千字

印　　数　1～3000 册

定　　价　24.00 元

ISBN 978 - 7 - 5606 - 2532 - 4/TP · 1261

XDUP 2824001 - 1

# "十二五"重点图书 研究生系列教材

# 编审委员会名单

# 前　　言

　　随着传感器和网络多媒体技术的迅猛发展，信号处理的对象逐步从一维时间序列向高维空间数据过渡，其中二维图像成为人们处理和分析的重要研究对象。与此同时，图像处理与分析在工农业生产、军事、医疗、教育和环境监测等领域也获得了广泛的应用。

　　如果说图像处理主要研究图像的采集、传输和显示的话，那么图像分析则着重于图像的特征提取和描述。从这个意义上来看，图像处理并不涉及图像内容，主要是用来提高二维数据的获取质量、传输速度、显示性能，减少数据的存储空间。图像分析则涉及到低层语义分析，主要是为进一步的图像理解和模式识别进行特征提取，构建合适的表达和描述空间。就研究内容来看，图像处理包括了图像变换、图像编码、图像增强；而图像分析则包含图像分割、边缘提取、形状描述、形态学分析和纹理分析。计算机视觉领域完整的知识体系应包括图像处理、图像分析和图像理解。因此，从课程设置上看，在学生学习过图像处理的相关知识后，应转入图像分析的学习。为此，我们编写了这本教材，较为系统地总结了有关图像分析的经典理论和最新的研究进展。

　　本书共分为六章，第一章为绪论，对图像分析的基本概念进行了阐述；第二章为区域分割与描述，分别介绍了灰度图像和彩色图像的区域分割方法；第三章为边缘提取与描述，重点介绍了边缘检测的各种算法；第四章为形状描述与分析，介绍如何对检测出的目标边缘和区域进行恰当的描述，以提取描述和表达区域形状的特征，如边界、骨架等，为目标识别提供依据；第五章为数学形态学分析，是以集合论为工具对图像进行分析；第六章为纹理图像分析，纹理是图像普遍具有的特征，表达了目标或景物的空间结构信息，因此，纹理特征分析是现代图像分析的重要内容。每章后附有参考文献和练习题，供学生自学和练习，同时部分习题要求学生用 MATLAB 编程实现，以加强实践，使学生深入理解所学内容。本书最后附有图像分析词汇的英汉对照表，以方便学生阅读英文文献。通过本书的学习，希望学生掌握有关图像分析的基本概念，掌握各种算法原理，同时具备完整的图像分析系统设计能力，能够学以致用，直接将所学知识用于工程实践。

　　本书可以作为高等院校工科电子信息类专业的教材，也可以作为从事多媒体信息处理的科技工作者的参考书。

　　本书由西安电子科技大学高新波教授、李洁教授和田春娜副教授共同编写。博士生王楠楠、高飞等，硕士生袁博、唐文剑、孙李斌、刘振兴、李晋舟等参与了本书的源程序调试以及文字录入和校对工作。在编写本书过程中，得到国家自然科学基金（No. 60771068，No. 60702061，No. 60832005）和陕西省自然科学基金（2009JM8004）的资助，西安电子科技大学电子工程学院和出版社领导也给予了大力支持，在此一并表示感谢。本书的编写参考了大量书籍和论文，在此对所引用论文和书籍的作者也深表感谢。

由于编者水平有限，书中难免有不足和不当之处，恳请读者批评指正。

编　者

2010 年 11 月于西安电子科技大学

# 目　录

# 第一章　绪　论

## 1.1　从图像处理到图像分析

### 1.1.1　景物和图像

通常人眼所看到的客观存在的世界称为景象。当我们从某一点观察某一景象时，物体所发出的光线或者物体所反射或透射的光线进入人眼，在人的视网膜上成像。这个"像"反映了客观景物的亮度和颜色随空间位置和方向的变化，因此它是空间坐标的函数。不过，客观世界在空间上是三维（3D）的，但一般从客观景物得到的"像"是二维（2D）的。视网膜成像是一种自然的生理现象，但只是到了人类文明发展到一定程度人们才意识到它的存在，并设法用各种方法把它记录下来。这种记录下来的各种形式的"像"就是通常所指的图像，它包括各类图片、照片、绘画、文稿、X 光胶片等。这些图像是人类对客观景象、事物，以及人们的思维、想象的一种描述（Description）和记录，是人类表达和传递信息的一种重要手段。在人们对外界的感知中，大约有 70％ 是通过人的视觉系统，也就是以图像的形式获得的。此外，图像带有大量的信息，百闻不如一见，正说明了这样一个事实。

在图像发展史上，三张具有里程碑意义的照片如图 1.1.1 所示。

(a) 第一张模拟照片　　　　(b) 第一张数字照片　　　　　　(c) 第一张高清晰卫星照片

图 1.1.1　三张具有里程碑意义的照片图像

200 年前，"现代摄影术之父"福克斯·塔尔博特将树叶曝光于赭色感光纸上，拍摄了世界上第一张模拟照片。1975 年，在美国纽约罗彻斯特的柯达实验室中，一个孩子与小狗的黑白图像被 CCD 传感器所获取，记录在盒式音频磁带上，利用世界上第一台数码相机获取了第一张数码照片。2008 年 10 月，全球清晰度最高的商用成像卫星"GeoEye-1"拍摄的第一张照片是美国宾夕法尼亚州库茨敦大学的鸟瞰图，它的拍摄精度可以精确到 0.4 m。可以看到，图像的发展不仅改变了人类的生活和工作方式，也成为推进人类发展不可或缺的原动力。

随着科学技术的不断发展，人类不仅能够获得并记录那些人眼可见的图像信息，即可见光范围内的图像，而且可以获得许多在通常情况下人眼无法看到的图像。这就是利用非可见光和其它手段成的"像"，利用适当的换能装置可将其变成人眼可见的图像，例如 X 射线成像、红外成像、超声成像和微波成像等。这使得人的视觉能力大大得到增强和延伸。因此，图像是用各种观测系统以不同形式和手段观测客观世界而获得的，可以直接或间接作用于人眼，进而产生视知觉的实体。随着计算机技术的迅速发展，人们还可以人为地创造出色彩斑斓、千姿百态的各种图像，图 1.1.2 给出了几种形式的图像。

(a) 可见光成像　　　　　　(b) 红外成像　　　　　　(c) 卡通图像

图 1.1.2　各种图像的示例

## 1.1.2　图像的数学描述

一幅图像所包含的信息首先表现为光的强度（Intensity），它是随空间坐标 $(x, y)$、光线的波长 $\lambda$ 和时间 $t$ 而变化的，因此图像函数可写成下式：

$$I = f(x, y, \lambda, t) \qquad (1.1-1)$$

按照不同的情况，图像可以分为各种类型。

若只考虑光的能量而不考虑它的波长，则在视觉效果上只有黑白深浅之分，而无色彩变化，这时称其为黑白图像或灰度图像，图像函数表示为

$$I = f(x, y, t) = \int_0^\infty f(x, y, \lambda, t) V_s(\lambda) \mathrm{d}\lambda \qquad (1.1-2)$$

式中 $V_s(\lambda)$ 为相对视敏函数。

当考虑不同波长的彩色效应时，则为彩色图像。根据三基色原理，任何一种彩色可分解为红、绿、蓝三种基色。所以，彩色图像可表示为

$$I = \{f_r(x, y, t), f_g(x, y, t), f_b(x, y, t)\} \qquad (1.1-3)$$

式中

$$f_c(x, y, t) = \int_0^\infty f(x, y, \lambda, t) R_c(\lambda) \mathrm{d}\lambda, c \in \{r, g, b\}$$

其中 $R_c(\lambda)$ 分别为红、绿、蓝三基色的视敏函数。

彩色图像 RGB 模型是面向硬件设备的最常用模型，而面向彩色处理的最常用的模型是 HSI 模型，这里 H 表示色调（Hue），S 表示饱和度（Saturation），I 表示亮度（Intensity）。其中，I 分量与图像的彩色信息无关，而 H 和 S 分量与人感受颜色的方式密切相关，这些

特点使得该模型非常适合于借助人的视觉系统来感知彩色特性的图像处理算法。

当图像内容(Image content)随时间变化时，称之为时变图像或运动图像，比如运动目标的图像、电影、电视的画面都是运动图像。反之，当图像内容不随时间变化时，称之为静止图像。

### 1.1.3　数字图像

人眼所能够看到的图像称之为模拟图像，它可以表示成一个 2D 的连续、可解析的实函数 $f(x, y)$，这里 $x$ 和 $y$ 表示 2D 空间 $XY$ 中一个坐标点的位置，而 $f$ 则代表图像在点 $(x, y)$ 的某种性质 $F$ 的数值。例如常用的图像一般是灰度图或者彩色图，这时 $f$ 表示灰度值(Gray level)或者颜色值，它常对应客观景物被观察到的亮度值或色彩值。

为了能用数字计算机对图像进行加工处理，需要把连续的图像在坐标空间 $XY$ 和性质空间 $F$ 都进行离散化，这种离散化了的图像就是数字图像，可以用 $I(i, j)$ 来表示。这里 $I$ 代表离散化后的 $f$，$(i, j)$ 代表离散化后的 $(x, y)$，其中 $i$ 代表图像的行(Row)，$j$ 代表图像的列(Column)。这里 $I$、$i$、$j$ 的值都是整数。本书以后主要讨论数字图像，在不至引起混淆的情况下我们用 $f(x, y)$ 代表数字图像，如不特别说明，$f$、$x$、$y$ 都在整数集合中取值。

早期英文书籍里一般用 Picture 代表图像，英文 Picture 的原意是指图片、图画、各种照片以及光学影像，是采用绘画或者拍照的方法获得的人、物、景的模拟。现在普遍采用 Image 代表离散化了的数字图像。英文 Image 的含义是"像"，是客观世界通过光学系统产生的视觉印象。图像中每个基本单元叫做图像元素，简称像素(Picture element)。对 2D 图像，英文里常用 Pixel 代表像素。对 3D 图像，英文里常用 Voxel 代表其基本单元，简称体素(Volume element)。

与数字图像相关的概念有视频(Video)、图形(Graphics)和动画(Animation)。

视频——视频图像又称为动态图像、活动图像或者运动图像。它是一组图像在时间轴上的有序排列，是 2D 图像在一维时间轴上构成的序列图像。考虑到人眼的视觉特征，视频图像的刷新速度都有一个明确的限制。如 NTSC 制式的电视视频是 30 帧/秒(fps, frame per second)，PAL 制式的电视视频是 25 帧/秒，电影则是 24 帧/秒。

图形——图形是图像的一种抽象，它反映图像的几何特征，例如点、线、面等。图形不直接描述图像中的每一点，而是描述产生这些点的过程和方法，被称为矢量图形。矢量图形以解析的形式描述一幅图中所包含的直线、圆、弧线的形状和大小，甚至可用更复杂的形式表示图像中的曲面、光照、材质等。图形的矢量化能够对图中多个部分分别进行控制。所有图形都可用数学的方法加以描述，因而可以对其中任何对象进行任意的变换：放大、缩小、旋转、变形、移位、叠加、扭曲等，但仍保持图形特征。图形变换的灵活性以及处理上的更大自由度等都给计算机图形学的发展带来了巨大的活力。

动画——动画属于动态图像的一种。它与视频的区别在于视频的采集来源于自然的真实图像，而动画则是利用计算机产生出来的图像或图形，是合成的动态图像。动画包括二维动画、三维动画、真实感三维动画等多种形式。

### 1.1.4　图像处理与图像分析

对于目前人们研究的数字图像，所涉及的技术主要是计算机图像技术。这包括利用计算机和其它电子设备进行和完成的一系列工作，例如图像的采集、获取、编码、存储和传输，图像的合成和产生，图像的显示和输出，图像的变换、增强、恢复(复原)和重建，图像的分割，目标的检测、表达和描述，特征的提取和测量，序列图像的校正，3D景物的重建复原，图像数据库的建立、索引和抽取，图像的分类、表示和识别，图像模型的建立和匹配，图像和场景的解释和理解，以及基于它们的判断决策和行为规划，等等。另外，图像技术还包括为完成上述功能而进行的硬件设计及制作等方面的技术。

由于图像技术近年来得到极大的重视和长足的进展，出现了许多新理论、新方法、新算法、新手段、新设备。图像工作者普遍认为亟需对图像和它们的处理、分析技术进行综合研究和集成应用，这个工作的框架就形成了图像工程。图像工程学科是利用数学、光学等基础科学的原理，并结合在图像应用中积累的技术经验而发展起来的。

图像工程的内容非常丰富，清华大学的章毓晋教授根据抽象程度和研究方法等的不同把图像分为三个层次(见图 1.1.3)：图像处理(Image processing)、图像分析(Image analysis)和图像理解(Image understanding)。换句话说，图像工程是既有联系又有区别的图像处理、图像分析及图像理解三者的有机结合，另外还包括对它们的工程应用。

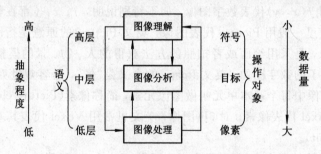

图 1.1.3  图像工程三层次示意图

图像处理着重强调在图像之间进行的变换。虽然人们常用图像处理泛指各种图像技术，但比较狭义的图像处理主要满足对图像进行各种加工以改善图像的视觉效果并为自动识别打基础，或对图像进行压缩编码以减少所需存储空间或传输时间、传输通路的要求。

图像分析则主要是对图像中感兴趣的目标进行检测和测量，以获得它们的客观信息从而建立对图像的描述。如果说图像处理是一个从图像到图像的过程，那么图像分析是一个从图像到数据的过程。这里的数据可以是对目标特征测量的结果，也可以是基于测量的符号表示。它们描述了图像中目标的特点和性质。

图像理解的重点是在图像分析的基础上，进一步研究图像中各目标的性质和它们之间的相互联系，并得出对图像内容含义的理解以及对原来客观场景的解释，从而指导和规划行为。如果说图像分析主要是以观察者为中心研究客观世界(主要研究可观察到的事物)，那么图像理解在一定程度上是以客观世界为中心，借助知识、经验等来把握整个客观世界(包括没有直接观察到的事物)。

综上所述，图像处理、图像分析和图像理解是处在三个抽象程度和数据量各有特点的不同层次上。图像处理是比较低层的操作，它主要在图像像素级上进行处理，处理的数据量非常大。图像分析则进入了中层，分割和特征提取(Feature detection)把原来以像素描述的图像转变成比较简洁的非图形式的描述。图像理解主要是高层操作，基本上是对从描述抽象出来的符号进行运算，其处理过程和方法与人类的思维推理有许多类似之处。另外由图 1.1.3 可见，随着抽象程度的提高数据量是逐渐减少的。具体来说，原始图像数据经过一系列的处理过程逐步转化为更有组织和用途的信息。在这个过程中，语义(Semantic)不断引入，操作对象发生变化，数据量得到了压缩(Compress)。另一方面，高层操作对低层操作有指导作用，能提高低层操作的效能。

图像分析是图像处理和图像理解之间的桥梁，它具有把图像转化为知识的功能。鉴于目前图像理解的难度，以及图像处理书籍很多而图像分析文献太少的现状，本书将主要研究图像分析的理论基础和方法，以期对图像分析的研究起到一点参考和促进作用。

## 1.2　图像分析及其应用

如前面所述，图像处理的基本任务是通过对图像中各个像素的灰度变换，达到抑制不感兴趣的区域，从而增强感兴趣的区域的目的，主要包括图像的平滑(Smooth)和边缘锐化(Sharpen)等内容。因此，图像处理的目的是为了提高图像的视觉效果，便于用户的观察和进一步的分析。而图像分析的基本任务则是通过对图像中各个像素及其邻域的属性分析，从复杂背景中分割出感兴趣的目标，提取用以描述该目标的若干特征，并进一步进行比较和分类，主要包括图像分割、边缘提取、形状描述与分析、形态学分析(Morphology analysis)和纹理分析等内容。从这个角度说，图像分析的目的是为了提取图像所表达的内在信息，便于用户的辨别和理解。因此，图像处理是图像分析的基础和前提，而图像分析是图像处理的延伸和应用。

从图像分析的流程上分，图像分析包括图像分割和特征描述等模块。其中，图像分割是图像处理和图像分析的桥梁和纽带，通过图像分割我们才能从图像处理过渡到图像分析。在图像处理中，人们对每一个像素不加辨别同等处理，属于句法处理的范畴。而在图像分析中则必须搞清楚分析的对象，即感兴趣的目标，也就是说图像分析是针对内容的语义分析。图像分割就是把感兴趣的目标从背景中分离出来，其主要的原理就是基于目标与背景的特征差异，比如灰度(或颜色)的差异、连通性和统计特性等，根据领域的先验知识实现图像的分割。一旦得到了感兴趣的目标，就需要对该目标进行特征描述，这里的特征需要根据用户的实际要求而定，比如，可以是灰度(或颜色)、几何形状、纹理属性等。对于灰度或颜色的分析，有直方图统计、矩函数和累积量等指标；对于几何形状则需要提取目标的边缘信息，并考察边缘的链码、圆度、方度或曲线拟合等特征；纹理属性则涉及到空间域的描述和空间频率域的分析，因为纹理代表一定的空间规律性，是自然界中普遍存在的现象。从广义的角度讲，任何目标都具有一定的纹理特征；得到了目标的特征描述，就便于人们对各种不同的目标进行对比分析，找到不同物体的共性和个性，得到目标的内在的不变性，这样就可以方便地进行目标的分类和识别，进一步归纳出事物的内涵和外延，形成概念和知识，达到认知的目的。

从图像分析的内容上分，图像分析包括边缘检测(Edge detection)、区域检测(Region detection)、形态学分析和纹理分析等方面。从图像分析的对象上分，图像分析包括灰度图像分析、彩色图像分析和序列图像分析等形式。本书将从不同的侧面介绍上述图像分析的内容以及现代图像分析方法的研究现状及进展情况。和图像处理一样，图像分析也是一门应用性很强的学科，要系统地掌握图像分析的技术和方法，就必须坚持理论与实践相结合，充分了解图像分析的具体应用背景和效果，提高学习的兴趣。

目前，数字图像分析已经在许多领域中得到了广泛的应用，下面主要介绍几个重要的应用领域。

### 1. 遥感方面的应用

遥感有航空遥感和卫星遥感之分，它们采用不同的光源和技术获得大量的遥感图像，对这些图像需要用数字图像处理技术进行增强，然后需要借助于图像分析方法提取有用的信息。遥感图像分析可以用于地形地质，矿藏探查，森林、水利、海洋、农业等资源调查，自然灾害的预测和预报，环境污染的检测，气象卫星云图的分析等。现在，世界许多国家发射了不同用途的卫星，遥感图像资源大量增加，对图像分析技术提出了更高的要求。2003年我国神舟五号载人飞船的成功发射，以及进一步探月计划的实施，都要求我们掌握先进的图像分析技术。

### 2. 生物医学领域的应用

数字图像处理和分析技术从一开始就引起了生物医学界的浓厚兴趣，并首先应用于细胞分类、染色体分类和放射图像的处理与分析。20世纪70年代，数字图像处理在医学上的应用有了重大的突破。1972年计算机断层扫描技术（CT）得到了实际应用；1977年白血球自动分类仪问世；1980年X射线动态空间重建设备可以重现心脏活动的立体图像；此外，核磁共振成像技术（MRI）、超声成像技术、计算机辅助检测和诊断技术（CAD）等的出现都将医学图像处理和分析提高到一个新的水平。目前，随着医院数字化和信息化进程的不断推进，图像处理和分析技术发挥着越来越大的作用，比如，基于网络的远程会诊中就涉及到图像压缩传输、图像增强、感兴趣区域提取、测量和统计分析等。

### 3. 身份认证领域的应用

随着全球网络化和信息化进程的不断推进，身份认证技术引起了人们极大的关注。在银行、机场、海关、警察局等涉及政治、经济及国家安全等内容的重要地点，迫切需要快速有效的身份认证技术。鉴于传统的密码技术易破解、易遗忘等缺点，现在人们开始使用生物密码技术，比如人脸、指纹、虹膜、掌纹等皆可作为身份认证的标志。这就涉及到生物特征的图像采集、图像增强（Image enforcement）、特征提取、模式分类等内容。为得到可靠的识别结果，我们必须提取有效的图像特征，这要求我们掌握先进的图像处理和分析技术，不仅要求分析精度高，而且处理速度必须快。

### 4. 工业生产中的应用

这方面的研究从20世纪70年代有了迅速的发展，范围越来越广，水平越来越高，主要应用有产品质量检测、生产过程的自动控制、计算机辅助设计（CAD）和计算机辅助制造（CAM）等。在产品的质量检测方面，如无损探伤图像处理与分析，可以检查出零部件内部的损伤，焊缝质量等。在工业生产自动控制中，主要使用机器视觉系统对生产过程进行监视和控制，如港口的监视调度、交通管理中的车型识别和牌照识别、生产流水线的自动控制等。在计算机辅助设计和辅助制造方面，有模具CAD、机械零件CAD和CAM、服装CAD、纺织工业印染花型的CAD/CAM、提花织物的花型处理和纹板轧制等。

### 5. 信息检索领域的应用

随着 Internet 网络的发展和普及，网上存储着浩如烟海的信息，使得人们从过去的信息匮乏一下子变成信息爆炸。面对海量的信息，有时获得一点有用的信息就像是大海捞针。为此，有效的信息搜索引擎(Search engine)成为人们网上漫游的指南针。传统的基于关系型数据库的查询方法并不适合于网上多媒体信息的检索，为了搜索图像、视频的多媒体信息，人们提出了基于内容的信息检索技术。而该技术的基础就是图像分析，因此，要想设计出高效的基于内容的信息检索系统，就必须掌握先进的图像分析技术。

### 6. 军事领域的应用

在两次海湾战争和科索沃战争以后，人们逐步发现精确制导武器的威力和电磁干扰对传统探测雷达的威胁。为此，一方面世界各国努力发展武器精确制导技术，另一方面积极寻求其它的目标探测技术。针对前者，人们提出红外/电视跟踪制导技术，这就涉及到红外图像和可见光图像中的目标检测、跟踪和识别技术。针对后者，人们发展出被动定位和探测技术，比如多站红外被动定位技术，利用物体自身的红外辐射进行目标的探测，这也涉及到图像分析技术，此外，可见光、紫外线等也被用来成像进行目标的探测和识别。军事侦察卫星获得的大量图像也必须借助图像分析技术进行自动或半自动的处理。

正是需求促使科学技术的产生，也是需求促进了科学技术的发展；另一方面，科学技术的发展也推动应用领域的不断扩大。我们相信，随着图像分析技术的不断发展，其应用的领域和范围将更为广阔，同时我们也要不断了解社会的需求，以便研究和开发出更加实用的图像分析技术。

## 1.3 本书的安排和简介

图像分析技术的应用范围十分广泛，其所采用的基本原理和方法是一致的。本书将系统介绍图像分析的基本概念、基础理论和一些实用技术，一方面可帮助读者为进一步学习和研究图像理解和计算机视觉等高层技术奠定基础，另一方面使读者能通过学习解决图像分析应用中的具体问题。

全书共分为六章，每章后附有参考文献，最后是图像分析词汇的英汉对照表。下面对各章内容给予简单概述。

第一章为绪论，对图像分析的基本概念进行了阐述。首先介绍了景物与图像、图像的数学模型、数字图像及其各种表现形式，阐述了图像分析与图像处理之间的区别和联系，然后具体讨论了图像分析的研究内容、应用范围和应用实例，最后介绍了本书的章节安排。

第二章为区域分割与描述(Region segmentation and description)。图像分割是从图像处理向图像分析过渡的桥梁，也是图像分析的第一步。本章主要介绍了两种阈值化分割方法，分别是基于灰度的阈值化方法和基于区域的阈值化方法；三种区域分割方法，分别是分裂合并法、区域生长法、模糊连通图像分割。此外，针对彩色图像分割问题简要介绍了几种典型的颜色空间模型及分割算法。

　　第三章为边缘提取与描述(Edge detection and description)。边缘和轮廓包含着目标的形状、尺寸等信息,对于目标分类和识别具有重要的意义。本章首先介绍了图像域中五类基本的边界检测局部算子,接着介绍了四种变换域的边缘检测方法,即 Hough 变换域检测法、Radon 变换域检测法、小波域检测法和基于稀疏表示的边缘检测方法。

　　第四章为形状描述与分析(Shape description and analysis)。对检测出的目标边缘和区域要进行恰当的描述,以提取描述和表达区域形状的特征,如边界、骨架(Skeleton)等,为目标识别(Object recognition)提供依据。本章首先介绍四类二维形状描述技术,即内标量方法、外标量变换方法、内空间域技术和外空间域技术。接着介绍三维物体的表示方法,包括骨架描述法、表面描述法、体积描述法和广义圆柱体,以及由图像性质导出表面方向。

　　第五章为数学形态学分析(Morphology analysis)。形态学分析以集合论为工具对图像进行分析。本章首先介绍了集合论和逻辑运算等基础概念,然后介绍了形态学中的基本算子,如膨胀、腐蚀,开、闭以及击中、击不中变换等。在二值图像中介绍了形态学分析的几种有效的用途,比如噪声滤除、边缘提取、区域填充、连通分量提取、细化、粗化等;然后把二值图像形态学算子推广到灰度图像,并介绍了几种灰度形态学的使用算法,如形态学梯度算法、形态学平滑算法、纹理分割、高帽变换和粒度测定等。

　　第六章为纹理图像分析(Texture image analysis)。纹理是图像普遍具有的特征,表达了目标或景物的空间结构信息,因此,纹理特征分析是现代图像分析的重要内容。本章主要介绍了几种典型的纹理图像特征描述方法,包括统计方法描述(有空间域特征描述,变换域特征描述),纹理能量测量,基于马尔可夫随机场模型的纹理分析,基于分形、分维理论的纹理描述方法以及纹理结构分析方法等内容。

## 本章参考文献

[1]　章毓晋. 图像工程(上册):图像处理和分析. 北京:清华大学出版社,2000.

[2]　张兆礼,赵春晖,梅晓丹. 现代图像处理技术. 北京:人民邮电出版社,2001.

[3]　崔屹. 图像处理与分析:数学形态学方法及应用. 北京:科学出版社,2000.

[4]　贾云得. 机器视觉. 北京:科学出版社,2000.

[5]　陈桂明,张明照,戚红雨. 应用 Matlab 语言处理数字信号与数字图像. 北京:科学出版社,2000.

[6]　何斌,马天予,王运坚,等. Visual C++数字图像处理. 北京:人民邮电出版社,2001.

[7]　Kenneth R Castleman. Digital Image Processing. Prentice Hall. 影印版. 北京:清华大学出版社,1998.

## 练 习 题

1.1　连续图像 $f(x, y)$ 与数字图像 $I(i, j)$ 中各量的含义分别是什么? 它们有什么联系和区别？它们的取值各在什么范围？

    1.2  图像处理、图像分析和图像理解各有什么特点？它们之间有哪些联系和区别？

    1.3  举例说明近年来图像分析的应用领域。

# 第二章　区域分割与描述

在对图像的研究和应用中，人们往往只对图像中的某些部分感兴趣。这些部分称之为目标或者前景，其它部分称之为背景。目标一般对应于图像中具有某种独特性质的区域。为了辨识和分析目标，就需要将有关区域提取出来，在此基础上才能够对目标进一步处理，如特征提取、测量和识别等。像这样把图像划分成具有各种特性的区域并提取出感兴趣目标的过程就被称为图像分割（Image segmentation）。这里的特性可以是灰度、颜色、纹理等。图像分割是从图像处理过渡到图像分析的桥梁。这是因为图像的分割、目标的分离、特征的提取和参数的测量等将原始图像转化为更抽象、更紧凑的形式，使得高层的分析和理解成为可能。

图像分割可借助集合的概念进行建模，用下述方法定义：

令集合 $R$ 代表整个图像区域，对 $R$ 的分割可看做将 $R$ 分成若干个满足以下 5 个条件的非空子集（子区域）$R_1$，$R_2$，$\cdots$，$R_n$：

(1) $\bigcup_{i=1}^{n} R_i = R$；

(2) 对所有的 $i$ 和 $j$，$i \neq j$，有 $R_i \bigcap R_j = \varnothing$；

(3) 对 $i=1, 2, \cdots, n$，有 $P(R_i) = \text{TRUE}$；

(4) 对 $i \neq j$，有 $P(R_i \bigcup R_j) = \text{FALSE}$；

(5) 对 $i=1, 2, \cdots, n$，$R_i$ 是连通的区域。

其中 $P(R_i)$ 是所有在集合 $R_i$ 中元素的逻辑谓词，$\varnothing$ 是空集。

上述条件（1）指出分割所得到的全部子区域的总和（并集）应能包括图像中所有的像素；条件（2）指出各个子区域是互不重叠的；条件（3）指出在分割后得到的属于同一区域中的像素应该具有某些相同的特性；条件（4）指出在分割后属于不同区域的像素应该具有一些不同的特性；条件（5）要求同一个子区域内的像素应当是连通的。要满足上述要求，必须设计一定的准则来实现对图像的合理分割。条件（1）与（2）说明分割准则应适用于所有区域和所有像素，而条件（3）与（4）则说明分割准则应由各区域像素有代表性的特性决定。

图像分割是计算机视觉中的一个经典难题，至今仍没有一个通用、有效的解决方法。为此，人们提出了大量的图像分割算法。本章将详细介绍图像分割中两类典型的算法——阈值化分割算法和区域分割算法，然后简单介绍彩色图像分割方法。

## 2.1　阈值化分割

阈值化（Thresholding）分割是一种广泛使用的图像分割技术。它利用了图像中感兴趣的目标与其背景在灰度特性上的差异，把图像视为具有不同灰度级范围的两类区域（目标和背景）的组合，通过选取一个合适的阈值，以确定图像中每一个像素点应该属于目标还是背景区域，从而产生相应的二值图像。

阈值化分割算法主要有两个步骤：

(1) 确定分割阈值；

(2) 将待分割像素值与分割阈值比较以划分像素。

以上步骤中，阈值选择的是否合适是决定分割效果的关键，而在阈值确定后，阈值与像素值的比较和像素的划分可并行地进行，分割的结果直接给出图像区域。

在利用阈值化方法来分割灰度图像时一般假设图像符合一定的模型。如常用的单峰灰度分布模型假定图像的目标或背景灰度在交界处差异较大，而在各自的内部高度相关。这种条件下的图像灰度直方图（Histogram）可看做是由分别对应于目标和背景的两个单峰直方图混合构成的。进一步如果这两个分布大小（数量）接近且均值相距足够远，而且各自的均方差足够小，则直方图应为较明显的双峰。类似地，如果图像直方图有较明显的多峰分布，常可采用阈值化方法进行分割。

要把图像中各种灰度的像素分成两类需确定一个阈值。如果要把图像分成多个不同的类，那么需要选择一系列阈值以便将每个像素划分到合适的类别中去。前者为单阈值分割方法，后者为多阈值分割方法。单阈值分割可看做是多阈值分割的特例，许多单阈值分割算法可以推广到多阈值分割。反之，有时也可将多阈值分割问题转化为一系列单阈值分割问题来解决。不管用何种方法选取阈值，一幅原始图像 $f(x, y)$ 取单阈值 $T$ 分割后的图像可定义为

$$b(x, y) = \begin{cases} 1 & f(x, y) \geqslant T \\ 0 & f(x, y) < T \end{cases} \qquad (2.1-1)$$

还可将阈值设置为一个灰度范围 $[T_1, T_2]$，对灰度在范围内和外的像素分别标记，即：

$$b(x, y) = \begin{cases} 1 & T_1 \leqslant f(x, y) \leqslant T_2 \\ 0 & \text{其它} \end{cases} \qquad (2.1-2)$$

这样得到的 $b(x, y)$ 是一幅二值图像，目标和背景用不同的标记来表达。

图 2.1.1 给出单阈值分割的一个示例。其中，图(a)表示一幅含有多个不同灰度区域的原始图像 $f(x, y)$；图(b)为相应的直方图 $h(Z)$，其中 $Z$ 代表图像灰度值，$T$ 为用于分割的阈值；图(c)表示用 $T$ 为阈值分割后的结果 $b(x, y)$，其中大于等于阈值 $T$ 的像素以白色显示，小于阈值 $T$ 的像素以黑色显示。

 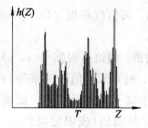 

(a) 一幅含有多个不同灰度区域的原始图像　　(b) 图像(a)的直方图　　(c) 阈值分割后的结果

图 2.1.1　单阈值分割图示

在某些特殊需要下，将灰度级高于阈值 $T$ 的像素保持原灰度值，其它像素灰度值都变为 0，通常称此为半阈值法，分割后的图像可表示为

$$b(x, y) = \begin{cases} f(x, y) & f(x, y) \geqslant T \\ 0 & \text{其它} \end{cases} \qquad (2.1-3)$$

在一般的多阈值分割情况下，经阈值分割后的图像可表示为

$$b(x, y) = k, \text{如果 } T_{k-1} < f(x, y) \leqslant T_k, k = 0, 1, 2, \cdots, K \qquad (2.1-4)$$

式中 $T_0$，$T_1$，$\cdots$，$T_K$ 是一系列分割阈值，$k$ 表示赋予分割后图像各区域的不同标号。

图 2.1.2 给出多阈值分割的一个示例。其中，图(a)是一幅含有多个不同灰度值区域的原始图像 $f(x, y)$；图(b)给出分割的 l-D 示意图，其中用多个阈值把（连续灰度值的）$f(x)$ 分成若干个灰度值段（见 $b(x)$ 轴）；图(c)代表分割的结果 $b(x, y)$，灰度值处于不同分段的区域用不同深浅的灰度表示。由于是多阈值分割，分割得到的结果仍包含多个灰度区域。

 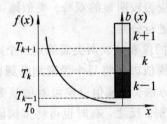 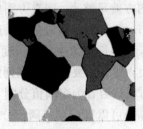

(a) 一幅含有多个不同灰度值区域的原始图像　　　(b) 分割的 l-D 示意图　　　(c) 分割的结果

图 2.1.2　多阈值分割示例

需要指出，无论是单阈值分割还是多阈值分割，分割结果中都有可能出现不同区域具有相同标号的情况。这是因为取阈值分割时只考虑了像素值的大小，未考虑像素的空间位置信息。所以根据像素值划分到同一类的像素有可能分属于图像中不相连通的区域。这时往往需要借助一些先验知识（Prior knowledge）来进一步确定目标区域。

由上述讨论可知，阈值分割方法的关键问题是选取合适的阈值。阈值一般可表示为如下形式：

$$T = T[x, y, f(x, y), p(x, y)] \qquad (2.1-5)$$

式中，$f(x, y)$ 是在像素点 $(x, y)$ 处的灰度值，$p(x, y)$ 是该点邻域的某种局部性质。换句话说，$T$ 在一般情况下可以是 $(x, y)$、$f(x, y)$、$p(x, y)$ 的函数。借助上式，我们可将阈值化分割方法分成如下两类：

(1) 基于像素值的阈值。阈值仅根据 $f(x, y)$ 来选取，所得到的阈值仅与图中各像素的值有关；

(2) 基于区域性质的阈值。阈值是根据 $f(x, y)$ 和 $p(x, y)$ 来选取的，所得的阈值与区域性质（区域内各像素的值、相邻像素值的关系等）有关。

确定第一类阈值的技术属于点相关技术，而确定第二类阈值的技术属于区域相关技术。这两类阈值也可称为全局阈值（或固定阈值），因为对全图的各个像素使用相同的阈值来分割。近年来，许多阈值化分割算法借用了视觉特性、神经网络（Neural network）、模糊逻辑（Fuzzy logic）、进化算法（Evolution algorithm）、免疫算法（Immune algorithm）、

小波变换(Wavelet transform)、分形分维(Fractal)和信息论(Information theory)等工具，但仍可将它们归纳为以上两种类型的方法。本节就上述两类阈值选取方法分别进行详细介绍。

### 2.1.1　基于像素值的阈值选取

对于灰度图像，基于像素值的阈值选取仅考虑各像素本身的灰度值信息，算法简单，抗噪性能弱。所确定的阈值(对多阈值分割是阈值序列)作用于整幅图像中的每个像素，因而对目标或背景内部的灰度有梯度变化的图像效果较差。图像的灰度直方图是图像中各像素灰度值的一种统计度量，许多情况下，阈值选取是基于图像直方图的。

设图像的灰度级范围为 $0, 1, \cdots, L-1$，灰度级 $i$ 的像素数为 $n_i$，则一幅图像包含的像素个数 $N$ 为

$$N = \sum_{i=0}^{L-1} n_i \tag{2.1-6}$$

灰度级 $i$ 出现的概率定义为

$$P_i = \frac{n_i}{N}, \ \sum_{i=0}^{L-1} P_i = 1, \ P_i \geqslant 0 \tag{2.1-7}$$

灰度直方图即为灰度级的像素数 $n_i$ 与灰度 $i$ 的二维函数关系，它反映了一幅图像上灰度分布的统计特性，是以像素灰度为属性的图像分割方法的基础。

#### 1. 双峰法

20 世纪 60 年代中期，Prewitt 提出了直方图双峰法(2 - Mode method)，即如果图像灰度直方图呈明显的双峰状，则选取两峰之间的谷底所对应的灰度级作为分割的阈值。双峰法比较简单，在可能的情况下常常作为首选的阈值确定方法，但是图像的灰度直方图的形状随着对象、图像输入系统、输入环境等因素的不同而千差万别，当出现波峰间的波谷平坦、各区域直方图的波形重叠等情况时，用双峰法就难以确定合适的阈值。

图 2.1.3 显示了采用双峰法进行图像分割的例子。其中，图(a)是原始图像，图(b)是图(a)中图像的直方图，请注意直方图具有清晰的波谷。图(c)中显示的是用 $T=98$ 分割原图得到的结果。正如我们根据直方图的分割方式所预料的那样，对象和背景之间的分割是非常有效的。

 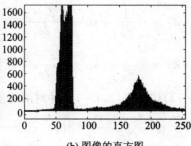 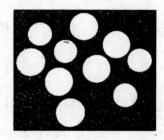

(a) 原始图像　　　　　　(b) 图像的直方图　　　　　　(c) $T=98$时的分割结果

图 2.1.3　双峰法进行图像分割

## 2. 最优阈值法

所谓最优阈值，是指使图像中目标和背景分割错误最小的阈值。设一幅图像只由目标和背景组成，已知其各自灰度级分布的概率密度分别为 $P_1(Z)$ 和 $P_2(Z)$，且已知目标像素占整幅图像的比例为 $\theta$，该图像总的灰度级概率密度分布 $P(Z)$ 可用下式表示：

$$P(Z) = \theta P_1(Z) + (1-\theta)P_2(Z) \tag{2.1-8}$$

假定选用的灰度级阈值为 $Z_t$，这里认为图像是由亮背景上的暗物体所组成。因此，凡是灰度级小于 $Z_t$ 的像素皆被认为是目标物，大于 $Z_t$ 的像素皆作为背景，如图 2.1.4 所示。

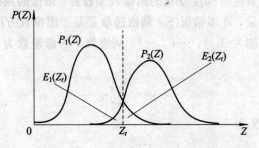

图 2.1.4　最优阈值选择示意图

若选定 $Z_t$ 为分割阈值，则将背景像素错认为是目标像素的概率为

$$E_1(Z_t) = \int_{-\infty}^{Z_t} P_2(Z)\,\mathrm{d}Z \tag{2.1-9}$$

将目标像素错认为是背景像素的概率为

$$E_2(Z_t) = \int_{Z_t}^{\infty} P_1(Z)\,\mathrm{d}Z \tag{2.1-10}$$

因此，总的错误概率 $E(Z_t)$ 为

$$E(Z_t) = (1-\theta)E_1(Z_t) + \theta E_2(Z_t) \tag{2.1-11}$$

最优阈值就是使 $E(Z_t)$ 最小时的 $Z_t$，将 $E(Z_t)$ 对 $Z_t$ 求导，并令其等于零，解出其结果为

$$\theta P_1(Z_t) = (1-\theta)P_2(Z_t) \tag{2.1-12}$$

这里我们设 $P_1(Z)$ 和 $P_2(Z)$ 均为正态分布函数，其灰度均值分别为 $\mu_1$ 和 $\mu_2$，对灰度均值的标准差分别为 $\sigma_1$ 和 $\sigma_2$，即：

$$P_1(Z) = \frac{1}{\sqrt{2\pi}\,\sigma_1}\exp\left[\frac{-(Z-\mu_1)^2}{2\sigma_1^2}\right] \tag{2.1-13}$$

$$P_2(Z) = \frac{1}{\sqrt{2\pi}\,\sigma_2}\exp\left[\frac{-(Z-\mu_2)^2}{2\sigma_2^2}\right] \tag{2.1-14}$$

将式(2.1-13)和式(2.1-14)代入式(2.1-12)并对两边求对数得到：

$$\ln\sigma_1 + \ln(1-\theta) - \frac{(Z_t-\mu_2)^2}{2\sigma_2^2} = \ln\sigma_2 + \ln\theta - \frac{(Z_t-\mu_1)^2}{2\sigma_1^2} \tag{2.1-15}$$

将上式简化表达为

$$AZ_t^2 + BZ_t + C = 0 \tag{2.1-16}$$

式中，

$$\begin{cases} A = \sigma_1^2 - \sigma_2^2 \\ B = 2(\mu_1\sigma_2^2 - \mu_2\sigma_1^2) \\ C = \sigma_1^2\mu_2^2 - \sigma_2^2\mu_1^2 + 2\sigma_1^2\sigma_2^2 \ln\left(\dfrac{\sigma_2\theta}{\sigma_1(1-\theta)}\right) \end{cases}$$

可见式(2.1-16)是一个 $Z_t$ 的二次方程式，应有两个解。因此，要使分割误差为最小，需要设置两个阈值，即式(2.1-16)的两个解。如果设 $\sigma^2 = \sigma_1^2 = \sigma_2^2$，则方程(2.1-16)存在唯一解，即

$$Z_t = \frac{\mu_1 + \mu_2}{2} + \frac{\sigma^2}{\mu_1 - \mu_2}\ln\left(\frac{1-\theta}{\theta}\right) \qquad (2.1-17)$$

再假设 $\theta = 1-\theta$，即 $\theta = 1/2$ 时

$$Z_t = \frac{\mu_1 + \mu_2}{2} \qquad (2.1-18)$$

综上所述，假如图像的目标和背景像素灰度级概率呈正态分布，且方差相等($\sigma_1^2 = \sigma_2^2$)，背景和目标像素总数也相等($\theta = 1/2$)，则这个图像的最优分割阈值就是目标和背景像素灰度级两个均值的平均。当然这是一个极端情况，在一般情况下，要求出最优阈值并非易事。

### 3. OTSU 法

由 OTSU 提出的最大类间方差法，又称为大津阈值分割法，是最小二乘法(Least squares method)意义下的最优分割。该方法计算简单，在一定条件下还不受图像对比度与亮度变化的影响，因而在一些实时图像处理系统中得到了广泛应用。

1) 单阈值 OTSU 法

假设阈值 $T$ 将图像分成两类 $c_0$ 和 $c_1$(目标和背景)，即 $c_0$ 和 $c_1$ 分别对应具有灰度级 $\{0, 1, \cdots, T\}$ 和 $\{T+1, T+2, \cdots, L-1\}$ 的像素。设 $\sigma_B^2(T)$ 表示直方图中阈值为 $T$ 时的类间方差，那么最优阈值可以通过求 $\sigma_B^2(T)$ 的最大值而得到，即

$$\sigma_B^2(T^*) = \max_{0 \leqslant T \leqslant L-1} \{\sigma_B^2(T)\} \qquad (2.1-19)$$

这里有 $\sigma_B^2(T) = \omega_0(T)[\mu_0(T) - \mu_T]^2 + \omega_1(T)[\mu_1(T) - \mu_T]^2$。其中，$\mu_T = \sum\limits_{i=0}^{L-1} iP_i$；$\mu_0(T)$ 和 $\mu_1(T)$ 分别表示 $c_0$ 和 $c_1$ 的均值：$\mu_0(T) = \dfrac{\mu(T)}{\omega_0(T)}$，$\mu_1(T) = \dfrac{\mu_T - \mu(T)}{1 - \omega_0(T)}$，$\mu(T) = \sum\limits_{i=0}^{T} iP_i$，$\omega_0(T)$ 和 $\omega_1(T)$ 分别表示 $c_0$ 和 $c_1$ 发生的概率：$\omega_0(T) = \sum\limits_{i=0}^{T} P_i$，$\omega_1(T) = 1 - \omega_0(T)$。由于 $\sigma_B^2(T)$ 的计算只包含零阶累积矩阵 $\omega_0(T)$ 和一阶累积矩阵 $\mu(T)$，因此只需要相对少的计算时间。

2) 多阈值 OTSU 法

单阈值的 OTSU 法不难推广到多阈值的图像分割中，有关图像的假设同上，假定阈值 $T_1, T_2, \cdots, T_m$ 将图像直方图分成 $m+1$ 类：$c_0, c_1, \cdots, c_m$，分别对应具有灰度级 $\{0, 1, \cdots, T_1\}$，$\{T_1+1, T_1+2, \cdots, T_2\}$，$\cdots$，$\{T_m+1, T_m+2, \cdots, L-1\}$ 的像素。为了表达方便，令 $T_0 = 0$，$T_{m+1} = L-1$。设 $\sigma_B^2(T_1, T_2, \cdots, T_m)$ 表示多阈值时的类间方差，类似于单阈值的情况，此时最优阈值 $\{T_1^*, T_2^*, \cdots, T_m^*\}$ 可通过下式求取：

$$\sigma_B^2(T_1^*, T_2^*, \cdots, T_m^*) = \max_{0 \leqslant T_1 \leqslant T_2 \leqslant \cdots \leqslant L-1} \{\sigma_B^2(T_1, T_2, \cdots, T_m)\} \qquad (2.1-20)$$

这里有

$$\sigma_B^2(T_1, T_2, \cdots, T_m) = \sum_{i=0}^{m} \omega_i(T_1, T_2, \cdots, T_m)[\mu_i(T_1, T_2, \cdots, T_m) - \mu_T]^2$$

$$(2.1-21)$$

$$\mu_i(T_1, T_2, \cdots, T_m) = \sum_{i=T_i}^{T_{i+1}} \frac{iP_i}{\omega_i(T_1, T_2, \cdots, T_m)} \qquad (i = 0, 1, \cdots, m)$$

$$(2.1-22)$$

$$\omega_i(T_1, T_2, \cdots, T_m) = \sum_{i=T_i}^{T_{i+1}} P_i \qquad (i = 0, 1, \cdots, m) \qquad (2.1-23)$$

$$\mu_T = \sum_{i=0}^{L-1} iP_i \qquad (2.1-24)$$

式中，$\omega_i(T_1, T_2, \cdots, T_m)$ 表示 $c_i$ 类发生的概率；$\mu_i(T_1, T_2, \cdots, T_m)$ 表示 $c_i$ 的均值；$\mu_T$ 表示原直方图均值。

由上述推广得到的多阈值 OTSU 法的准则函数可以看出，最优阈值的求解是通过穷举搜索(Exhaustive search)方法得到的，随着 $m$ 的增大，计算量骤增。此外，即使对单阈值的情况，准则函数也不一定是单峰的，所以类似于牛顿迭代法等的经典优化方法容易陷入局部极值点，而得不到最优阈值。

3) 遗传算法

遗传算法的基本原理由 J. H. Holland 于 1962 年首先提出，它是建立在生物进化基础之上的算法，是一种基于自然选择和群体遗传机理的搜索算法。它模拟了自然选择和自然遗传过程中发生的繁殖、交配和突变现象，将每一个可能的解看做是群体(所有可能解)中的一个个体，并将每个个体编码成字符串的形式，根据预定的目标函数对每个个体进行评价，给出一个适应度值。开始时总是随机产生一些个体(即候选解)，根据这些个体的适应程度利用遗传算子对这些个体进行操作，得到一群新个体，这群新个体由于继承了上一代的一些优良性状，因而明显优于上一代，这样逐步朝着更优解的方向进化。遗传算法在每一代同时搜索参数空间的不同区域，然后把注意力集中到解空间中期望值最高的部分，从而使找到全局最优解的可能性大大增加。

遗传算法的基本步骤如下：

(1) 随机生成 $N$ 个个体，形成初始群体；

(2) 计算个体的适应度；

(3) 将个体按其适应度大小排序，并以其排序号代表各个体等级；

(4) 用个体的等级作为选择压力，选取两个双亲，经杂交、突变等过程繁殖两个后代；

(5) 随机遗弃一个后代；

(6) 用另一个后代替换群体中等级最低的一个个体；

(7) 转步骤(2)。

为了将遗传算法引入图像分割中，首先需要解决以下两个问题：① 如何将问题的解编码到基因串中；② 如何构造适应度函数来度量每条基因串对聚类问题的适应程度，即如果某条基因串的编码代表着良好的分割结果，则其适应度就高，反之，其适应度就低。适应度函数类似于有机体进化过程中环境的作用，适应度高的基因串在一代又一代的繁殖过程中产生出较多的后代，而适应度低的基因串则逐渐消亡。

假设把一幅图像分割成 $m+1$ 类，我们将待求的 $m$ 个阈值 $T_1$，$T_2$，$\cdots$，$T_m$ 按顺序排列起来即可构成一个基因串：

$$\alpha = \{T_1,\ T_2,\ \cdots,\ T_m\} \tag{2.1-25}$$

与大多数遗传算法类似，这里对每个参数 $T_i(i=1,2,\cdots,m)$ 采用二进制表示。一个 256 级灰度的图像，有 $0 \leqslant T_1 \leqslant T_2 \leqslant \cdots \leqslant T_m \leqslant 255$，因此 8 位二进制代码即可表示每个阈值，此时每个基因串由长度为 $8 \times m$ 个比特位的串组成，并形成一个大小为 $2^{8m}$ 的搜索空间。

解有各种各样的编码方式，最常用的是基 2 编码。但在实验中，我们发现，若每个阈值用格雷码（Gray code）编码，其效果更优。这是由于格雷码是一种循环二进制码，又称为单位距离码，在该种码中任何相邻的两个码字中仅有一位代码不同，因此在变异操作时就比较容易使串移动到搜索空间中相邻的位置，更快地搜索到最优解。将类间方差作为其适应度函数，类间方差 $\sigma_B^2(T_1,\ T_2,\ \cdots,\ T_m)$ 越大，其适应度函数就越高。

基于遗传算法的多阈值图像分割示例见图 2.1.5。图(a)所示为 SONY 磁盘广告画实拍图像的一部分，实际画面由深蓝、银灰、橙黄和白色四种颜色组成，用黑白摄像机获取的图像大致具有四个不同的灰度层次，此外由于光照强度和画面清洁度等因素的影响引入了不可避免的噪声。图(b)是图(a)对应的灰度直方图，将图(a)分别用传统的 OTSU 方法和遗传算法进行单阈值和多阈值图像分割，其结果显示于图(c)～图(e)中。

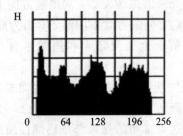

(a) 原始图像　　　　　　　　　　(b) 原始图像直方图

(c) 单阈值的分割结果　　　(d) 两阈值的分割结果　　　(e) 三阈值的分割结果

图 2.1.5　多阈值图像分割结果

表 2.1.1 给出了采用传统的 OTSU 方法和遗传算法对图 2.1.5(a)进行图像分割的时间及所求的阈值的比较。可以看出，两种算法均产生了相同的阈值，因此产生了相同的分割结果。但它们的运行时间相差甚大。随着阈值数目的增加，经典的 OTSU 法的运行时间

按指数增加，而遗传算法的运行时间却增加不多。对于双阈值、三阈值的情况，基于遗传算法的图像分割算法所用时间约为传统 OTSU 法的 1/4 和 1/100。

**表 2.1.1 传统的 OTSU 和基于遗传算法的图像分割算法的比较**

|        | 单阈值 | | 双阈值 | | 多阈值 | |
|--------|------|--------|----------|--------|----------------|--------|
|        | 阈值 | 运行时间 | 阈值 | 运行时间 | 阈值 | 运行时间 |
| OTSU 法 | 88 | 0.3 s | (71, 157) | 16.0 s | (37, 89, 155) | 1682.0 s |
| 遗传算法 | 88 | 0.5 s | (71, 157) | 4.0 s | (37, 89, 155) | 16.0 s |

## 2.1.2 基于区域的阈值选取

基于区域性质的阈值同时考虑像素的灰度值和位置信息。其比起仅基于像素灰度值来确定阈值的方法，一方面由于考虑的因素增多，使算法的复杂度有所增加；另一方面由于考虑了区域性质，一般情况下，抗噪声能力和算法鲁棒性也有所增强。不过所确定的阈值（对多阈值分割是阈值序列）仍作用于整幅图像的每个像素，因而对目标或背景内部的灰度有梯度变化的图像效果较差。基于区域性质的阈值选取方法很多，下面介绍几种典型的方法。

**1. 直方图变换法**

在实际应用中，图像常受到噪声等的影响而使其直方图上原本分离的峰之间的谷被填充。考虑到前面介绍的图像模型，如果直方图上对应目标和背景的峰相距很近或者幅值差很多，要检测它们之间的谷就很困难了。因为此时直方图基本是单峰的，抑或可能峰的一侧会有缓坡。为解决这类问题除利用像素自身性质外，还可利用一些像素邻域的局部性质。

直方图变换的基本思想就是利用一些像素邻域的局部性质变换原始的直方图为一个新的直方图。这个新的直方图与原直方图相比，或者峰之间的谷更深了，或者谷转变成峰从而更易于检测。这里常用的像素邻域局部性质是像素的梯度值，它可借助各种梯度算子作用于像素邻域而得到。

这类方法的工作原理可借助图 2.1.6 来说明，其中图 2.1.6(b) 给出图像中一段边缘的剖面（横轴为空间坐标，竖轴为灰度值），这段剖面可分成Ⅰ、Ⅱ、Ⅲ共三部分，其中Ⅰ、Ⅲ分别对应背景和目标，而Ⅱ对应边界部分。根据这段剖面得到的灰度直方图见图 2.1.6(a) 所示（注意这里竖轴为图像灰度值，横轴为灰度值统计值），三段线（Ⅰ、Ⅱ、Ⅲ）分别给出边缘剖面中三部分各自的灰度统计值，直方图是它们的和（这里相当于把一般的直方图左旋了 90°）。对图 2.1.6(b) 的边缘剖面求梯度得到图 2.1.6(d) 所示的曲线，可见对应目标或背景区内部像素的梯度值小，而对应目标和背景之间过渡区像素的梯度值大。如果统计梯度值的分布，可得到如图 2.1.6(c) 所示的梯度直方图（注意这里竖轴为梯度值，横轴为梯度值统计值，与一般的直方图相比也左旋了 90°）。这里梯度直方图有两个峰，它们分别对应目标与背景的内部区和过渡区。变换的直方图就是根据上述讨论的各个特点得到的，一般可分为两类：

(1) 具有低梯度值像素的直方图；

(2) 具有高梯度值像素的直方图。

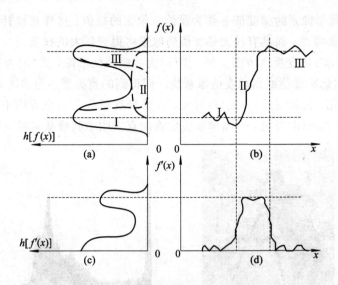

图 2.1.6　边缘及梯度的直方图

先讨论第一类直方图。根据前面描述的图像模型，目标和背景内部的像素具有较低的梯度值，而它们边界上的像素具有较高的梯度值。如果做出仅具有低梯度值的像素的灰度直方图，那么这个新直方图中对应目标或背景内部点的峰应基本不变，但因为减少了一些边界点所以波谷应比原直方图要深。

更一般地，可计算一个加权的直方图。其中，赋给具有低梯度值像素的权重大一些。例如设一个像素点的梯度值为 $g$，则在统计直方图时可给它加权 $1/(1+g)^2$。这样一来，如果该像素的梯度值为零，则它得到最大的权重（比如 1）；如果像素具有很大的梯度值，则它得到的权重就变得微忽其微。在这样加权的直方图中，边界点贡献小而内部点贡献大，峰基本不变而谷会变深，所以峰谷之间的差距会加大（参见图 2.1.7(a)，虚线表示原直方图，实线表示加权直方图）。这种方法的一个变形是对图像中每一种灰度的像素计算它们的平均边缘值（Average edge values，AEV），根据这个值来对像素的灰度值进行加权以得到变换的直方图。

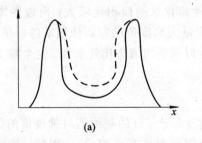
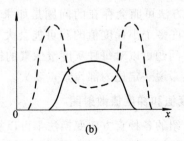

图 2.1.7　两种变换直方图示例

第二类直方图与第一类直方图恰好相反，新的加权直方图在对应目标和背景的边界像素灰度级处会有一个峰（参见图 2.1.7(b)，虚线表示原直方图，实线表示加权直方图）。这个峰主要由具有较高梯度值的边界像素构成，这个峰所对应的灰度值可作为边界像素的分割阈值。

更一般地，也可计算一个加权的直方图，不过这里赋给具有高梯度值像素的权重要大一些。例如可用每个像素的梯度值 $g$ 作为赋给该像素的权值。这样在统计直方图时梯度值为零的像素就不必考虑，而具有较大梯度值的像素将得到较大的权重。

图 2.1.8 给出一组变换直方图实例。图(a)为一幅原始图像，图(b)为其直方图，图(c)和图(d)分别为对低梯度值或高梯度值像素统计而得到的直方图。为清晰显示，图(d)在幅度上进行了归一化。比较图(b)和图(c)可见，在低梯度值像素的直方图中谷比原来的更深了；而对比图(b)和图(d)可见，在高梯度值像素的直方图中其峰基本对应原来的谷。

(a) 原始图像

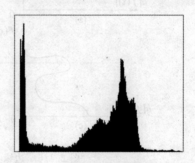

(b) 图(a)的直方图

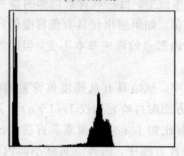

(c) 对低梯度值像素统计得到的直方图

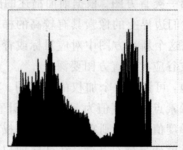

(d) 对高梯度值像素统计得到的直方图

图 2.1.8　变换直方图实例

上述方法也等效于将对应每个灰度级的梯度值加起来，如果对应目标和背景边界处的像素的梯度大，则在这个梯度直方图中对应目标像素和背景像素之间的灰度级处会出现一个峰。这种方法可能会存在的问题是如果目标和背景的面积比较大，而边界像素相对较少，则由于许多个小梯度值的和可能会大于少量大梯度值的和而使预期的峰呈现不出来。为解决这个问题可以对每种灰度级像素的梯度以求平均值来代替求和。这个梯度平均值对边界像素点来说一定比内部像素点要大。

**2. 灰度值和梯度值散射图**

以上介绍的各种直方图变换法都可以靠建立一个 2D 的灰度值对梯度值的散射图，并计算对灰度值轴的不同权重投影而得到。这个散射图也有称 2D 直方图的，其中一个轴是灰度值轴，一个轴是梯度值轴，而其统计值是同时具有某个灰度值和某个梯度值的像素个数。例如，当做出仅具有低梯度值像素的直方图时，实际上是对散射图用了一个阶梯状的权函数进行加权投影，其中给低梯度值像素的权为 1，而给高梯度值像素的权为 0。

散射图的典型特点可借助图 2.1.9(a)来解释。仍以前面的图像模型为例，其散射图中一般会有两个接近灰度值轴（低梯度值）但沿灰度值轴又互相分开一些的大聚类，它们分别对应目标和背景内部的像素。这两个聚类的形状取决于内部像素相关的程度。如果内部像素的相关性很强或计算散射图时所用的梯度算子对噪声不太敏感(Sensitive)，这些聚类会很集中且很接近灰度值轴。反之，如果内部像素的相关性较弱，或梯度算子对噪声比较敏感，则这些聚类会比较发散且远离灰度值轴。另外在散射图中还会有较少的对应目标和背景边界上像素的点。这些点的位置沿灰度值轴处于前两个聚类中间，但由于有较大的梯度值而与灰度值轴的距离比内部像素聚类的距离要大。这些点的分布与边界的形状以及梯度算子的种类有关。如果边界是斜坡状的，且使用了一阶微分算子(Differential operators)，那么边界像素的聚类(Cluster)将与目标和背景的聚类有些相连，并且这个聚类将以与边界坡度成正比的关系远离灰度值轴(坡度越大，梯度值越大)。

　　灰度值对梯度值散射图的一个实例见图 2.1.9(c)，其中色越浅代表满足条件的点越多。计算这个散射图所用的原始图像是将图 2.1.8(a)反色得到的(见图 2.1.9(b)所示)，这是为了符合图像中背景暗目标亮的假设(其直方图仍可参见图 2.1.8(b)，只是灰度值应按降序排列)。比较图 2.1.9(a)和图 2.1.9(c)，可知前面的分析符合实际情况。根据以上分析，在散射图上同时考虑灰度值和梯度值将聚类分开就可得到分割结果。

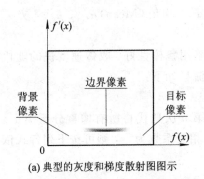

(a) 典型的灰度和梯度散射图图示　　　　(b) 图2.1.8(a)的反色图　　　　(c) 图(b)的灰度和梯度散射图

图 2.1.9　灰度和梯度散射图示例

### 3. 灰度值和平均灰度值散射图

　　常见的 2D 直方图除灰度值对梯度值的散射图外，还有灰度值对平均灰度值散射图、灰度共生矩阵等。

　　在灰度值对平均灰度值散射图中，目标或背景的内部像素会集中于散射图的主对角线附近，因为这些像素单个的值和小邻域的平均值很接近；而边界像素则会远离主对角线，因为这些像素单个的值和小邻域的平均值可能相差较大。如果以一定的比例设定边界像素的总量，可以得到以内部像素为主的或以边界像素为主的 1D 直方图，问题转回到第一种方法讨论的情况。而在灰度值对平均灰度值的散射图中，最佳的分割曲线是二次曲线。另外如果用散射图主对角线附近统计量的二阶熵来表征目标和背景内部的均匀度，也可求得最大熵(Maximum entropy)准则下的分割阈值。进一步，如果用目标熵与背景熵中较小者的最大化取代对二者熵之和的最大化，则可对小目标图像也有较好的分割效果。关于利用熵分割的方法在后面一节详细讨论。

　　下面介绍一种在灰度值对平均灰度值散射图的基础上利用随机最大期望(Stochastic Expectation Maximization，SEM)算法的分割技术。

定义原始图像为离散随机场 $X=\{X_s\}_{s\in S}$，$S$ 为像素集合，$X_s=(f_s,\ g_s)_{s\in S}$，其中，$f_s$ 是像素 $s$ 的灰度，$g_s$ 是像素 $s$ 的邻域平均灰度值。定义分割图像为 $Y=\{Y_s\}_{s\in S}$，$Y_s\in\Omega=\{\omega_i\}(i=1,\ 2,\ \cdots,\ K)$，$\omega_i$ 是第 $i$ 类的标识，共有 $K$ 个不同类。现在按贝叶斯公式（Bayes' formula）计算像素 $s$ 属于类 $\omega_i$ 的后验概率（Posterior probability）：

$$P[y_s=\omega_i\mid x_s=(f_s,\ g_s)]=\frac{P_i\times P(x_s=(f_s,\ g_s)\mid y_s=\omega_i)}{\sum\limits_{j=1}^{K}P_j\times P(x_s=(f_s,\ g_s)\mid y_s=\omega_j)} \qquad (2.1-26)$$

这里的 $x,y$ 是随机场在像素 $s$ 处的观测值。计算上式时需要 $s$ 在类 $\omega_i$ 中分布的条件概率（Conditional probability），如果选择常用的正态分布（Normal distribution），即假设各类的灰度和平均灰度服从二维正态分布，则

$$P(x_s=(f_s,\ g_s)\mid y_s=\omega_i)=\frac{1}{2\pi\sigma_{f,i}\sigma_{g,i}\sqrt{1-r_i^2}}$$
$$\times\exp\left\{-\frac{1}{2(1-r_i^2)}\left[\frac{(f_s-\mu_{f,i})^2}{\sigma_{f,i}^2}-\frac{2f(f_s-\mu_{f,i})(g_s-\mu_{g,i})}{\sigma_{f,i}\sigma_{g,i}}+\frac{(g_s-\mu_{g,i})^2}{\sigma_{g,i}^2}\right]\right\}$$
$$(2.1-27)$$

这样对每一个类有六个参数待估计，分别为先验概率 $P_i$，均值（Mean）$\mu_{f,i}$、$\mu_{g,i}$，方差（Variance）$\sigma_{f,i}^2$、$\sigma_{g,i}^2$ 以及相关系数（Related coefficient）$r_i$。

估计正态分布参数可借助图像的直方图，另外也可采用鲁棒性好、收敛速度快的随机最大期望（SEM）算法来估计正态分布的参数。整个算法流程如下：

（1）初始化。

（2）用随机最大期望估计正态分布模型参数。假设第 $n$ 次迭代将所有像素分至类 $\omega_i$，每类的像素总和为 $n_i=\mathrm{Card}(\omega_i)$，$i=1,\ 2,\ \cdots,\ K$；设各相关系数为零，则可按下列各式依次估计另外五个参数，其中 $M\times N$ 表示图像的大小：

$$P_i=\frac{n_i}{M\times N} \qquad (2.1-28)$$

$$\mu_{f,i}=\frac{1}{n_i}\sum_{\substack{s\in S\\y_s=\omega_i}}f_s \qquad (2.1-29)$$

$$\mu_{g,i}=\frac{1}{n_i}\sum_{\substack{s\in S\\y_s=\omega_i}}g_s \qquad (2.1-30)$$

$$\sigma_{f,i}^2=\frac{1}{n_i}\sum_{\substack{s\in S\\y_s=\omega_i}}(f_s-\mu_{f,i})^2 \qquad (2.1-31)$$

$$\sigma_{g,i}^2=\frac{1}{n_i}\sum_{\substack{s\in S\\y_s=\omega_i}}(g_s-\mu_{g,i})^2 \qquad (2.1-32)$$

（3）最大后验聚类。将步骤（2）中求得的参数代入式（2.1-27）计算像素 $s$ 在各类中的条件概率，然后再代入式（2.1-26）求取 $s$ 属于各类的后验概率，按照最大后验概率准则进行重新聚类。

（4）判断停止。判断前后两次迭代的聚类结果是否有变化，有变化转到步骤（2）继续进行，否则算法停止。

该算法的判决曲线是二次曲线，比采用直线判决的算法适应性好。该算法考虑了聚类

后类内像素的灰度紧致性，使得分割结果中目标有较好的完整性。对若干种质量较差的图像，包括目标有阴影、轮廓较模糊、目标占图像面积较小、目标与背景灰度对比度较低、相干斑点噪声较多、背景均匀性不好等问题图像的分割实验表明该算法有较好的效果。

**4. 最大熵法**

1）一维最大熵阈值分割

熵(Entropy)是平均信息量的表征，在数字图像处理和模式识别上有很多应用，最大熵阈值法就是其中一例。首先介绍一维最大熵求取阈值的原理。

根据信息论，熵定义为

$$H = -\int_{-\infty}^{+\infty} p(x)\log p(x)\mathrm{d}x \qquad (2.1-33)$$

式中，$p(x)$是随机变量$x$的概率密度函数。对于数字图像(Digital image)来说，这个随机变量$x$可以是灰度值、区域灰度、梯度等特征。所谓灰度的一维熵最大，就是选择一个阈值，使图像用这个阈值分割出的两部分的一阶灰度统计的信息量最大。设$n_i$为数字图像中灰度级$i$的像素点数，$p_i$为灰度级$i$出现的概率，则

$$p_i = \frac{n_i}{N \times N} \qquad i = 1, 2, \cdots, L \qquad (2.1-34)$$

式中，$N \times N$为图像总的像素数，$L$为图像总的灰度级数。那么图像灰度直方图如图2.1.10所示。

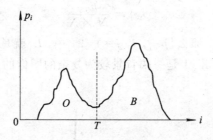

图 2.1.10 一维直方图

假设图中灰度级低于$T$的像素点构成目标区域$(O)$，灰度级高于$T$的像素点构成背景区域$(B)$，那么各概率在本区域的分布分别为

$$O \text{区：} \frac{p_i}{p_T} \qquad i = 1, 2, \cdots, T \qquad (2.1-35)$$

$$B \text{区：} \frac{p_i}{1-p_T} \qquad i = T+1, T+2, \cdots, L \qquad (2.1-36)$$

式中，$p_T = \sum_{i=1}^{T} p_i$。

对于数字图像，目标区域和背景区域的熵分别定义为

$$H_O(T) = -\sum_i \frac{p_i}{p_T} \log \frac{p_i}{p_T} \qquad i = 1, 2, \cdots, T \qquad (2.1-37)$$

$$H_B(T) = -\sum_i \left[\frac{p_i}{1-p_T}\right] \log \left[\frac{p_i}{1-p_T}\right] \qquad i = T+1, T+2, \cdots, L$$

$$(2.1-38)$$

则熵函数定义为

$$\phi(T) = H_O + H_B = \log p_T(1 - p_T) + \frac{H_T}{p_T} + \frac{H_L - H_T}{1 - p_T} \qquad (2.1-39)$$

式中，$H_T = -\sum_{i=1}^{T} p_i \log p_i$，$H_L = -\sum_{i=1}^{L} p_i \log p_i$。

当熵函数取得最大值时对应的灰度值 $T^*$ 就是所求的最优阈值，即

$$T^* = \arg\max\{\phi(T)\} \qquad (2.1-40)$$

2）二维最大熵阈值分割

由于灰度一维最大熵基于图像原始直方图，仅仅利用了点灰度信息而未充分利用图像的空间信息，所以当图像信噪比降低时，分割效果并不理想。在图像的特征中，点灰度无疑是最基本的特征，但它对噪声较敏感；区域灰度特征包含了图像的部分空间信息，且对噪声的敏感程度要低于点灰度特征。综合利用点灰度特征和区域灰度特征就可以较好地表征图像的基本信息，因此可采用基于图像点灰度和区域灰度均值的二维最大熵阈值法，其具体方法如下：

首先，以原始灰度图像中各像素及其 4 邻域的 4 个像素为一个区域，计算出区域灰度均值图像（$L$ 个灰度级），这样原始图像中的每一个像素都对应于一个点灰度-区域灰度均值对，这样的数据对存在 $L \times L$ 种可能的取值。设 $n_{i,j}$ 为图像中点灰度为 $i$ 及其区域灰度均值为 $j$ 的像素点数，$p_{i,j}$ 为点灰度-区域灰度均值对 $(i, j)$ 发生的概率，则

$$p_{i,j} = \frac{n_{i,j}}{N \times N} \qquad (2.1-41)$$

式中，$N \times N$ 为图像的大小，那么 $\{p_{i,j}, i, j = 1, 2, \cdots, L\}$ 就是该图像关于点灰度-区域灰度均值的二维直方图。图 2.1.11 是一幅背景较为复杂的图像的点灰度-区域灰度均值的二维直方图。

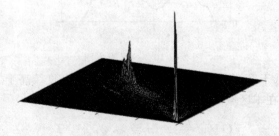

图 2.1.11　图像的二维直方图

从图中可以看出，点灰度-区域灰度均值对 $(i, j)$ 的概率高峰主要分布在 $XOY$ 平面的对角线附近，并且在总体上呈现出双峰一谷的状态。这是由于图像的所有像素中，目标点和背景点所占比例最大，而目标区域和背景区域内部的像素灰度级比较均匀，点灰度及其区域灰度均值相差不大，所以都集中在对角线附近，两个峰分别对应于目标和背景。远离 $XOY$ 平面对角线的坐标处，峰的高度急剧下降，这部分所反映的是图像中的噪声点、边缘点和杂散点。

图 2.1.12 为二维直方图的 $XOY$ 平面图，沿对角线分布的 $A$ 区和 $B$ 区分别代表目标和背景，远离对角线的 $C$ 区和 $D$ 区代表边界和噪声，所以应该在 $A$ 区和 $B$ 区上用点灰度-区域灰度均值二维最大熵法确定最优阈值，使真正代表目标和背景的信息量最大。

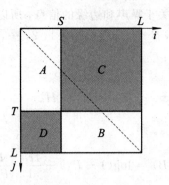

图 2.1.12 二维直方图的 $XOY$ 平面图

设 $A$ 区和 $B$ 区各自具有不同的概率分布，用 $A$ 区和 $B$ 区的后验概率对各区域的概率 $p_{i,j}$ 进行归一化处理，以使分区熵之间具有可加性。如果阈值设在 $(S, T)$，则

$$P_A = \sum_{i=1}^{S} \sum_{j=1}^{T} p_{i,j} \tag{2.1-42}$$

$$P_B = \sum_{i=S+1}^{L} \sum_{j=T+1}^{L} p_{i,j} \tag{2.1-43}$$

定义离散二维熵为

$$H = -\sum_{i=1}^{L} \sum_{j=1}^{L} p_{i,j} \log p_{i,j} \tag{2.1-44}$$

则 $A$ 区和 $B$ 区的二维熵分别为

$$
\begin{aligned}
H(A) &= -\sum_{i=1}^{S} \sum_{j=1}^{T} \frac{p_{i,j}}{P_A} \log \frac{p_{i,j}}{P_A} \\
&= -\frac{1}{P_A} \sum_{i=1}^{S} \sum_{j=1}^{T} (p_{i,j} \log p_{i,j} - p_{i,j} \log P_A) \\
&= \frac{1}{P_A} \log P_A \sum_{i=1}^{S} \sum_{j=1}^{T} p_{i,j} - \frac{1}{P_A} \sum_{i=1}^{S} \sum_{j=1}^{T} p_{i,j} \log p_{i,j} \\
&= \log P_A + \frac{H_A}{P_A}
\end{aligned}
\tag{2.1-45}
$$

式中，$H_A = -\sum_{i=1}^{S} \sum_{j=1}^{T} p_{i,j} \log p_{i,j}$。

$$
\begin{aligned}
H(B) &= -\sum_{i=S+1}^{L} \sum_{j=T+1}^{L} \frac{p_{i,j}}{P_B} \log \frac{p_{i,j}}{P_B} \\
&= -\frac{1}{P_B} \sum_{i=S+1}^{L} \sum_{j=T+1}^{L} (p_{i,j} \log p_{i,j} - p_{i,j} \log P_B) \\
&= \frac{1}{P_B} \log P_B \sum_{i=S+1}^{L} \sum_{j=T+1}^{L} p_{i,j} - \frac{1}{P_B} \sum_{i=S+1}^{L} \sum_{j=T+1}^{L} p_{i,j} \log p_{i,j} \\
&= \log P_R + \frac{H_B}{P_B}
\end{aligned}
\tag{2.1-46}
$$

式中，$H_B = -\sum_{i=S+1}^{L} \sum_{j=T+1}^{L} p_{i,j} \log p_{i,j}$。

由于 $C$ 区和 $D$ 区包含的是关于噪声和边缘的信息，所以将其忽略不计，即假设 $C$ 区和 $D$ 区的 $p_{i,j} \approx 0$。$C$ 区：$i = S+1, S+2, \cdots, L$；$j = 1, 2, \cdots, T$。$D$ 区：$i = 1, 2, \cdots, S$；$j = T+1, T+2, \cdots, L$。可以得到：

$$P_B = 1 - P_A \tag{2.1-47}$$

$$H_A = H_L - H_B \tag{2.1-48}$$

式中，$H_L = -\sum_{i=1}^{L} \sum_{j=1}^{L} p_{i,j} \log p_{i,j}$。则

$$H(B) = \log(1 - P_A) + \frac{H_L - H_A}{1 - P_A} \tag{2.1-49}$$

熵的判别函数定义为

$$
\begin{aligned}
\varphi(S, T) &= H(A) + H(B) \\
&= \frac{H_A}{P_A} + \log P_A + \frac{H_L - H_A}{1 - P_A} + \log(1 - P_A) \\
&= \log[P_A(1 - P_A)] + \frac{H_A}{P_A} + \frac{H_L - H_A}{1 - P_A}
\end{aligned}
\tag{2.1-50}
$$

选取的最优阈值向量 $(S^*, T^*)$ 满足：

$$\varphi(S^*, T^*) = \max\{\varphi(S, T)\} \tag{2.1-51}$$

### 3) 二维最大熵阈值分割递推算法

在实际应用中，为了加快二维最大熵阈值法的计算速度，减少重复计算，可进一步优化算法，下面介绍一种新的二维最大熵阈值分割的递推算法。从式(2.1-50)可以看到，计算 $\varphi(S, T)$ 需要计算 $P_A(S, T)$、$H_A(S, T)$ 及 $H_L$。而 $H_L$ 是恒定的，那么在计算 $\varphi(S, T+1)$ 时就要计算出 $P_A(S, T+1)$ 和 $H_A(S, T+1)$。如果每次都重新从 $i=1, j=1$ 开始计算，势必造成大量的重复计算。很明显，对 $P_A(S, T+1)$ 和 $H_A(S, T+1)$ 存在如下的递推公式：

$$
\begin{aligned}
P_A(S, T+1) &= \sum_{i=1}^{S} \sum_{j=1}^{T+1} p_{i,j} \\
&= \sum_{i=1}^{S} \sum_{j=1}^{T} p_{i,j} + \sum_{i=1}^{S} p_{i, T+1} \\
&= P_A(S, T) + P_S(T+1)
\end{aligned}
\tag{2.1-52}
$$

$$
\begin{aligned}
H_A(S, T+1) &= -\sum_{i=1}^{S} \sum_{j=1}^{T+1} p_{i,j} \log p_{i,j} \\
&= -\sum_{i=1}^{S} \sum_{j=1}^{T} p_{i,j} \log p_{i,j} + \sum_{i=1}^{S} p_{i, T+1} \log p_{i, T+1} \\
&= H_A(S, T) + H_S(T+1)
\end{aligned}
\tag{2.1-53}
$$

式中，$P_S(T+1) = \sum_{i=1}^{S} p_{i, T+1}$；$H_S(T+1) = -\sum_{i=1}^{S} p_{i, T+1} \log p_{i, T+1}$。

对于一个固定 $S$，当 $T$ 从 1 取到 $L$ 时，利用式(2.1-52)和式(2.1-53)计算熵函数 $\varphi(S, T)$ 的极值已不存在重复计算。但是 $S$ 同样要从 1 取到 $L$，从整个二维直方图来看，式(2.1-52)和式(2.1-53)中的 $P_S(T+1)$ 和 $H_S(T+1)$ 也都是每次从 $i=1$ 开始计算的，因此仍然存在着计算浪费。$S$ 和 $T$ 的取值越大，对 $\varphi(S, T)$ 的计算速度也就越慢。为此，要进一步推导 $P_S(T+1)$ 和 $H_S(T+1)$ 的递推公式：

$$P_{S+1}(T+1) = \sum_{i=1}^{S+1} p_{i, T+1}$$

$$= \sum_{i=1}^{S} p_{i, T+1} + p_{S+1, T+1}$$

$$= P_S(T+1) + p_{S+1, T+1} \tag{2.1-54}$$

$$H_{S+1}(T+1) = -\sum_{i=1}^{S+1} p_{i, T+1} \log p_{i, T+1}$$

$$= -\sum_{i=1}^{S} p_{i, T+1} \log p_{i, T+1} - p_{S+1, T+1} \log p_{S+1, T+1}$$

$$= H_S(T+1) + h_{S+1, T+1} \tag{2.1-55}$$

式中，$h_{S+1, T+1} = -p_{S+1, T+1} \log p_{S+1, T+1}$。

综上所述，二维最大熵阈值的递推算法为：

$$\begin{cases} \varphi(S, T) = \log[P_A(1-P_A)] + \dfrac{H_A}{P_A} + \dfrac{H_L - H_A}{1 - P_A} \\ P_A(S, T+1) = P_A(S, T) + P_S(T+1) \\ H_A(S, T+1) = H_A(S, T) + H_S(T+1) \\ P_{S+1}(T+1) = P_S(T+1) + p_{S+1, T+1} \\ H_{S+1}(T+1) = H_S(T+1) + h_{S+1, T+1} \end{cases} \tag{2.1-56}$$

利用上式计算 $\varphi(S, T)$ 的极值，必须先计算出 $P_A(S, T)$、$H_A(S, T)$、$P_S(T+1)$、$H_S(T+1)$ 的初值以及 $H_L$ 的值。对一幅数字图像，$H_L$ 只要计算一次，那么如何得到 $\varphi(S, T)$ 的循环初值呢？首先在点灰度-区域灰度均值的二维直方图中，从低灰度级向高灰度搜索，找到第一个非零的概率 $p_{i, j}$ 及其对应的点灰度值 $i = S_0$ 和区域灰度均值 $j = T_0$，引入中间变量 $P(S, T_0)$ 及 $H(S, T_0)$，它们的初值分别为 $P(S_0, T_0)$ 和 $H(S_0, T_0)$：

$$P(S, T_0) = \sum_{i=1}^{S} \sum_{j=1}^{T_0} p_{i, j} \tag{2.1-57}$$

$$H(S, T_0) = -\sum_{i=1}^{S} \sum_{j=1}^{T_0} p_{i, j} \log p_{i, j} \tag{2.1-58}$$

$P_A(S, T)$ 和 $H_A(S, T)$ 的初值分别为 $P(S, T_0)$ 和 $H(S, T_0)$；$S = S_0, S_0+1, \cdots, L$。$P_S(T+1)$ 和 $H_S(T+1)$ 的初值分别为 $P_{S_0}(T+1)$ 和 $H_{S_0}(T+1)$，$T = T_0, T_0+1, \cdots, L$。

对于一个 256 级灰度的数字图像，最多需要 $256 \times 2$ 字（浮点数）的存储空间来存放 $\varphi(S, T)$ 的循环初值。

总体看来，二维最大熵阈值的递推算法消除了原算法的重复计算，提高了运算速度，但这是以加大存储容量为代价的。

**5. 模糊 C-均值聚类法**

聚类分析是统计模式识别中无监督模式分类的一个重要分支。随着模糊理论的引入，鉴于分类问题本身的模糊性，人们逐步接受了模糊聚类分析，在众多的实现方法中，模糊C-均值（Fuzzy C-means, FCM）算法成为最流行的算法之一。下面简单介绍一下 FCM 算法。

假设 $X=\{x_1, x_2, \cdots, x_n\}$ 为 $p$ 维实数空间中给定的一个有限样本子集，$x_k \in \mathbf{R}^p$ 为第 $k$ 个样本的特征矢量。$\mathbf{U}_{cn}$ 是所有 $c \times n$ 阶的矩阵集合，$c$ 是满足关系 $2 \leqslant c \leqslant n$ 的整数，那么 $X$ 的模糊 $c$ 划分空间是：

$$M_{fc} = \left\{ \mathbf{U} \in \mathbf{U}_{cn} \mid \mu_{ik} \in [0, 1]; \forall i, k; \sum_{i=1}^{c} \mu_{ik} = 1, \forall k; 0 < \sum_{k=1}^{n} \mu_{ik} < n, \forall i \right\}$$

$$(2.1-59)$$

其中 $\mathbf{U}$ 矩阵的元素 $\mu_{ik}$ 表示第 $k$ 个数据 $x_k$ 属于第 $i$ 类的隶属度（Membership）。设 $\mathbf{V} = \{v_1, v_2, \cdots, v_c\}$ 为 $c$ 个模糊类的聚类中心（Cluster center）矢量集，$v_i \in \mathbf{R}^p$，$1 \leqslant i \leqslant c$。FCM 聚类准则函数为

$$J_m(\mathbf{U}, \mathbf{V}) = \sum_{k=1}^{n} \sum_{i=1}^{c} \mu_{ik}^m d_{ik}^2, \quad 1 \leqslant m \leqslant \infty \tag{2.1-60}$$

其中 $d_{ik}^2 = \| x_k - v_i \|_A^2 = (x_k - v_i)^T A (x_k - v_i)$，当 $A$ 为单位矩阵时，$d_{ik}$ 表示欧氏距离。为了得到数据集合 $X$ 的最佳模糊 $c$ 划分，需要求 $\min\{J_m(\mathbf{U}, \mathbf{V})\}$ 的解 $(\mathbf{U}, \mathbf{V})$，这可以通过如下的迭代优化算法来完成，该算法称为 FCM 算法：

（1）固定聚类数 $c$，$2 \leqslant c < n$，$n$ 是数据样本数；固定 $m$，$1 \leqslant m < \infty$；选择一合适的内积范数 $\| \cdot \|$。

（2）初始化模糊 $c$ 划分矩阵 $\mathbf{U}^{(0)}$。

（3）依次取迭代步数 $b = 0, 1, 2, \cdots$。

（4）利用 $\mathbf{U}^{(b)}$ 和下式计算 $c$ 个聚类中心 $\mathbf{V}_i^{(b)}$（$i = 1, 2, \cdots, c$）：

$$v_i = \frac{\sum\limits_{k=1}^{n} \mu_{ik}^m x_k}{\sum\limits_{k=1}^{n} \mu_{ik}^m} \tag{2.1-61}$$

（5）按如下方式调整 $\mathbf{U}^{(b)}$ 为 $\mathbf{U}^{(b+1)}$（对 $k = 1$ 至 $n$）。

① 计算 $I_k$ 和 $\bar{I}_k$：

$$I_k = \{ i \mid 1 \leqslant i \leqslant c; d_{ik} = \| x_k - v_i \| = 0 \} \tag{2.1-62}$$

$$\bar{I} = \{1, 2, \cdots, c\} - I_k \tag{2.1-63}$$

② 计算数据 $X_k$ 的新的隶属度：

若 $I_k = \varnothing$（空集），则

$$\mu_{ik} = \left[ \sum_{j=1}^{c} \left( \frac{d_{ik}}{d_{jk}} \right)^{\frac{1}{(m-1)}} \right]^{-1} \tag{2.1-64}$$

否则，对所有 $i \in \bar{I}_k$，置 $\mu_{ik} = 0$，并取 $\sum\limits_{i \in I_k} \mu_{ik} = 1$，$k = k+1$。

（6）用一个矩阵范数来比较 $\mathbf{U}^{(b)}$ 和 $\mathbf{U}^{(b+1)}$。若 $\| \mathbf{U}^{(b)} - \mathbf{U}^{(b+1)} \| < \varepsilon$，停止；否则令 $b = b+1$，返回（4）。

不过 FCM 算法也存在不足之处：一方面，它不考虑样本矢量中各维特征对分类的不同影响；另一方面，它不考虑样本矢量间对聚类效果的不同影响。针对这两种情况我们分别对基于特征加权的 FCM 算法和基于样本加权的 FCM 算法加以改进。

假设 $X=\{x_1, x_2, \cdots, x_n\}$ 为 $p$ 维实数空间中给定的一个有限样本子集，$x_k \in \mathbf{R}^p$ 为第 $k$ 个样本的特征矢量。对于任意给定的类别数 $c(2 \leqslant c \leqslant n)$，样本集 $X$ 的加权模糊 C 均值

(Weighted-FCM，WFCM)聚类问题可以表示成如下的数学规划问题：

$$\min\left\{ J_m(\boldsymbol{U}, \boldsymbol{V}) = \sum_{k=1}^{n} \sum_{i=1}^{c} w_k \mu_{ik}^m \parallel x_k - v_i \parallel^2 \right\} \text{s. t.} \boldsymbol{U} \in M_{fc} \qquad (2.1-65)$$

式中，$w_k$ 为每个样本的加权系数，满足条件 $\sum_{k=1}^{n} w_k = 1$。

利用拉格朗日乘子(Lagrange multipliers)法，我们可以推导出式(2.1-65)的优化迭代公式：

$$\mu_{ik} = \left[ \sum_{j=1}^{c} \left( \frac{\parallel x_i - v_k \parallel}{\parallel x_i - v_j \parallel} \right)^{\frac{2}{m-1}} \right]^{-1}$$

$$v_i = \frac{\sum_{k=1}^{n} w_k \mu_{ik}^m x_k}{\sum_{k=1}^{n} w_k \mu_{ik}^m} \qquad (2.1-66)$$

显然，权系数 $w_k$ 的主要作用在于聚类中心的调整，当 $w_k = 1/n$ 时，即认为各个样本对分类的影响一致时，WFCM 算法就退化为经典的 FCM 算法。

分类与分割问题本质上是一致的，均是按照某种准则(如最小均方误差)来获得样本的类别标记，同时由于图像分割的无监督性和图像质量评价的主观性使得 FCM 算法特别适合于图像分割问题。

早期的基于 FCM 的分割算法中，待分析的样本数为图像的像素点数，特征为像素的灰度。比如一幅 512×512 的图像，分类样本数为 262 144，对于遥感图像(Remote sensing images)等更大尺寸的图像而言，样本数目将会更多，从而影响了分割过程的实时性。既然分类的特征为灰度，人们希望直接把灰度及其出现的频度作为待分类的样本，与 FCM 相结合就形成了一维灰度直方图加权的 FCM 图像分割算法。这样对给定灰阶的图像，分类的样本数不随图像尺寸的增大而增大。比如对于 8 bit 的图像，不论尺寸多大，分类的样本只有 256 个。图像的尺寸 $M \times N$ 只影响灰度直方图的计算，即各灰度级出现的概率：

$$p_i = \frac{n_i}{M \times N} \qquad i = 0, 1, \cdots, L-1 \qquad (2.1-67)$$

其中，$n_i$ 表示灰度为 $i$ 的像素在该图像中出现的次数，$L$ 为总的灰阶数目，显然直方图满足条件 $\sum_{i=1}^{L-1} p_i = 1$，因此可以直接应用 WFCM 算法实现图像的分割。

在一维灰度直方图中，由于噪声等原因，许多情况下目标和背景的分布相互重叠而不可区分，使得直方图分割方法的前提不再成立，因而不能获得满意的分割结果。因为图像中像素与其邻域像素间存在较大的相关性，当利用了这一空间相关信息后，例如基于原图的邻域平滑图像而构造出的二维直方图，那么目标和背景的分布在二维直方图中就会比一维直方图容易区分。

二维直方图 $H(s, t)$ 描述了原图 $I(x, y)$ 中灰度值为 $s$，同时在平滑图像 $\bar{I}(x, y)$ 的同一位置具有灰度值为 $t$ 的像素(对)的个数，即为这两幅图的联合概率密度：

$$H(s, t) = P\{I(x, y) = s, \bar{I}(x, y) = t \mid 1 \leqslant x \leqslant M, 1 \leqslant y \leqslant N\}$$

$$= \frac{n(s, t)}{M \times N} \qquad s, t = 0, 1, \cdots, L-1 \qquad (2.1-68)$$

如图 2.1.13 所示，图 2.1.13(a)为 64×64 大小的图像，它由目标(椭圆)和背景两部分组成，其中背景灰度为 100，物体灰度为 160，另外叠加了一个独立的高斯噪声 $N(0, 400)$。图 2.1.13(b)和(c)分别为图(a)对应的一维和二维直方图，二维直方图构造中平滑图像用 5×5 的邻域平滑算子实现，同时把灰度级压缩成 64 级。可以看出，在噪声的干扰下，一维直方图没有明显的双峰，物体和背景的分布很不明显；但在二维直方图中，这种情况得到了相当大的改善，能明显地看到物体与背景两个峰的不同分布。

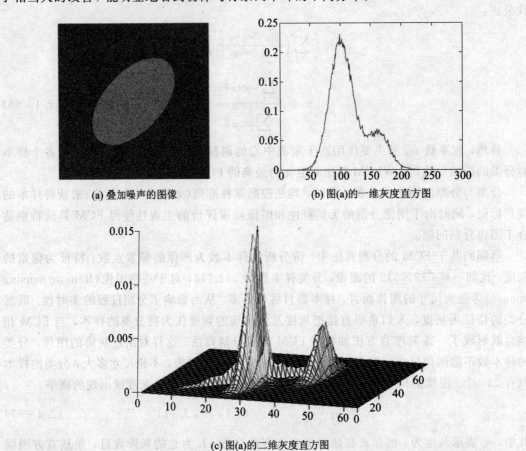

(a) 叠加噪声的图像　　　　　　　　(b) 图(a)的一维灰度直方图

(c) 图(a)的二维灰度直方图

图 2.1.13　噪声污染的图像及其灰度直方图特性

这样，我们可以把基于一维直方图加权的 FCM 算法推广到基于二维直方图加权的 FCM 图像分割算法。具体的实现方法如下：定义待分类样本为二元组 $x_i(s, t)$，其中 $i = sL + t$，加权系数为 $w_k = H(s, t)$。

基于直方图的 WFCM 算法通过迭代法可以高效地实现图像的阈值分割。对于背景简单、目标单一的图像，只需单个阈值即可，也就是说在 WFCM 算法中可以指定聚类数目 $c = 2$。但是在复杂背景下多目标的情况，则往往需要多阈值分割，即 $c \geqslant 2$。如何选择合适的阈值数目，成为 WFCM 图像分割算法的瓶颈。

我们知道，基于 WFCM 的图像分割算法中假定背景和目标在一维或二维直方图中对应不同的波峰。WFCM 算法进行图像分割就对应着直方图中峰态的分解，当分解得到的每个聚类均为单峰分布时，表明峰态分解完全，此时得到的聚类数目最合适。反之则需要继续分解。另外，如果得到的图像的直方图为单峰分布，则说明基于直方图无法实现图像的分割，此时无需再用 WFCM 去分析，因为分割的前提不成立。基于以上分析，我们可以利用以前提出的基于统计检验指导的聚类分析方法来进行多阈值数目的自动获取及其图像的自动分割，其结构框图如图 2.1.14 所示。

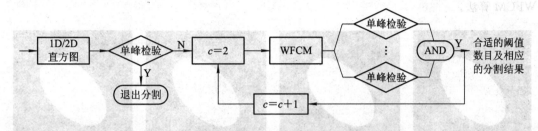

图 2.1.14 统计检验指导的多阈值图像自动分割框图

对于待分割的图像，本方案首先统计得到图像的一维或者二维灰度直方图，然后对直方图进行单峰分布的统计检验，以确定能否用直方图加权的 FCM 算法进行分割。单峰检验中涉及到两个重要的算法：半数框架建立算法和 $k$-近邻 $T$ 平方统计量 $T_k$ 的 $\alpha$-显著性检验算法。如果待分析图像的直方图为多峰分布的，则首先令 $c=2$，用基于直方图的 WFCM 算法对图像进行聚类分析，然后对得到的 $c$ 个类分别进行单峰检验，只要还有一个子集不满足 $\alpha$-显著性检验，就说明仍然存在可分性，令 $c=c+1$ 重新聚类，直到所有的 $c$ 个子集均不具有可分性后，说明图像直方图的峰态已经分解完全，每个聚类均为单峰分布模式了，则输出满意的阈值数目和图像分割结果。

该方案既可以用于一维灰度直方图、二维灰度直方图，也可以用于高维的彩色直方图。由于单峰统计检验的引入使得图像分割问题无需人工干预，从而实现了多阈值图像分割的自动化。

一维直方图加权的 FCM 图像分割算法示例见图 2.1.15。图 2.1.15(a)所示为标准图像 Lena，图像尺寸为 $512 \times 512$，灰度级为 256 级。我们分别用 FCM 算法和一维直方图 WFCM 算法进行分割实验，分割结果如图 2.1.15(b)、(c)所示。显然，两者的分割结果是相同的，因为两种分割准则是一致的，所不同的是两者的分割效率。同样在 PC486、主频 466 MHz、内存 128 MB 的运行环境下，用 Matlab 编程实现，FCM 分割算法的运行时间为 77.58 s，而基于一维直方图的 WFCM 分割算法只需 0.26 s，运行速度提高了 298 倍。

(a) Lena测试图像

(b) FCM算法的分割结果

(c) WFCM算法的分割结果

图 2.1.15 Lena 图像及其分割结果

二维直方图加权的 FCM 图像分割算法示例见图 2.1.16。图 2.1.16 比较了一维直方图加权的 FCM 和二维直方图加权的 FCM 算法的图像分割性能。我们采用图 2.1.13(a)所示的人造图像，其中叠加的高斯噪声方差分别为 400 和 900，表 2.1.2 统计了两种情况下的错误分割的像素点数目以及所占的百分比。显然，2D WFCM 算法的性能明显优于 1D WFCM 算法。

| 噪声方差为400情况下<br>1D WFCM分割结果 | 噪声方差为400情况下<br>2D WFCM分割结果 | 噪声方差为900情况下<br>1D WFCM分割结果 | 噪声方差为900情况下<br>2D WFCM分割结果 |
|---|---|---|---|

图 2.1.16　二维直方图加权的 FCM 算法的图像分割结果

**表 2.1.2　不同噪声情况下两种算法的性能比较**

| 图像分割<br>算法 | 噪声为 $N(0, 400)$ | | 噪声为 $N(0, 900)$ | |
|---|---|---|---|---|
| | 错分点数 | 错误率(%) | 错分点数 | 错误率(%) |
| 1D WFCM | 343 | 8.3 | 661 | 16.14 |
| 2D WFCM | 46 | 1.12 | 130 | 3.17 |

由于 FCM 算法为迭代算法，在聚类分析前需要初始化聚类中心，而 FCM 算法对初始化比较敏感，容易陷入局部极值点，从而得不到最佳的分割结果。因此，一个好的初始化不仅会加快算法的收敛速度，而且可以保证算法获得好的分割效果。此外，FCM 算法还要求聚类数目必须事先给定。为此，我们给出了另一种聚类数目获取和聚类中心初始化方法，用以实现快速的 FCM 图像分割。

聚类数目自动获取和聚类中心初始化算法如下。

(1) 构造一维高斯模板：

$$g(x) = \frac{1}{\sqrt{2\pi}\sigma} \exp\left(-\frac{(x-\mu)^2}{2\sigma^2}\right) \qquad (2.1-69)$$

(2) 利用高斯模板对一维直方图势函数 $h(x)$ 进行平滑滤波运算，即

$$\phi(x) = h(x) * g(x) = \int h(u) \frac{1}{\sqrt{2\pi}\sigma} \exp\left(-\frac{(x-\mu)^2}{2\sigma^2}\right) du \qquad (2.1-70)$$

(3) 用反高斯函数法提取多峰直方图势函数 $\phi(x)$ 的极值。

(4) 求集合 $\{x_i | \phi(x_i)$ 是 $\phi(x)$ 的局部极值$\}$，集合 $\{x_i\}$ 中的元素的个数设定为聚类数 $c$，$\{x_i\}$ 则用来初始化 FCM 算法的聚举中心。

快速 FCM 和传统 FCM 算法比较见表 2.1.3。显然采用上述聚类数目和聚类中心的初始化方法的算法所用的分割时间明显少于传统的 FCM 算法。由于模糊聚类的计算量和样本数目息息相关，因此，随着图像尺寸的增大，快速 FCM 与直方图相结合的分割算法与传

统的 FCM 分割算法效率之比也在不断提高。

表 2.1.3 快速 FCM 和 FCM 图像分割运行时间比较

| 图像大小 | FCM 耗时/s | 快速 FCM 耗时/s | 提高倍数 |
|---------|-----------|---------------|---------|
| 64×64 | 2.94 | 1.97 | 1.49 |
| 128×128 | 9.84 | 2.69 | 3.65 |
| 256×256 | 40.93 | 4.28 | 9.56 |
| 512×512 | 137.82 | 6.32 | 21.80 |

注：算法的测试平台为 Win2000，测试环境为主频 800 MHz、内存 128M 的 PC 机，算法用 Matlab 语言实现。

**6. 过渡区法**

以上方法利用梯度信息时多只用到同一个灰度级像素的梯度，所以比较容易受噪声或图像中非目标区域干扰的影响。这些影响常会在变换后直方图的对应位置上出现虚极值而导致阈值选取的误差。下面介绍一种借助图像中过渡区的阈值选取方法。鉴于它同时利用了不同灰度值像素的梯度信息，所以具有较强的抗噪声和干扰性能。下面首先来定义和确定过渡区，为此提出了有效平均梯度和灰度剪切的概念，接着利用有效平均梯度的极值点确定过渡区，最后再借助过渡区来选取分割阈值。

实际数字图像中的边界是有宽度的，它本身也是图像中的一个区域，一个特殊的区域。一方面它将不同的区域分隔开来，具有边界的特点；另一方面，它面积不为零，具有区域的特点。可将这类特殊区域称为过渡区。直观地讲，既可以说过渡区将灰度不同的区域用中间灰度连接起来，也可以说将它们分离开来。

过渡区的存在性可由三方面来说明。第一，已经证明，尽管连续图像中可以有理想的阶梯边缘，如果根据香农定理(Shannon theorem)对它采样，得到的离散图仍存在至少有一个像素宽的边缘，也可以说对物理上可实现的图像采集系统，所采集图像中的阶梯边缘成为有坡度的了；第二，观察实际图像总会发现图像中各区域边缘的模糊处，如果做出其剖线可明显看到想象中的阶梯边缘在实际中是坡状的；第三，过渡区在合成图像时也可利用平滑滤波模拟产生。由于对实际图像采集系统来说，平滑是其固有特性，因此它们总会使图像产生过渡区。

过渡区可借助对图像有效平均梯度(Effective average gradient，EAG)的计算和对图像灰度的剪切(Clip)操作来确定。设以 $f(i, j)$ 代表 2D 空间的数字图像函数，其中 $i, j$ 表示像素空间坐标，$f$ 表示像素的灰度值，它们都属于整数集合 $\mathbf{Z}$。再设 $g(i, j)$ 代表 $f(i, j)$ 的梯度图(可用梯度算子作用于 $f(i, j)$ 得到)，则 EAG 可定义为：

$$EAG = \frac{TG}{TP} \tag{2.1-71}$$

其中

$$TG = \sum_{i, j \in \mathbf{Z}} g(i, j) \tag{2.1-72}$$

为梯度图的总梯度值，而

$$TP = \sum_{i, j \in \mathbf{Z}} p(i, j) \tag{2.1-73}$$

为非零梯度像素的总数，因为这里 $p(i, j)$ 定义为

$$p(i, j) = \begin{cases} 1 & \text{如 } g(i, j) > 0 \\ 0 & \text{如 } g(i, j) = 0 \end{cases} \qquad (2.1-74)$$

由此定义可知，在计算 EAG 时只用到具有非零梯度的像素，除去了零梯度像素的影响，因此称为"有效"梯度。EAG 是图中非零梯度像素的平均梯度，它代表了图像中一个有选择的统计量。

进一步，为了减少各种干扰的影响，定义以下特殊的剪切变换。它与一般剪切操作的不同之处是它把被剪切了的部分设成剪切值，这样避免了一般剪切在剪切边缘造成大的反差而产生的不良影响。根据剪切部分的灰度值与全图灰度值的关系，这类剪切可分为高端剪切与低端剪切两种。设 $L$ 为剪切值，则剪切后的图可分别表示为

$$f_{\text{high}}(i, j) = \begin{cases} L & \text{如 } f(i, j) \geqslant L \\ f(i, j) & \text{如 } f(i, j) < L \end{cases} \qquad (2.1-75)$$

$$f_{\text{low}}(i, j) = \begin{cases} f(i, j) & \text{如 } f(i, j) > L \\ L & \text{如 } f(i, j) \leqslant L \end{cases} \qquad (2.1-76)$$

如果对这样剪切后的图像求梯度，则其梯度函数必然与剪切值 $L$ 有关，由此得到的 EAG 也变成了剪切值 $L$ 的函数 EAG$(L)$。注意 EAG$(L)$ 与剪切的方式也有关，对应高端和低端剪切的 EAG$(L)$ 可分别写成 EAG$_{\text{high}}(L)$ 和 EAG$_{\text{low}}(L)$。

典型的 EAG$_{\text{high}}(L)$ 和 EAG$_{\text{low}}(L)$ 曲线都是单峰曲线，即它们都各有一个极值，这可以借助对 TG 和 TP 的分析得到。图 2.1.17(a) 和 (b) 分别给出 EAG$_{\text{high}}(L)$ 和 EAG$_{\text{low}}(L)$ 曲线的示意图。

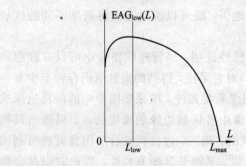
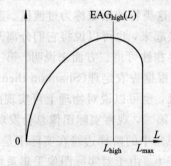

图 2.1.17 典型的 EAG$_{\text{high}}(L)$ 和 EAG$_{\text{low}}(L)$ 曲线

设 EAG$_{\text{high}}(L)$ 和 EAG$_{\text{low}}(L)$ 曲线的极值点分别为 $L_{\text{high}}(L)$ 和 $L_{\text{low}}(L)$，则：

$$L_{\text{high}}(L) = \arg\left\{\max_{L \in \mathbf{Z}}[\text{EAG}_{\text{high}}(L)]\right\} \qquad (2.1-77)$$

$$L_{\text{low}}(L) = \arg\left\{\max_{L \in \mathbf{Z}}[\text{EAG}_{\text{low}}(L)]\right\} \qquad (2.1-78)$$

这两个极值点对应灰度值集合中的两个特殊值，它们在灰度值上限定了过渡区的范围，事实上过渡区是一个由两个边界圈定的 2D 区域，其中像素的灰度值是由两个 1D 灰度空间的边界灰度值所限定的（见图 2.1.18），这两个边界的灰度值分别是

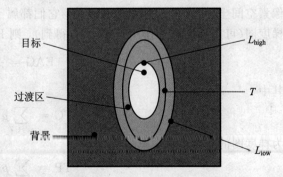

图 2.1.18 过渡区示例

$L_{high}$ 和 $L_{low}$。

这两个极值点有三个重要的性质：

(1) 对每个过渡区，$L_{high}$ 和 $L_{low}$ 总是存在并且各只存在一个；

(2) $L_{high}$ 和 $L_{low}$ 所对应的灰度值都具有明显的像素特性区别能力；

(3) 对同一个过渡区，$L_{high}$ 不会比 $L_{low}$ 小，在实际图像中 $L_{high}$ 总大于 $L_{low}$。

根据前面推导出来的公式可以计算出 $L_{high}$ 和 $L_{low}$，从而确定出过渡区。过渡区处于目标和背景之间，而目标和背景之间的边界又在过渡区之中，所以可借用过渡区来帮助选取阈值。因为过渡区所包含像素的灰度值一般在目标和背景区域内部像素的灰度值之间，所以可根据这些像素确定一个阈值以进行分割。例如取过渡区内像素的平均灰度值或过渡区内像素的直方图的极值。又由于 $L_{high}$ 和 $L_{low}$ 限定了边界线灰度值的上下界，阈值也可直接借助它们来计算。

由前面关于 EAG 的计算公式可知，这里只用到具有非零梯度的像素，且综合利用了灰度值不同的像素的梯度值，所以抗干扰能力较强。另外 $EAG_{high}(L)$ 和 $EAG_{low}(L)$ 曲线都比较光滑（如图 2.1.17 所示），计算其极值 $L_{high}$ 和 $L_{low}$ 比较容易，受噪声影响较小。另外对噪声较大的图像，可先通过平滑滤波消除噪声再计算 EAG 曲线，曲线形状基本不会变化。注意这里过渡区的确定是完全自动的，不需预先设定任何参数。确定过渡区的方法与目标和背景的相对灰度值变化没有关系，对目标的形状尺寸也没有要求。

最后可以指出，过渡区是一个环绕目标边界的带状区，所以也可把这个区加以细化来得到边界线，这方面还需做一定的工作。但无论是从灰度值信息着手还是从区域信息着手，由于过渡区的确定都保证了真实边界的范围，所以分割偏差太大的可能性很小。换句话说，这种方法的稳定性较好。

## 2.2　区 域 分 割

区域分割是通过对目标区域的直接检测来实现图像分割的，其有两种基本形式：一种是从全图出发，逐渐分裂切割至所需的分割区域；另一种是从单个像素出发，逐渐合并以形成所需的分割区域。本节将分别介绍这两类方法中的一些典型技术。

### 2.2.1　分裂合并法

#### 1. 基本方法

实际中，常先把图像分成任意大小且不重叠的区域，然后再合并或分裂这些区域以满足图像分割的要求。在这类方法中，常常需要根据图像的统计特性设定图像区域属性的一致性测度，其中最常用的测度是基于灰度统计特征，例如同质区域中的方差（Variance within homogeneous regions，VHR）。算法根据 VHR 的数值确定合并或分裂各个区域。为得到正确的分割结果，需要根据图像中的噪声水平来选择 VHR。实际图像中的噪声一般不能准确地确定，所以 VHR 常根据先验知识或对噪声的估计来选定，所选择的精确度对算法性能有很大的影响。另外，也可借助区域的边缘信息来决定是否对区域进行合并（Merge）或分裂（Split）。

下面介绍一种利用图像四叉树(Quadtree)方法表达的简单分裂合并算法。设 $R$ 代表整个正方形图像区域(见图 2.2.1),$P$ 代表逻辑谓词。从最高层开始,把 $R$ 连续地分裂成越来越小的 1/4 的正方形子区域 $R_i$,并且始终使 $P(R_i)$=TURE。换句话说,如果 $P(R_i)$=FALSE,那么就将图像分成四等分。如此类推,直到 $R_i$ 为单个像素。

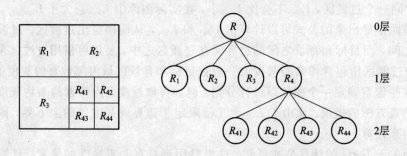

图 2.2.1　简单分裂合并算法的数据结构

如果仅仅允许使用分裂,最后有可能出现相邻的两个区域具有相同的性质但并没有合成一体的情况。为解决这个问题,在每次分裂后允许其后继续分裂或合并。这里合并只合并那些相邻且合并后组成的新区域满足逻辑谓词 $P$ 的区域。换句话说,如果能满足条件 $P(R_i \bigcup R_j)$=TURE,则将 $R_i$ 和 $R_j$ 合并起来。

基本分裂合并算法步骤如下:

① 对任一区域 $R_i$,如果 $P(R_i)$=FALSE 就将其分裂成不重叠的四等份;

② 对相邻的两个区域 $R_i$ 和 $R_j$(它们也可以大小不同,即不在同一层),如果条件 $P(R_i \bigcup R_j)$=TURE 满足,就将它们合并起来;

③ 如果进一步的分裂或合并都不可能了,则结束。

图 2.2.2 给出使用分裂合并法分割图像各步骤的一个简单例子。设图中阴影区域为目标,白色区域为背景,它们都具有常数灰度值。对整个图像 $R$,$P(R)$=TURE(这里令 $P(R)$=TURE 代表在 $R$ 中的所有像素都具有相同的灰度值),所以先将其分裂成如图 2.2.2(a)所示的四个正方形区域。由于左上角区域满足 $P$,所以不必继续分裂。其它三个区域继续分裂而得到图 2.2.2(b)。此时除包括目标下部的两个子区域外其它区域都可分别按目标和背景合并。对那两个子区域继续分裂可得到图 2.2.2(c)。因为此时所有区域都已满足 $P$,所以最后一次合并就可得到如图 2.2.2(d)所示的分割结果。

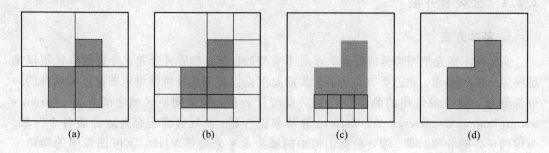

图 2.2.2　分裂合并法分割图像图解

### 2. 改进方法

上述基本算法可有一些改进和变形。例如可将原图先分裂成一组正方块，进一步的分裂仍按上述方法进行，但先仅合并在四叉树表达中属于同一个父结点且满足逻辑谓词 $P$ 的四个区域。如果这种类型的合并不再可能了，在整个分割过程结束前再最后按满足上述第二步的条件进行一次合并，注意此时合并的各个区域有可能彼此尺寸不同。这个方法的主要优点是在最后一步合并前，分裂和合并用的都是同一个四叉树。

利用图像四叉树表达方法可将图像以金字塔数据结构形式组织起来。设图像的尺寸为 $N \times N$，将四个像素一组合成小方块，再将四个小方块一组合成大方块，如此直到合成整幅图像就得到图像的金字塔数据结构表达。数据的总层数为 $L_N + 1$，这里 $L_N = \mathrm{lb}N$。在第 $l$ 层($0 \leqslant l \leqslant l_N$)，方块的边长为 $n = N/2^l$。

理论和实验都表明，在分割时，从金字塔结构的中间层开始可节约计算时间。具体计算步骤为：

① 初始化。从中间某层 $k$ 开始，方块的边长是 $n = N/2^k$，求出块内最大灰度 $M_k$ 和最小灰度 $m_k$。

② 分裂。设 $e$ 为预定的允许误差值，如果 $M_k - m_k > 2e$，则将结点分裂为四个小方块，并计算各小方块的 $M_{ki}$ 和 $m_{ki}$($i = 1, 2, 3, 4$)，分裂最多进行到像素级。

③ 合并。反过来，如果四个下层结点 $b_{ki}$($i = 1, 2, 3, 4$)，有公共父结点，且 $\max(M_{k1}, M_{k2}, M_{k3}, M_{k4}) - \min(m_{k1}, m_{k2}, m_{k3}, m_{k4}) < 2e$，则将它们合并成一个新结点，合并最多进行到图像级。

④ 组合，指在非共父结点的相接结点间进行的合并。具体是先建立一个堆栈 $S$，开始为空；再建立一个辅助的邻接矩阵 $A$，初始元素为 $a_{ij} = a(x_k, y_k) = k$。然后依次检查每个像素，如果像素 $f_{ij}$ 属于结点 $b_k$ 所代表的方块，对应的矩阵元素 $a_{ij}$ 保持原值。组合以标记方法实现，对结点 $b_k$，在标记过程中有三种情况：(i) 未标记过和未扫描到的，用标记 $F_k > 0$ 表示；(ii) 标记过但未扫描到，用标记 $F_k < 0$ 表示，并将结点 $b_k$ 放入 $S$；(iii) 既标记过也扫描到，用 $F_k > 0$ 标记表示，但结点 $b_k$ 不在 $S$ 中。用标记法将已标记过的结点顺序放入区域表 $R$ 中，并给区域表加上一个终了标记。根据以下算法进行组合($u$ 和 $v$ 为暂存器)：令 $S$ 为空，若 $F_k > 0$，则压 $b_k$ 到 $S$ 中，$u \leftarrow M_k$，$v \leftarrow m_k$；如果 $S$ 非空，则从 $S$ 中弹出 $b_k$，将 $b_i$ 装入 $R$，再对所有的 $b_k \in A$($b_j$ 同 $b_i$ 邻接)判断 $\max(M_{k1}, M_{k2}, M_{k3}, M_{k4}) - \min(m_{k1}, m_{k2}, m_{k3}, m_{k4})$，如果结果小于 $2e$，将 $b_j$ 放入 $S$，$u \leftarrow \max(u, M_k)$，$v \leftarrow \min(v, m_k)$；循环以上步骤，最后将零装入 $R$，停止。

另一种借助金字塔数据结构进行分层优化的方法主要有两个步骤(均分层分解)：

① 把分割看做逐层逼近图像的问题，先把图像分裂以减小逼近误差。

② 把分割看做假设检验过程，将属于相同区域的像素集合合并起来。

一种更加完整的分裂、合并和组合算法步骤如下。

① 初始化：将图像分成子图像，用四叉树法表达。

② 合并：由下向上通过检测每个结点的同质性，将其子结点合并。

③ 分裂：由上向下通过检测每个结点的同质性，将其子结点分裂。

④ 从 QT 向区域邻接图(Region adjacency graph, RAG)转换：将四叉树表达转换为区

域邻接图表达，即把在四叉树表达中的目标结点里隐含的邻接关系转换为区域邻接图中的分支。

⑤ 组合：将具有同质性的邻接结点组合起来，得到最终的分割结果。

另外，也有人通过采用不同的区域同质性准则，先进行迭代分裂，再以生长方式合并，从而取消了组合步骤。

## 2.2.2 区域生长法

### 1. 原理和步骤

区域生长的基本思想是将具有相似性质的像素集合起来构成区域。具体先对每个需要分割的区域找一个种子像素作为生长的起点，然后将种子像素周围邻域中与种子像素有相同或相似性质的像素（根据某种事先确定的生长或相似准则来判定）合并到种子像素所在的区域中。将这些新像素当作新的种子像素继续进行上面的过程，直到再没有满足条件的像素可被包括进来。这样一个区域就长成了。

图 2.2.3 给出已知种子点进行区域生长的一个示例。图(a)给出需分割的图像，设已知有两个种子像素（标为灰色方块），现要进行区域生长。假设这里采用的判断准则是：如果所考虑的像素与种子像素灰度值差的绝对值小于某个门限 $T$，则将该像素包括进种子像素所在区域。图(b)给出 $T=3$ 时的区域生长结果，整幅图被较好地分成两个区域；图(c)给出 $T=1$ 时的区域生长结果，有些像素无法判定；图(d)给出 $T=6$ 时的区域生长结果，整幅图都被分在一个区域中了。

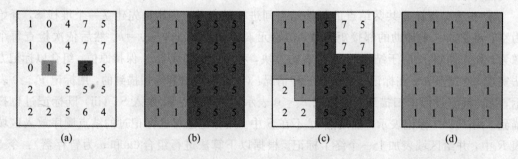

图 2.2.3 区域生长示例（已知种子点）

从上面的示例可知门限的选择对分割结果有重要的影响，在实际应用区域生长法时需要解决三个问题：

(1) 选择或确定一组能正确代表所需区域的种子像素；

(2) 确定在生长过程中能将相邻像素包括进来的准则；

(3) 制定让生长过程停止的条件或规则。

种子像素的选取常可借助具体问题的特点而进行。利用迭代的方法从大到小逐步收缩是一种典型的方法，它不仅对 2D 图像而且对 3D 图像也适用。再如在军用红外图像中检测目标时，由于一般情况下目标辐射较大，所以可选用图中最高的像素作为种子像素。要是对具体问题没有先验知识，常可借助生长所用准则对每个像素进行相应计算。如果计算结果呈现聚类的情况则接近聚类中心的像素可取为种子像素。以图 2.2.3(a)为例，由对它所做直方图可知：具有灰度值为 1 和 5 的像素最多且处在聚类的中心，所以可各选一个具有聚类中心灰度值的像素作为种子点。

生长准则的选取不仅依赖于具体问题本身，也和所用图像数据的种类有关。例如，若待分割图像是彩色的，则仅用单色的准则效果就会受到影响；另外还需考虑像素间的连通性和邻近性，否则有时会出现无意义的分割结果。一般生长过程在进行到再没有满足生长准则需要的像素时停止。但常用的基于灰度、纹理、彩色的准则大都基于图像中的局部性质，并没有充分考虑生长的"历史"。为增加区域生长的能力常需考虑一些与尺寸、形状等图像和目标的全局性质有关的准则。在这种情况下常需对分割结果建立一定的模型或辅以一定的先验知识。下面介绍几种典型的生长准则和对应的生长过程。

**2. 生长准则和过程**

区域生长的一个关键是选择合适的生长或相似准则，大部分区域生长准则使用图像的局部性质。生长准则可根据不同原则制定，而使用不同的生长准则会影响区域生长的过程。下面介绍三种基本的生长准则。

(1) 基于区域灰度差。区域生长方法将图像以像素为基本单位来进行操作，基于区域灰度差的方法主要有如下步骤：

① 对图像进行逐行扫描，找出尚没有归属的像素。

② 以该像素为中心检查它的邻域像素，即将邻域中的像素逐个与它比较，如果灰度差小于预先确定的阈值，将它们合并。

③ 以新合并的像素为中心，返回到步骤②，检查新像素的邻域，直到区域不能进一步扩张。

④ 返回到步骤①，继续扫描直到不能发现没有归属的像素，则结束整个生长过程。

采用上述方法得到的结果对区域生长起点的选择有较大的依赖性。为克服这个问题可采用下面的改进方法：

① 设灰度差的阈值为零，用上述方法进行区域扩张，使灰度相同的像素合并。

② 求出所有邻接区域之间的平均灰度差，合并具有最小灰度差的邻接区域。

③ 设定终止准则，通过反复进行上述步骤②中的操作将区域依次合并，直到终止准则满足为止。

另外，当图像中存在缓慢变化的区域时，上述方法有可能会将不同区域逐步合并而产生错误。为克服这个问题，可不用新像素的灰度值与邻域像素的灰度值比较，而用新像素所在区域的平均灰度值与各邻域像素的灰度值进行比较。

对一个含有 $N$ 个像素的图像区域 $R$，其均值为

$$m = \frac{1}{N} \sum_R f(x, y) \tag{2.2-1}$$

对像素的比较测试可表示为

$$\max_R | f(x, y) - m | < T \tag{2.2-2}$$

其中 $T$ 为给定的阈值。现在考虑两种情况：

① 设区域为均匀的，各像素灰度值为均值 $m$ 与一个零均值高斯噪声的叠加。当用式 (2.2-2) 测试某个像素时，条件不成立的概率为

$$P(T) = \frac{1}{\sqrt{2\pi}\sigma} \int_T^\infty \exp\left(-\frac{z^2}{2\sigma^2}\right) \mathrm{d}z \tag{2.2-3}$$

这就是误差函数 $\mathrm{erf}(T)$，$z = f(x, y) - m$。根据 $3\sigma$ 准则，当 $T$ 取 3 倍方差时，误判概率为 $1 - (99.7\%)^N$。这表明，当考虑灰度均值时，区域内的灰度变化应尽量小。

② 设区域为非均匀的，且由两部分像素构成。这两部分像素在 $R$ 中所占比例分别为 $q_1$ 和 $q_2$，灰度值分别为 $m_1$ 和 $m_2$，则区域均值为 $q_1 m_1 + q_2 m_2$。对灰度值为 $m_1$ 的像素，它与区域均值的差为

$$S_m = m_1 - (q_1 m_1 + q_2 m_2) \tag{2.2-4}$$

根据式(2.2-2)，可知正确判决的概率为

$$P(T) = \frac{1}{2}[P(|T - S_m|) + P(|T + S_m|)] \tag{2.2-5}$$

这表明，当考虑灰度均值时，不同部分像素间的灰度差距应尽量大。

(2) 基于区域内灰度分布统计性质。这里考虑以灰度分布相似性(Similarity)作为生长准则来决定区域的合并，具体步骤为：

① 把图像分成互不重叠的小区域。

② 比较邻接区域的累积灰度直方图，根据灰度分布的相似性进行区域合并。

③ 设定终止准则，通过反复进行步骤②中的操作将各个区域依次合并，直到终止准则满足。

这里对灰度分布的相似性常用两种方法检测(设 $h_1(z)$、$h_2(z)$ 分别为两邻接区域的累积灰度直方图)：

① Kolmogorov-Smirnov 检测，

$$\max_z |h_1(z) - h_2(z)| \tag{2.2-6}$$

② Smoothed-Difference 检测，

$$\sum_z |h_1(z) - h_2(z)| \tag{2.2-7}$$

如果检测结果小于给定的阈值，即将两区域合并。

上述两种方法有两点值得说明：

① 小区域的尺寸对结果可能有较大影响，尺寸太小时检测可靠性降低，尺寸太大时则得到的区域形状不理想，小的目标也可能漏掉。

② 式(2.2-7)比式(2.2-6)在检测直方图相似性方面较优，因为它考虑了所有灰度值。

(3) 基于区域形状。在决定对区域的合并时也可以利用对目标形状的检测结果，常用的方法有两种：

① 把图像分割成灰度固定的区域，设两邻接区域的周长分别为 $P_1$ 和 $P_2$，把两区域共同边界线两侧灰度差小于给定值的那部分长度设为 $L$，如果($T_1$ 为预定阈值)

$$\frac{L}{\min\{P_1, P_2\}} > T_1 \tag{2.2-8}$$

则合并两区域。

② 把图像分割成灰度固定的区域，设两邻接区域的共同边界长度为 $D$，把两区域共同边界线两侧灰度差小于给定值的那部分长度设为 $L$，如果($T_2$ 为预定阈值)

$$\frac{L}{B} > T_2 \tag{2.2-9}$$

则合并两区域。

上述两种方法的区别是：第一种方法是合并两邻接区域的共同边界中对比度较低部分占整个区域边界份额较大的区域，而第二种方法则是合并两邻接区域的共同边界中对比度较低部分比较多的区域。

### 2.2.3　模糊连通图像分割

区域增长分割方法利用图像的整体连通性对图像进行分割，而且为了保证分割结果具有一定的语义信息，常常需要人为参与分割的过程。如何在图像分割过程中使人有效地融合进去是交互式图像分割的关键。目前，交互式图像分割算法致力于：

（1）在分割过程中尽可能地为用户提供有效的控制手段。

（2）尽量减少使用者的参与，以确保实时操作的实现。

传统的区域增长算法的停止条件往往难以确定，通过引入模糊集理论，Udupa 等人提出了一种新的区域增长算法——基于模糊连通度（Fuzzy connectness）的阈值分割算法，但是最优的分割阈值仍然难以确定。为此，Udupa 等人又进一步提出了相对模糊连通度算法，该算法的思想源于图像中物体是相对其它物体的存在而定义的。因此，由用户来交互式地指定图像中目标和背景的种子点，通过比较图像中所有点与目标和背景的种子点的连通度大小来进行目标和背景的判决，从而不再依赖阈值的选择。

模糊连通度的计算可分为非尺度和尺度两种情况。前者利用像素自身的特性来计算模糊连通度，分割速度快，但对噪声敏感；后者由以该像素为中心的超球体内所有元素的特性加权平均来定义。超球体的半径根据目标的局部特征通过某种自适应规则来决定。这里所选用的空域变化的尺度不同于常用的多尺度策略。尽管基于空域尺度的方法比非尺度的方法对噪声或非噪声图像都具有更好的分割效果，但该方法极其耗时。小波函数具有时频局部化特性，而冗余小波变换还具有时移不变性和抗噪声等性能，将其应用到相对模糊连通度分割算法当中，能提高图像分割的效率。下面分别介绍基于相对模糊连通度的交互式图像分割（Interactive image segmentation）算法和利用冗余小波变换改进后的图像分割算法。

#### 1. 基于相对模糊连通度的交互式图像分割算法

令 $X$ 表示一个有限集合，$F$ 是 $X$ 中的模糊子集，其隶属度函数为 $\mu_F \in [0, 1]$。若用 $n$ 组相互正交的平面划分 $n$ 维欧氏空间 $\mathbf{R}^n$，空间将被分割为若干超立方体，即为空素（Spatial elements，Spel）。这里，我们不妨假设每组平面是等间距的，而且每个空素的中心点坐标为 $n$ 维整数向量，所有这些点的集合用 $\mathbf{Z}^n$ 来表示。$X$ 中的一个模糊关系 $s$ 是 $X \times X$ 的模糊子集：$s = \{(x, y), \mu_s(x, y) \in [0, 1] \mid x, y \in X\}$。如果 $s$ 具有自反和对称性，则称 $\mathbf{Z}^n$ 为模糊数字空间。假设模糊数字空间 $(\mathbf{Z}^n, S)$ 上的图像场为 $I = (C, f)$，其中 $C = \{c \mid -b_j \leqslant c_j \leqslant b_j, b \in \mathbf{Z}_+^n\}$，$\mathbf{Z}_+^n$ 是 $n$ 维正整数向量的集合，场景强度函数 $f$ 是场景域 $C$ 的函数，它的范围是一个整数集合。

我们以二维数字空间 $\mathbf{Z}^2$ 为例进行算法描述。假设在图像场 $I$ 中，从 $p_i$ 到 $p_j$ 的第 $k$ 条 $m$-连通（$m = 4, 8$）路径 $p_k$ 定义为序列：$p_k = \langle p_i = p_k^1, p_k^2, \cdots, p_k^{L_k} = p_j \rangle$，其中 $k = 1, 2, \cdots, K$；$L_k = |P_k|$ 为路径 $p_k$ 的长度。$I$ 上从 $p_i$ 到 $p_j$ 的所有路径的集合表示为 $\bigcup_{k=1}^{K} P_k$。对于

任一集合 $R\subseteq I$，如果 $p_k\in R$，则认为路径 $p_k$ 在 $R$ 里。

在 $\mathbf{Z}^2$ 上定义一个满足自反和对称性的模糊关系 $s$，称 $(\mathbf{Z}^n, s)$ 为模糊数字空间。$(\mathbf{Z}^n, s)$ 上的图像场 $I$ 中的任意两点 $p_i$ 和 $p_j$ 间的模糊连通度定义如下：

$$\mu_E(p_i, p_j) = \max_{k=1}^{K}\{\min_{l=1}^{L_k-1}[\mu_s(p_k^l, p_k^{l+1})]\} \tag{2.2-10}$$

其中模糊关系 $E$ 具有自反、对称和传递性，是 $(\mathbf{Z}^2, s)$ 上的等价关系；$\mu_s(p_k^l, p_k^{l+1})$ 为两个像素间的局部模糊连通度，$\mu_s(p_k^l, p_k^{l+1})\in N_m\subset \mathbf{Z}^2$，$N_m$ 表示 $m$ -邻接关系的像素对的集合。$\mu_s$ 定义为

$$\mu_s(p_k^l, p_k^{l+1}) = \sqrt{\mu_\varphi(p_k^l, p_k^{l+1})\cdot\mu_\psi(p_k^l, p_k^{l+1})} \tag{2.2-11}$$

即为 $\mu_\varphi$ 和 $\mu_\psi$ 的几何平均，且定义 $\mu_s(p, p)=1$；其中 $\mu_\varphi$ 和 $\mu_\psi$ 分别为物体的特征分量（Object feature component）和均匀性分量（Homogeneity component），$\mu_s$ 还可定义为其它形式。本章的参考文献[4]中给出 $\mu_s$ 采用不同形式时的详细比较，还示出了基于空域尺度的定义形式。相对模糊连通图像分割算法可简要描述如下：

① 对于待分割的图像，由用户交互式指定图像中目标 $O$ 和背景 $B$ 的种子点 $S_o$、$S_b$，分别用下标 $o$ 和 $b$ 表示目标和背景的参数。

② 对图像中的任意一个像素 $p$，分别计算它与 $S_o$、$S_b$ 的模糊连通度。

③ 通过式（2.2-12）做出分割的判决：

$$\eta(p) = \frac{\mu_E(p, p_o)}{\mu_E(p, p_b)}\begin{cases}>1, & p\in O\\ \leqslant 1, & p\in B\end{cases} \tag{2.2-12}$$

**2. 基于冗余小波变换的图像分割**

由于图像分割是对 2D 图像进行处理，因此，需要了解离散图像在二维正交小波基下的分解问题。从数字滤波器的角度来看，小波分解可用一个双通道的滤波器组来实现。即一个数字信号分别通过低通滤波器 $h$ 和高通滤波器 $g$ 后，再进行下二采样以去除信号的冗余性，使得信号长度保持不变。然而，信号的冗余性有助于降低信号对噪声的敏感性，并提高变换的时移不变性，这两个性质对提高图像分割算法的性能是至关重要的。所以，我们不对滤波后信号进行下二采样，即采用冗余小波变换（Redundant wavelet transform）的方法对图像进行分解。

对一幅图像进行的冗余小波分解如图 2.2.4 所示。

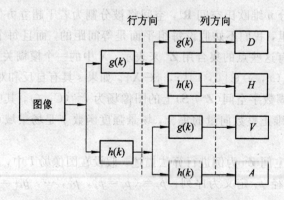

图 2.2.4　图像的冗余小波分解图示

①　先对图像的行进行一维冗余小波变换。

②　将行变换所得到的低通和高通冗余小波系数各自作为新的图像，分别对它们的列进行一维冗余小波变换。最终得到 4 个冗余小波变换系数图像：低频系数图像 $A$，对角、水平和垂直 3 个方向的高频系数图像 $D$、$H$ 和 $V$。

③　对低频系数图像重复步骤①和②直至得到满意的分解尺度。

由于低频系数图像 $A$ 保持了原图的概貌，我们可用式(2.2-13)来描述局部模糊连通度和 $\mu_s$ 的特征分量 $\mu_{\varphi}$：

$$\mu_{\varphi} = \exp\left(-\frac{(f_A(p_k^l) + f_A(p_k^{l+1}) - m_A)^2}{2k_A^2}\right) \qquad (2.2-13)$$

其中，$k_A = t\sigma_A$；$m_A$ 和 $\sigma_A$ 分别表示 $f_A(p_k^l) + f_A(p_k^{l+1})$ 的均值和方差。$f_A(p)$ 代表 $A$ 中与图像 $I$ 中像素 $p$ 位置对应的像素的强度值。3 个高频系数图像 $D$、$H$ 和 $V$ 可通过一定的数学运算组合后，来描述局部模糊连通度 $\mu_s$ 的均匀性（事实上是非均匀性）$\mu_{\psi}$ 分量。我们选用如下数学运算：最大化准则、最小化准则、几何平均、数学平均、加权平均来表示均匀性分量，它们的数学表达式如下：

$$\mu_{\psi}(p_k^l, p_k^{l+1}) = \max\{\mu_{\psi H}(p_k^l, p_k^{l+1}), \mu_{\psi V}(p_k^l, p_k^{l+1}), \mu_{\psi D}(p_k^l, p_k^{l+1})\} \qquad (2.2-14)$$

$$\mu_{\psi}(p_k^l, p_k^{l+1}) = \min\{\mu_{\psi H}(p_k^l, p_k^{l+1}), \mu_{\psi V}(p_k^l, p_k^{l+1}), \mu_{\psi D}(p_k^l, p_k^{l+1})\} \qquad (2.2-15)$$

$$\mu_{\psi}(p_k^l, p_k^{l+1}) = \sqrt{\mu_{\psi H}(p_k^l, p_k^{l+1}) \cdot \mu_{\psi V}(p_k^l, p_k^{l+1}) \cdot \mu_{\psi D}(p_k^l, p_k^{l+1})} \qquad (2.2-16)$$

$$\mu_{\psi}(p_k^l, p_k^{l+1}) = \frac{\mu_{\psi H}(p_k^l, p_k^{l+1}) + \mu_{\psi V}(p_k^l, p_k^{l+1}) + \mu_{\psi D}(p_k^l, p_k^{l+1})}{3} \qquad (2.2-17)$$

$$\mu_{\psi}(p_k^l, p_k^{l+1}) = \omega_1 \cdot \mu_{\psi H}(p_k^l, p_k^{l+1}) + \omega_2 \cdot \mu_{\psi V}(p_k^l, p_k^{l+1})$$
$$+ \omega_3 \cdot \mu_{\psi D}(p_k^l, p_k^{l+1}), \quad \omega_1 + \omega_2 + \omega_3 = 1 \qquad (2.2-18)$$

采用式(2.2-19)来定义水平高频系数图像 $H$ 上的 $\mu_{\psi H}$，$\mu_{\psi V}$ 和 $\mu_{\psi D}$ 可类似地计算得到：

$$\mu_{\psi H}(p_k^l, p_k^{l+1}) = \min\left\{\exp\left(-\frac{f_H(p_k^l)^2}{2k_H^2}\right), \exp\left(-\frac{f_H(p_k^{l+1})^2}{2k_H^2}\right)\right\}$$
$$= \exp\left(\frac{[\max[|f_H(p_k^l)|, |f_H(p_k^{l+1})|]]^2}{2k_H^2}\right) \qquad (2.2-19)$$

这里，$k_H = m_H + t\delta_H$，$t \in [2, 3]$；$m_H$ 和 $\sigma_H$ 分别代表水平高频图像 $H$ 中目标的均值和方差，$H$ 上的 $f_H(p)$ 和 $A$ 中的 $f_A(p)$ 意义相同。式(2.2-13)和式(2.2-19)中的参数可通过某种交互式的方法得到。其中式(2.2-19)的含义就是通过强度值的均匀性来获得像素 $p_k^l$ 和 $p_k^{l+1}$ 的局部连通程度。当使用不同形式的 $\mu_{\psi}$ 作为 $\mu_s$ 的均匀性分量时，分割速度略有不同。

改进后的图像分割算法由如下 4 个步骤组成：

①　选定一幅图像 $I$，由用户交互式地指定图像中目标 $O$ 和背景 $B$ 的种子点 $s_o$ 和 $s_b$。

②　用冗余小波变换来分解图像 $I$，并估计各个参数的值。

③　根据冗余小波变换所提取的特征，通过动态规划的方法分别计算目标 $O$ 和背景 $B$ 的模糊连通度，采用式(2.2-12)做出分割判决。

④　输出所得到的目标区域 $O$。

当 $\mu_{\psi}$ 由式(2.2-14)～(2.2-16)定义时，分割的判决式(2.2-12)可通过本章参考文献[5]中所提出的方法来进一步简化，使得在分割精度不变的情况下，分割速度能够再提高 2～3 倍。

我们选取了大量不同噪声模型污染的图像数据来测试基于冗余小波变换的图像分割算法的有效性和鲁棒性,部分实验结果由图 2.2.5 和图 2.2.6 示出。在进行冗余小波分解时,小波基均采用 Daubechies_4。图 2.2.5 为选择不同小波分解尺度对人造图像的分割结果,其中,图(a)为背景光照不均匀、目标模糊情况下加入强高斯噪声的人造图像;图(b)、图(c)和图(d)分别为冗余小波变换尺度选 1、2 和 3 时,采用基于冗余小波变换的分割算法对图(a)分割后的结果。

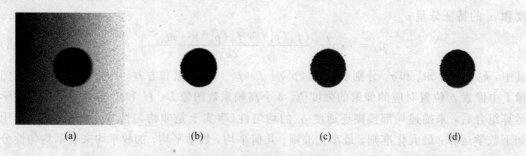

图 2.2.5　选择不同的小波分解尺度对人造图像的分割结果

图 2.2.6 为不同噪声模型下,真实医学图像的分割结果。其中,图(a)为带病灶的人体脑部 MR 图像;图(b)为对图(a)加入强度为 0.07 的椒盐噪声图像;图(c)为对图(a)加入乘性均匀分布的随机噪声后的图像,图像峰值信噪比为 23.183;图(d)和图(e)分别代表对图(a)加入高斯白噪声后的图像,图(d)和图(e)的峰值信噪比分别为 21.597 和 12.507。图(f)～图(j)为用基于冗余小波变换的相对模糊连通图像的分割算法提取出的脑部肿瘤。

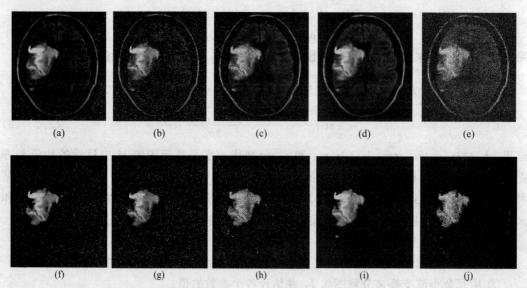

图 2.2.6　不同噪声模型下,真实医学图像的分割结果

## 2.3　彩色图像分割

对颜色的感受是人类对电磁辐射中可见光部分不同频率光知觉的体现。随着彩色图像

(Color image)的普及,彩色图像的分割在最近几年也越来越引起人们的重视。许多原用于灰度图像分割的方法并不适合于直接分割彩色图像。现已提出的彩色图像分割方法主要包括聚类法、熵阈值法、区域分裂合并、区域生长、边缘检测等。

在许多实际应用中,可对彩色图像的各个分量进行适当的组合使其转化为灰度图像,然后用对灰度图像的分割算法进行分割。另外彩色图像可看做多频谱图像的一个特例(三个频谱),所以适用于多频谱图像的分割方法也可用于彩色图像分割。下面仅考虑专门用于彩色图像分割的方法。要分割一幅彩色图像,首先要选好合适的彩色空间;其次要采用适合于此空间的分割策略和方法。下面分别讨论这两个问题。

## 2.3.1　彩色空间模型

为有效处理图像的彩色信息,我们必须定量地描述图像的彩色信息,即建立彩色空间模型。彩色图像是由各像素点的色彩决定的,像素点的可能彩色样本形成一个可能彩色集或称彩色空间模型。人眼对色彩的观察和处理是一种生理和心理交互的过程,目前其原理还未完全明确,各种彩色空间模型的提出均是建立在试验的基础上。表达颜色的彩色空间有许多种,它们常常是根据不同的应用目的而提出的。下面围绕图像分割,介绍几种常用的彩色空间及其特点。

### 1. RGB 模型

应用最广泛的彩色空间是红绿蓝(Red-green-blue, RGB)空间,它是一种矩形直角空间结构的模型,是通过对颜色进行加运算完成颜色综合的彩色系统。它用 $R$、$G$、$B$ 三个基本分量的值来表示颜色,是面向硬件设备的(如 CRT),物理意义明确但缺乏直观感受。众多研究表明,在图像处理领域,RGB 并不总是最佳的彩色模型。与它对应的是蓝绿色(Cyan)、品红(Mengenta)和黄(Yellow)组成的 CMY 空间,主要用于非发射式显示,如彩色打印机、绘画等。

通过对不同类型图像的分析,有人经过大量试验提出可用由 $R$、$G$、$B$ 经过线性变换得到的三个正交彩色特征

$$I_1 = \frac{R+G+B}{3}$$

$$I_2 = \frac{R-B}{2} \quad \text{或} \quad I_2 = \frac{B-R}{2}$$

$$I_3 = \frac{2G-R-B}{4} \tag{2.3-1}$$

来进行分割。这三个特征中,$I_1$ 是最佳特征,$I_2$ 是次佳特征,只用 $I_1$ 和 $I_2$ 作特征对大多数图像已可得到较好的分割结果。

彩色图像常用 $R$、$G$、$B$ 三分量的值来表示。但 $R$、$G$、$B$ 三分量之间有很高的相关性,直接利用这些分量一般不能得到预期的效果。为了降低彩色特征空间中各个特征分量之间的相关性,以及为了使所选的特征空间更方便于彩色图像分割方法的具体应用,实际中常需要将 RGB 图像变换到其它彩色特征空间中去。

### 2. 彩色传输模型

彩色传输模型主要用于彩色电视信号传输标准,主要有 YUV、YIQ 和 $YC_bC_r$ 模型。

它们共同的特点是都能向下兼容黑白显示器，即在黑白显示器上将彩色图像显示为灰度图像。三种彩色模型中，$Y$ 分量均代表黑白亮度分量，其余各分量用于显示彩色信息。

1) YUV 模型

$Y$ 分量代表黑白亮度分量，而 $U$ 和 $V$ 分量表示彩色信息用以显示彩色图像。对于黑白显示器而言，只需利用 $Y$ 分量进行图像显示，彩色图像转换为灰度影调图像。YUV 彩色模型和 RGB 模型转换见式(2.3 - 2)：

$$\begin{bmatrix} Y \\ U \\ V \end{bmatrix} = \begin{bmatrix} 0.299 & 0.587 & 0.114 \\ -0.147 & -0.287 & 0.436 \\ 0.615 & -0.515 & -0.100 \end{bmatrix} \begin{bmatrix} R \\ G \\ B \end{bmatrix} \tag{2.3 - 2}$$

2) YIQ 模型

YIQ 彩色模型是从 YUV 模型经旋转色差分量而形成的彩色空间，被用作 NTSC 制式电视信号的彩色模型，其与 RGB 模型的转换见式(2.3 - 3)：

$$Y = 0.299R + 0.587G + 0.114B$$
$$I = 0.596R - 0.275G - 0.321B = 0.736(R - Y) - 0.268(B - Y)$$
$$Q = 0.212R - 0.523G + 0.311B = 0.478(R - Y) + 0.413(B - Y) \tag{2.3 - 3}$$

$$\begin{bmatrix} I \\ Q \end{bmatrix} = \begin{bmatrix} 0 & 1 \\ 1 & 0 \end{bmatrix} \begin{bmatrix} \cos 33° & \sin 33° \\ -\sin 33° & \cos 33° \end{bmatrix} \begin{bmatrix} U \\ V \end{bmatrix} \tag{2.3 - 4}$$

3) $YC_bC_r$ 模型

$YC_bC_r$ 彩色模型是由国际电联(ITU-RBT.601[898])制定的一个全球统一的数字视频标准，它主要用于两种不同电视制式的兼容。$YC_bC_r$ 彩色模型是 YUV 彩色模型的离散形式，其中 $Y$ 分量的范围为 $[16, 235]$，$C_b$、$C_r$ 分量的离散范围为 $[16, 245]$。

$$Y = [219Y + 16]$$
$$C_b = 224[0.564(B - Y)] + 128 = [126(B - Y)] + 128 \tag{2.3 - 5}$$
$$C_r = 224[0.713(B - Y)] + 128 = [160(R - Y)] + 128$$

式中，$[\cdot]$ 为取整符号，$B - Y$ 和 $R - Y$ 表示色差分量。

Nevaria 认为在彩色图像边缘检测中，使用 YIQ 模型的效果要优于 RGB 模型。应电视传输与兼容性的要求，YUV 和 $YC_bC_r$ 彩色空间被广泛应用于图像压缩和多媒体技术中。

**3. 彩色视觉模型**

从人眼视觉特性来看，用色调(Hue)、饱和度(Saturation)和亮度(Illumination)来描述彩色空间能更好地与人的视觉特性相匹配。人眼彩色视觉主要包括色调、饱和度和亮度三要素。色调是指颜色的种类，主要由光的波长决定，不同的波长呈现不同的颜色，色调也就不同；饱和度是指彩色的深浅程度，饱和度的深浅与色光中白光成分的多少有关；亮度是指人眼感受到的光的明暗程度，光的能量越大，则亮度越高，反之亮度越低。

基于人眼视觉三要素，人们建立了多种彩色视觉模型，例如 HVC 模型、HSI 模型、HLS 模型、HSV 模型等，其优点在于：① 三个分量相对于人的视觉分量，彼此之间相互独立(视觉心理和物理两个方面)，能够获得对彩色的直观表示；② 各彩色值根据主观评价均匀量化，彩色距离的大小与人眼的感觉一致；③ 由于彩色距离均匀分布，很容易建立误差优化准则，将量化误差控制在要求的范围内。

1）HVC 模型

HVC 彩色空间模型是最早通过主观评价测试建立的均匀视觉彩色空间模型。在 HVC 彩色空间中，任意两种彩色的欧氏距离正比于人眼感觉到的色差，对人而言，HVC 彩色空间是均匀的。RGB 空间到 HVC 空间的转换十分复杂，最初它以查表（表的大小为 $256^3$）的方式将 RGB 数据转换为 HVC 数值，直到 Miyahara 提出一种数学转换公式，尽管它仍然很复杂，但比查表相对容易。

在均匀色度空间中，空间内任意两种彩色的欧氏距离（见式（2.3-6））与人眼主观感觉一致。为了更好地定义彩色距离和人主观感觉的联系，美国国家标准局制定了彩色色差的标准单位——NBS 单位。NBS 单位与人眼主观感觉的对应关系见表 2.3.1。

**表 2.3.1　NBS 单位与人眼主观感觉对应关系表**

| 主观评定 | trace | slightly | appreciable | much | very much |
|---|---|---|---|---|---|
| NBS 值 | 0.0～0.5 | 0.5～1.5 | 1.5～3.0 | 3.0～6.0 | 6.0～12.0 |

注：trace：不可辨差异；slightly：微弱差异；appreciable：可辨差异；much：差异大；very much：差异很大。

$$\text{dist}(C_i, C_j) = \sqrt{(h_i - h_j)^2 + (s_i - s_j)^2 + (v_i - v_j)^2} \qquad (2.3-6)$$

在 HVC 彩色模型中，我们常常选用与 NBS 有对应关系的 Godlove 色差公式（见式（2.3-7）），彩色距离与 NBS 单位的关系见式（2.3-8），$\text{dist}(C_i, C_j)$ 用于计算两种彩色色差。

$$\text{dist}(C_i, C_j) = \sqrt{2s_i s_j [1 - \cos(h_i - h_j)] + (s_i - s_j)^2 + 16(v_i - v_j)^2}$$
$$\qquad (2.3-7)$$

$$\text{dist}(C_i, C_j) \approx 1.2 \Delta E(\text{NBS}) \qquad (2.3-8)$$

2）HSI 模型

HSI 模型是一种柱状彩色空间，从 RGB 到 HSI 的转换关系为

$$H = \arccos\left\{ \frac{(R-G) + (R-B)}{2\sqrt{(R-G)^2 + (R-B)(G-B)}} \right\} R \neq G \text{ 或 } R \neq B$$

若

$$B > G, \ H = 2\pi - H \qquad (2.3-9)$$

$$S = 1 - \frac{3}{R+G+B}[\min(R, G, B)]$$

$$I = \frac{R+G+B}{3}$$

其中 $S$ 也有用下式计算的：

$$S = \max(R, G, B) - \min(R, G, B) \qquad (2.3-10)$$

式（2.3-9）中 $H$ 是由 $R$、$G$、$B$ 经非线性变换而得到的。在饱和度低的区域，$H$ 值量化粗，特别是在饱和度为 0 的区域（黑白区域），$H$ 值已没有意义，即当 $S=0$ 时，对应灰度无色，这时 $H$ 没有意义，此时定义 $H$ 为 0。最后当 $I=0$ 时，$S$ 也没有意义。

在 HSI 空间中，$H$、$S$、$I$ 三分量之间的相关性比 $R$、$G$、$B$ 三分量之间要小得多。由于 HSI 彩色空间的表示比较接近人眼的视觉生理特性，因而人眼对 $H$、$S$、$I$ 变化的区分能力要比对 $R$、$G$、$B$ 变化的区分能力强。另外在 HSI 空间中彩色图像的每一个均匀性彩色区域都对应一个相对一致的色调（$H$），这说明色调能够被用来进行独立于阴影的彩色区域的

分割。

3）HLS 模型

HLS 模型为一个双六棱锥彩色空间，在该彩色模型中，彩色亮度 $L$ 的定义为

$$L = 0.5[\max(R, G, B) + \min(R, G, B)] \tag{2.3-11}$$

RGB 与 HLS 的转换关系为

$$\text{MAX} = \max(R, G, B), \ \text{MIN} = \min(R, G, B)$$

$$S = \begin{cases} \dfrac{\text{MAX} - \text{MIN}}{\text{MAX} + \text{MIN}} & \text{若 } L < 0.5 \\ \dfrac{\text{MAX} - \text{MIN}}{2.0 - \text{MAX} - \text{MIN}} & \text{其它} \end{cases}$$

$$h = \begin{cases} \dfrac{R - B}{\text{MAX} - \text{MIN}} & \text{若 } R = \text{MAX} \\ 2.0 + \dfrac{R - B}{\text{MAX} - \text{MIN}} & \text{若 } G = \text{MAX} \\ 4.0 + \dfrac{R - B}{\text{MAX} - \text{MIN}} & \text{若 } B = \text{MAX} \end{cases}$$

$$H = \begin{cases} h \times 60° & \text{若 } h > 0 \\ 360° + h \times 60° & \text{若 } h < 0 \end{cases} \tag{2.3-12}$$

4）HSV 模型

HSV 模型为一个柱状彩色空间，在该彩色模型中，$V$ 的定义为

$$V = \max(R, G, B) \tag{2.3-13}$$

HSV 空间被 Photoshop 系列图像处理软件用作基本彩色空间。RGB 与 HSV 的转换关系为：

$$S = \frac{\text{mm}}{V} \ \ \text{mm} = \max(R, G, B) - \min(R, G, B)$$

$$r' = \frac{V - R}{\text{mm}}, \ g' = \frac{V - G}{\text{mm}}, \ b' = \frac{V - B}{\text{mm}}$$

$$h = \begin{cases} 5 + b' & \text{若 } R = \max(R, G, B) \text{ 和 } G = \min(R, G, B) \\ 1 - g' & \text{若 } R = \max(R, G, B) \text{ 和 } G \neq \min(R, G, B) \\ 1 + r' & \text{若 } G = \max(R, G, B) \text{ 和 } B = \min(R, G, B) \\ 3 - b' & \text{若 } G = \max(R, G, B) \text{ 和 } B \neq \min(R, G, B) \\ 3 + g' & \text{若 } B = \max(R, G, B) \text{ 和 } G = \min(R, G, B) \\ 5 - r' & \text{其它} \end{cases}$$

$$H = h \times 60° \tag{2.3-14}$$

在 HSV 彩色空间中，计算彩色距离一般采用

$$\text{dist}(C_i, C_j) = |v_i - v_j| + |v_i s_i \cos(h_i) - v_j s_j \cos(h_j)| + |v_i s_i \sin(h_i) - v_j s_j \sin(h_j)| \tag{2.3-15}$$

它比欧式距离测度更接近人眼对色差的感觉。

鉴于彩色视觉模型与人眼视觉特性的良好匹配，其成为图像分割、边缘检测、彩色聚类与图像分析和理解的常用彩色空间。

## 2.3.2 彩色图像分割算法

### 1. 测量空间聚类法

测量空间聚类法是分割彩色图像常用的方法。彩色图像在各个空间均可看做由三个分量构成,所以分割彩色图像的一种方法是建立一个"3D 直方图",它可用一个 3D 数组表示。这个 3D 数组中的每个元素代表图像中给定三个分量值的像素的个数。阈值分割的概念可以扩展为在 3D 空间搜索像素的聚类,并根据聚类来分割图像。

测量空间聚类法有一系列优点。首先,将图像由图像空间转换到测量空间的变换常是多对一的变换,这样变换后数据量减少易于计算;其次,尽管许多聚类方法本质上是递归或迭代的,但大部分聚类方法可以产生比较光滑的区域边界且比较不受噪声和局部边缘变化的影响。

当对彩色图像的分割在 HSI 空间进行时,由于 $H$、$S$、$I$ 三个分量是相互独立的,所以有可能将这个 3D 搜索问题转化为三个 1D 搜索。下面介绍一种对不同分量进行序列分割的方法,其流程见图 2.3.1。

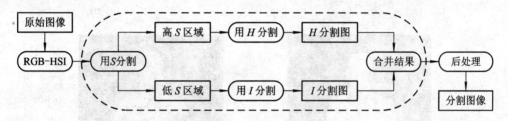

图 2.3.1 对彩色图像不同分量进行序列分割的算法流程图

从以上流程图中可以清楚地看到,整个彩色图像分割过程的三个主要步骤是:

① 利用 $S$ 来区分高饱和区和低饱和区。

② 利用 $H$ 对高饱和区进行分割:由于在高饱和彩色区 $S$ 值大,$H$ 值量化细,可采用色调 $H$ 的阈值来进行分割。

③ 利用 $I$ 对低饱和区进行分割:在低饱和彩色区 $H$ 值量化粗无法直接用来分割,但由于比较接近灰度区域,因而可采用 $I$ 来进行分割。

在以上三个分割步骤中可以采用不同的分割技术,也可以采取相同的分割技术。图 2.3.2 给出一个分割实例。图 2.3.2(a)~(c)分别是一幅彩色图像的 $H$、$S$、$I$ 三个分量。先对 $S$ 图进行分割得到图 2.3.2(d),其中白色区域为高 $S$ 区域,黑色区域为低 $S$ 区域。然后对高 $S$ 部分按 $H$ 值进行阈值分割得图 2.3.2(e)。对低 $S$ 部分按 $I$ 值进行阈值分割得图 2.3.2(f)。图 2.3.2(e)和图 2.3.2(f)中的白色区域对应没有参与分割的区域,而其它不同的灰度区域代表进一步分割后所得到的不同区域。综合图 2.3.2(e)和图 2.3.2(f)并结合一些后处理得到图 2.3.2(g)。最后可将各分割区域的边界叠加在原图(这里采用了 $I$ 分量图)上得到图 2.3.2(h)。

上述彩色图像分割算法简便快捷,适合于对精度要求不是太高的场合,如用于电视会议的分析,在合成编码方法中作为自动的图像分割算法以将诸如人脸等区域从图中分割出来分别编码。

图 2.3.2　彩色图像分割实例

## 2. 基于混合高斯建模(Gaussian mixture model)的肤色分割算法

肤色是彩色图像或视频序列中非常重要的人体特性。研究表明人类肤色集中在彩色空间中较小的区域,即肤色具有一定的聚类性,肤色区域是带有人物的彩色图像或视频序列中集中且稳定的区域。因此,利用肤色来检测复杂背景中的人物更适应实际应用的要求。分割肤色需要两个重要的步骤:① 选取一个适合的色彩空间;② 通过统计的方法寻求肤色分布的规律并建立行之有效的肤色模型进行分割。以下就这两个方面进行详尽的阐述。

### 1) 色彩空间的选取

目前,大部分图像捕捉设备都采用 RGB 模式来表征颜色,而 RGB 色彩空间表征的色度信号和亮度信号是混合的,人脸肤色检测技术对于亮度信号的变化是极其敏感的,为了能充分利用肤色在色度空间的聚类性,将亮度信号从颜色空间中分离出来是十分必要的。$YC_bC_r$ 色彩空间具有与人类视觉感知过程相类似的构成原理,可以将色彩中的亮度分量分离出来,并被广泛应用在电视显示等领域中,也是许多视频压缩编码,如 MPEG、JPEG 等标准中普遍采用的颜色表示形式。该颜色模型的计算过程和空间表示形式比较简单。在该空间中,肤色的聚类特性比较好。鉴于此,$YC_bC_r$ 色彩空间适用于肤色色彩的描述。

2) 肤色建模与分割

在 $YC_bC_r$ 空间中，亮度信息包含在 $Y$ 分量中，而色彩信息包含在 $C_b$ 和 $C_r$ 分量中。这样，我们只需在 $C_b$ - $C_r$ 空间中研究肤色模型。

为了研究人类肤色的聚类性，我们需要统计分析大量的肤色信息。采集大量的肤色区域，如图 2.3.3(a)所示，并将这些肤色区域映射到 $C_b$ - $C_r$ 空间，然后统计样本的二维直方图 $h(C_b，C_r)$，直方图中每一柄(高度)代表在该$[C_b，C_r]$上出现的像素频数，$C_b$ 和 $C_r$ 的取值范围均为$[0，255]$。如图 2.3.3(b)所示即为大量肤色区域样本所形成的二维肤色直方图 $h(C_b，C_r)$。图 2.3.3(c)给出了训练像素点(采集到的肤色块的像素点)的色彩范围。值得注意的是，肤色样本应具有广泛的代表性，这样可以保证建立的肤色模型对不同的肤色色调都有较好的鲁棒性。

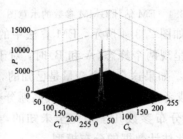
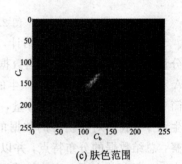

(a) 肤色样本　　　　　　　　(b) 肤色的二维直方图　　　　　　　(c) 肤色范围

图 2.3.3　肤色彩色直方图

观察 $C_b$ - $C_r$ 空间的肤色直方图，我们发现肤色聚集在 $C_b$ - $C_r$ 空间较为集中的范围内，那么肤色区域的分布可以通过构建一个统计模型来描述。现有的肤色统计模型有高斯统计模型和混合高斯统计模型两大类。显然，多个人种的肤色分布呈多峰状态，使用单个高斯分布不能充分描述肤色模型，因此我们采用了混合高斯模型。

假设 $x$ 是一个 $D$ 维的随机变量，其混合高斯概率密度函数(Probability density function，PDF)有如下形式：

$$G(x \mid \omega, \boldsymbol{\mu}, \boldsymbol{\Sigma}) = \sum_{c=1}^{C} \omega_c N^D(\boldsymbol{x} \mid \mu_c, \Sigma_c) \tag{2.3-16}$$

其中 $C$ 为高斯分量的个数，$\omega=(\omega_1, \omega_2, \cdots, \omega_C)$ 是 $C$ 个独立高斯分量在混合模型中的权重，$0<\omega_c<1$，$\sum_c \omega_c=1$。$\boldsymbol{\Sigma}=(\Sigma_1, \Sigma_2, \cdots, \Sigma_C)$ 和 $\boldsymbol{\mu}=(\mu_1, \mu_2, \cdots, \mu_C)$ 分别是各个高斯分量的协方差矩阵和均值向量。其中 $N^D(x; \mu_c, \Sigma_c)$ 是第 $c$ 个分量的多变量($D$ 维)正态密度函数：

$$N^D(x; \mu_c, \Sigma_c) = (2\pi)^{-\frac{D}{2}} \mid \Sigma_c \mid^{-\frac{1}{2}} \exp\left\{ -\frac{1}{2}(\boldsymbol{x}-\mu_c)^{\mathrm{T}}\Sigma_c^{-1}(\boldsymbol{x}-\mu_c) \right\} \tag{2.3-17}$$

对于基于 GMM 的肤色模型，其输入为 $\boldsymbol{x}=[C_b, C_r]^{\mathrm{T}}$，可采用 EM 算法估计混合高斯模型的各个参数[6]。EM 算法是一种从未知分布中最大化数据 $x$ 的似然估计算法，基本步骤如下。

首先，引入一个隐藏变量，通过它的知识简化对模型参数的最大似然估计：

E 步骤——给定数据以及当前参数的值，估计隐藏变量的分布；

M 步骤——修正各个参数，使得数据和隐藏变量的分布得到最大化估计。

下面我们给出一个示意图来解释 EM 算法估计混合高斯模型的方法，见图 2.3.4。

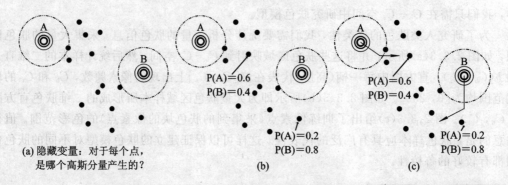

(a) 隐藏变量：对于每个点，是哪个高斯分量产生的？　(b)　(c)

图 2.3.4　EM 估计 GMM 参数的示意图

对于混合高斯模型的估计，如图 2.3.4 所示，EM 算法中的隐含变量表现为哪个高斯分量产生的各个样本，即当数据呈现两个峰态（A 和 B）时，对于每个黑色的样本点，是由 A 和 B 中的哪个高斯分量产生的。如果这个隐含变量是已知的，获得模型的参数将是非常简单的：只要对逐个高斯分量，或者分别对 A、B 估计其高斯分布的参数即可。但是在现实生活中，我们对所获得的数据的分布参数几乎是完全未知的，只有通过对数据的大量观察，总结数据的分布特点，并以此估计数据的分布模型。

需要指出的是，当我们采用 EM 算法估计混合高斯模型时，由于 EM 算法本身对于初始化较为敏感，为了降低估计混合高斯模型参数对初始化的敏感度，往往采用高效快速的方法对 EM 算法进行初始化，如 K-means、分级 K-means 等。

基于 GMM 模型进行肤色分割的具体步骤如下：

(1) 将颜色空间转化到 $YC_bC_r$ 空间中，获得各像素点的 $C_b$、$C_r$ 值。

(2) 计算这些 $C_b$、$C_r$ 值在统计模型中的概率，通过阈值进行肤色候选区域（二值化区域）的判决，$\{skin_k\}$，$k=1, \cdots, N$ 获得肤色的候选区域；对肤色候选区域进行形态学处理，去除噪声点，最终完成待检测图像中肤色区域的检测与提取。

图 2.3.5 给出部分肤色分割实例。图 2.3.5(a)、图 2.3.5(c)分别是一幅彩色图像。按照上述方法在 $C_b$-$C_r$ 空间分割后得到图 2.3.5(b)、图 2.3.5(d)。肤色提取可用于彩色图像中的人脸定位及图像中的不良信息检测等。

(a)　(b)　(c)　(d)

图 2.3.5　肤色区域提取图片结果

# 本章参考文献

[1]　章毓晋. 图像工程(上册)：图像处理和分析. 北京：清华大学出版社，1999.

[2]　高新波. 模糊聚类分析及其应用，西安：西安电子科技大学出版社，2004.

[3]　Udupa J K, Saha P K, Lotufo R A. Relative fuzzy connectedness and object definition：Theory, algorithms, and applications in image segmentation. IEEE Trans. on Pattern Analysis and Machine Intelligence, 2002, 24(11)：1485-1500.

[4]　Saha P K, Udupa J K. Iterative relative fuzzy connectedness and object definition：Theory, algorithms, and applications in image segmentation. Mathematical Methods in Biomedical Image Analysis, 2000, Proceedings of IEEE, Hilton Head, South Carolina, 2000, 28-35.

[5]　田春娜，高新波，哈力旦·A. 一种基于相对模糊连通度的交互式序列图像快速分割算法. 电子与信息学报，2005，27(10)：1549-1554.

[6]　Graf H P, Cosatto E, Gibbon D, et al. Multimodal system for locating heads and faces. Proc. 2nd Int'l Conf. Automatic Face and Gesture Recognition, 1996, 88-93.

# 练 习 题

2.1　请给出图像区域及图像分割的定义。

2.2　本章介绍的三种图像区域分割方法各有何特点？

2.3　对图题2.3所示图像采用区域生长法进行增长，给出$T=3$、$T=5$、$T=7$三种情况下的分割图像。

2.4　用分裂合并法分割图题2.4所示图像。

图题2.3

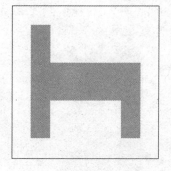

图题2.4

2.5　简述彩色图像分割与灰度图像分割的异同。

2.6　噪声对基于直方图阈值化的图像分割算法会有哪些影响？

2.7　一幅图像背景均值为30，方差为500，在背景上分布着互不重叠的均值为200、方差为 400 的小目标。试提出一种基于区域生长的方法，将目标分割出来。

2.8　假设图像灰度级概率密度如图题 2.8 所示。其中 $P_1(Z)$ 对应目标，$P_2(Z)$ 对应背景。如果 $P_1 = P_2$，试求分割目标与背景的最佳门限（$\sigma_1 = \sigma_2$，$\mu_1 = 1$，$\mu_2 = 2$）。

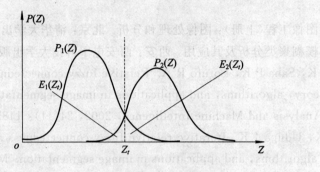

图题 2.8

2.9　编写 OSTU 算法程序，求出图像的最优阈值。

2.10　根据上题结果，实现给定图像的最优阈值法分割。

# 第三章　边缘提取与描述

利用计算机进行图像处理有两个目的：一是产生更适合人观察和识别的图像，二是希望能由计算机自动识别和理解图像。而高层次处理如图像理解的结果、属性则是由抽象的符号来表达的，要从数字处理转化到符号处理，就必须将用数字表达的图像阵列转化为表征这个数字集几何特性的符号集合，其中关键的一步就是能够对包含有大量、各式各样景物信息的图像进行分解。分解的最终结果是一些具有某种特征的最小成分即图像的基元（Element）。而这种基元，相对于整幅图像来说，更容易被人或计算机进行快速处理。

图像的特征指图像场中可用作标志的属性。它有多种形式，大致分为图像的统计特征和图像的视觉特征两类。图像的统计特征是一些人为特征，需通过变换才能得到，如图像的直方图、矩、频谱（Frequency spectrum）等。图像的视觉特征是指人的视觉可直接感受到的自然特征，如区域的亮度、纹理或轮廓等。边缘是图像的最基本视觉特征。所谓边缘，是指图像局部特性不连续性的那些像素的集合，例如，灰度值、颜色、纹理结构等的突变。物体的边缘从本质上说，意味着一个区域的终结和另一个区域的开始。边缘广泛地存在于物体与背景之间、物体与物体之间、基元与基元之间。图像边缘信息在图像分析和人的视觉中都是十分重要的。因此，它是图像分割所依赖的重要特征。

本章主要介绍图像边缘提取技术与边缘的描述。提取物体边缘的方法称为边缘检测，经典的边缘检测方法是构造对像素灰度级阶跃变化敏感的微分算子。这些方法对噪声较敏感。本章在介绍经典的边缘检测算子的基础上，详细讨论 Marr 边缘检测方法、Canny 算子、基于变换域的边缘检测方法等。上述方法均属于自动边缘检测，对复杂图像很难奏效，而且无法赋予边缘一定的语义信息。而交互式分割方法则可以避免这些缺陷，为此本章还介绍了经典的交互式边缘检测技术：Live-Wire 和 Snakes（Active counter，主动轮廓）算法。图像边缘提取是一个经典难题，它的解决对图像分割和高层次的处理如特征描述、识别和理解有着重大的影响。

## 3.1　边界检测局部算子

物体的边缘是由像素强度不连续性所反映的。经典的边缘提取方法考察图像中像素的邻域灰度变化，利用边缘邻近一阶或二阶方向导数变化规律来检测边缘。这种方法称为边缘检测局部算子法。

图像的边缘有方向和幅度两个特性。通常，沿边缘走向的像素变化平缓，而正交于边缘走向的像素变化剧烈。边缘可以粗略地分为两种：其一是阶跃型边缘，它两边的像素的灰度值有显著的不同；其二是屋顶状边缘，它位于灰度值从增加到减少的变化转折点。图3.1.1中分别给出了这两种边缘的示意图及相应的一阶方向导数、二阶方向导数的变化规律。对于阶跃型边缘，二阶方向导数在边缘处呈零交叉；对于屋顶状边缘，二阶方向导数在边缘处取极值。实际要分析的图像是比较复杂的，灰度变化不一定是上述的标准形式。例如，假定灰度呈阶跃变化，而实际的变化出现在一个空间范围内，远非理想的阶跃。此外，真实图像不可避免地混有噪声。本节将在讨论简单边缘检测方法的基础上，介绍几种新的边缘检测方法。

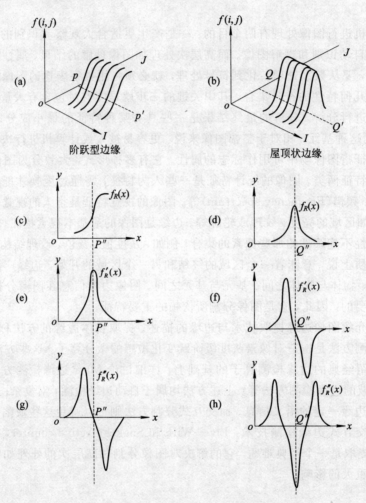

图 3.1.1　阶跃型边缘和屋顶状边缘处一阶及二阶导数变化规律

最基本的一类边缘检测算子是微分算子类。除了拉普拉斯(Laplacian)算子、Marr 算子和 Canny 算子，其它的算子大都基于一阶方向导数在边缘处取最大值这一变化规律。Laplacian 算子和 Marr 算子基于的是二阶导数的零交叉。Canny 算子的实现思想是对图像先平滑，再求导。对于不同类型的边缘，Canny 边缘检测算子的最优形式是不同的。微分算子类边缘检测方法的效果类似于空间域的高通滤波，有增强高频分量的作用。因而这类算子对噪声敏感。虽然 Marr 算子先对图像进行平滑，然后再求二阶导数的零交叉(Zero cross)能够减轻一部分噪声的影响，但空间平滑的尺寸需要多次尝试才能得到。

本节中介绍的算子大部分是在灰度图像上运算的。对于图像函数 $I = f(x, y)$，它的 $x$、$y$ 和 $\alpha$ 方向的一阶方向导数分别为：

$$f_x(x, y) = \frac{\partial f(x, y)}{\partial x} \tag{3.1-1}$$

$$f_y(x, y) = \frac{\partial f(x, y)}{\partial y} \tag{3.1-2}$$

$$f'_\alpha(x, y) = f_x(x, y)\sin\alpha + f_y(x, y)\cos\alpha \tag{3.1-3}$$

它的 $x$、$y$ 和 $\alpha$ 方向的二阶方向导数分别为：

$$f_{xx}(x, y) = \frac{\partial^2 f(x, y)}{\partial x^2} \tag{3.1-4}$$

$$f_{yy}(x, y) = \frac{\partial^2 f(x, y)}{\partial y^2} \tag{3.1-5}$$

$$f_{xy}(x, y) = \frac{\partial^2 f(x, y)}{\partial x \partial y} \tag{3.1-6}$$

$$f''_\alpha(x, y) = f_{xx}(x, y)\sin^2\alpha + f_{yy}(x, y)\cos^2\alpha + 2f_{xy}(x, y)\sin\alpha\cos\alpha \tag{3.1-7}$$

在数字图像中，上述微分运算都用差分运算来代替，成为沿各方向的差分：

$$\Delta_x f(i, j) = f(i, j) - f(i-1, j) \tag{3.1-8}$$

$$\Delta_y f(i, j) = f(i, j) - f(i, j-1) \tag{3.1-9}$$

$$\Delta_\alpha f(i, j) = \Delta_x f(i, j)\sin\alpha - \Delta_y f(i, j)\cos\alpha \tag{3.1-10}$$

$$\Delta_x^2 f(i, j) = \Delta_x f(i+1, j) - \Delta_x f(i, j) \tag{3.1-11}$$

$$\Delta_y^2 f(i, j) = \Delta_y f(i, j+1) - \Delta_y f(i, j) \tag{3.1-12}$$

$$\Delta_{xy}^2 f(i, j) = \Delta_x f(i, j+1) - \Delta_x f(i, j) \tag{3.1-13}$$

$$\Delta_{yx}^2 f(i, j) = \Delta_y f(i+1, j) - \Delta_y f(i, j) \tag{3.1-14}$$

$$\Delta_\alpha^2 f(i, j) = \Delta_x^2 f(i, j)\sin^2\alpha - 2\Delta_{xy}^2 f(i, j)\sin\alpha\cos\alpha + \Delta_y^2 f(i, j)\cos^2\alpha \tag{3.1-15}$$

## 3.1.1 梯度算子

图像的局部边缘定义为两个强度明显不同的区域之间的过渡，图像的梯度函数即图像灰度变化的速率在过渡边界上存在着最大值。因此，通过梯度算子来估计灰度变化的梯度方向，增强图像中的这些变化区域，然后再对该梯度进行阈值运算，如果梯度值大于某个给定的门限，则存在边缘；再将被确定为边缘的像素连接起来形成包围着区域的封闭曲线，即实现了目标边缘提取。

对数字图像 $I = f(i, j)$ 的每个像素 $(i, j)$，取它的梯度值：

$$GM(i, j) = \sqrt{(\Delta_x f(i, j))^2 + (\Delta_y f(i, j))^2} \tag{3.1-16}$$

取适当的门限 $TH_g$，如果 $GM(i, j) > TH_g$，则 $(i, j)$ 为阶跃型边缘点。有时为了避免平方和、开方运算，也用 $x$，$y$ 方向的梯度变化的绝对值之和或最大梯度来表示梯度幅度，即

$$GM(i, j) \approx | \Delta_x f(i, j) | + | \Delta_y f(i, j) | \qquad (3.1-17)$$

或

$$GM(i, j) \approx \max(| \Delta_x f(i, j) |, | \Delta_y f(i, j) |) \qquad (3.1-18)$$

上述三种幅度表示方法之间有下述关系：

$$\max(| \Delta_x f(i, j) |, | \Delta_y f(i, j) |) \leqslant \{[\Delta_x f(i, j)]^2 + [\Delta_y f(i, j)]^2\}^{1/2}$$
$$\leqslant | \Delta_x f(i, j) | + | \Delta_y f(i, j) |$$
$$(3.1-19)$$

$$\frac{| \Delta_x f(i, j) | + | \Delta_y f(i, j) |}{\sqrt{2}} \leqslant \{[\Delta_x f(i, j)]^2 + [\Delta_y f(i, j)]^2\}^{1/2}$$
$$\leqslant \sqrt{2} \max(| \Delta_x f(i, j) |, | \Delta_y f(i, j) |)$$
$$(3.1-20)$$

这表明：绝对值相加表示的梯度比实际梯度大，用 $x, y$ 方向梯度取最大值的方法计算的梯度比实际梯度小。而对于检测水平或垂直方向上的边缘时，上述三种表示法是等价的。

图像边缘还常使用 Prewitt 算子、Robert 梯度算子和 Sobel 算子检测边缘。Prewitt 算子用 $GM(i, j)$ 作为梯度函数，即：

$$P(i, j) = \{[f(i-1, j-1) + f(i, j-1) + f(i+1, j-1)$$
$$- f(i-1, j+1) - f(i, j+1) - f(i+1, j+1)]^2$$
$$+ [f(i-1, j-1) + f(i-1, j) + f(i-1, j+1)$$
$$- f(i+1, j-1) - f(i+1, j) - f(i+1, j+1)]^2\}^{1/2}$$
$$(3.1-21)$$

Robert 梯度采用的是对角方向相邻两像素之差，即 Roberts 算子是对 $GM(i, j)$ 的一种近似：

$$R(i, j) = \max\{| f(i-1, j-1) - f(i+1, j+1) |,$$
$$| f(i-1, j+1) - f(i+1, j-1) |\} \qquad (3.1-22)$$

也可采用下式作为 $GM(i, j)$ 的近似。

$$G(i, j) = | \Delta_x f(i, j) | + | \Delta_y f(i, j) | \qquad (3.1-23)$$

用 Sobel 梯度算子考察图像每个像素 $(i, j)$ 的上、下、左、右邻点的灰度的加权差：

$$S(i, j) = | f(i-1, j-1) + 2f(i-1, j) + f(i-1, j+1)$$
$$- [f(i+1, j-1) + 2f(i+1, j) + f(i+1, j+1)] |$$
$$+ | f(i-1, j-1) + 2f(i, j-1) + f(i+1, j-1)$$
$$- [f(i-1, j+1) + 2f(i, j+1) + f(i+1, j+1)] |$$
$$(3.1-24)$$

取适当的门限 $TH_g$，则若 $S(i, j) > TH_g$，则 $(i, j)$ 为阶跃型边缘点。由于 Sobel 算子是先做加权平均，然后再微分，因此该算子有一定的噪声抑制能力，但在检测阶跃边缘时得到的边缘宽度至少为两个像素。

对于数字图像梯度算子可用模板匹配（Template matching）的形式来简明表示，下面由向量运算来分析。若有一个 $3 \times 3$ 的模板 $W(i, j)$，其元素 $\omega_{i, j}$ 的位置如图 3.1.2(a)所示。设该模板叠放在搜索图像 $F$ 上平移，模板覆盖下的那块搜索图通常叫做子图 $F^{m, n}(i, j)$，其各元素 $f(i, j)$ 的位置如图 3.1.2(b)所示。

| $\omega_{-1,-1}$ | $\omega_{-1,0}$ | $\omega_{-1,1}$ |
|---|---|---|
| $\omega_{0,-1}$ | $\omega_{0,0}$ | $\omega_{0,1}$ |
| $\omega_{1,-1}$ | $\omega_{1,0}$ | $\omega_{1,1}$ |

| $f(m-1,n-1)$ | $f(m-1,n)$ | $f(m-1,n+1)$ |
|---|---|---|
| $f(m,n-1)$ | $f(m,n)$ | $f(m,n+1)$ |
| $f(m+1,n-1)$ | $f(m+1,n)$ | $f(m+1,n+1)$ |

(a)            (b)

图 3.1.2 模板 $W(i,j)$ 与子图 $F^{m,n}(i,j)$ 的各元素

若模板 $W(i,j)$ 与子图 $F^{m,n}(i,j)$ 完全一致，则两者之差为零，否则不为零。因此可用下列测度来衡量其相似程度：

$$D(m,n) = \sum_{i=-1}^{1} \sum_{j=-1}^{1} \left[ F^{m,n}(i,j) - W(i,j) \right]^2 \qquad (3.1-25)$$

若将上式展开，则有

$$D(m,n) = \sum_{i=-1}^{1} \sum_{j=-1}^{1} \left[ F^{m,n}(i,j) \right]^2 - 2\sum_{i=-1}^{1} \sum_{j=-1}^{1} \left[ F^{m,n}(i,j) W(i,j) \right]$$
$$+ \sum_{i=-1}^{1} \sum_{j=-1}^{1} \left[ W(i,j) \right]^2 \qquad (3.1-26)$$

等式中右边第三项表示模板的总能量，是一常数，与 $(m,n)$ 无关；第一项是模板覆盖下那块子图像的能量，它随 $(m,n)$ 的位置移动而缓慢改变；第二项是子图像和模板的互相关，随 $(m,n)$ 的位置而改变，当模板与子图像匹配时，该项取值最大。因此，模板匹配的过程可认为计算图像中以 $(m,n)$ 为中心的局部区域与模板 $W(i,j)$ 之间的相关系数：

$$(F,W) = \sum_{i=-1}^{1} \sum_{j=-1}^{1} f(m+i,n+j) W(i,j) \qquad (3.1-27)$$

在上述 $3\times3$ 模板的例子中，可以分别把模板阵列 $W$ 和子图像堆叠成 9 维向量

$$W = \left[ \omega_{-1,-1}, \omega_{0,-1}, \cdots, \omega_{1,1} \right]^T$$
$$f = \left[ f(m-1,n-1), f(m,n-1), \cdots, f(m+1,n+1) \right]^T$$

则归一化互相关函数的计算相当于两个向量 $W$ 和 $f$ 的内积 $f^T W$。当模板窗口扩大到 $N\times N$ 时。$W$ 和 $f$ 就为 $N^2$ 维向量。两个向量 $a$ 和 $b$ 的内积为：

$$\langle a,b \rangle = a^T b = |a| |b| \cos\theta \qquad (3.1-28)$$

式中 $\theta$ 为两个向量之间的夹角，若 $|b|=1$，内积就等于投影。因此互相关函数可看成是计算 $f$ 在 $W$ 上的投影。

表 3.1.1 给出了常用的梯度模板。对于 $x$ 和 $y$ 两个方向的差分 $\Delta f_x$ 和 $\Delta f_y$ 分别有相应的模板 $W_x$ 和 $W_y$，因此，$\Delta f_x$ 和 $\Delta f_y$ 的计算可以归结为通过式 $(3.1-29)$ 的投影运算得到：

$$\Delta f_x = f^T W_x, \qquad \Delta f_y = f^T W_y \qquad (3.1-29)$$

梯度幅值：

$$|\nabla^2 f|^2 = (f^T W_x)^2 + (f^T W_y)^2 \qquad (3.1-30)$$

梯度方向：

$$\theta = \arctan \frac{f^T W_y}{f^T W_x} \qquad (3.1-31)$$

检测的原则仍是寻找图像 $f$ 在模板集 $W_i$ 上的最大投影。

**表 3.1.1  常用的梯度模板**

| 种　类 | $W_x$ | $W_y$ |
|---|---|---|
| 平滑梯度 | $\dfrac{1}{2}\begin{bmatrix} -1 & 1 \\ -1 & 1 \end{bmatrix}$ | $\dfrac{1}{2}\begin{bmatrix} 1 & 1 \\ -1 & -1 \end{bmatrix}$ |
| Robert 算子 | $\begin{bmatrix} 1 & 0 \\ 0 & -1 \end{bmatrix}$ | $\begin{bmatrix} 0 & 1 \\ -1 & 0 \end{bmatrix}$ |
| Prewitt 梯度 | $\dfrac{1}{3}\begin{bmatrix} -1 & 0 & 1 \\ -1 & 0 & 1 \\ -1 & 0 & 1 \end{bmatrix}$ | $\dfrac{1}{3}\begin{bmatrix} 1 & 1 & 1 \\ 0 & 0 & 0 \\ -1 & -1 & -1 \end{bmatrix}$ |
| Sobel 算子 | $\begin{bmatrix} -1 & 0 & 1 \\ -2 & 0 & 2 \\ -1 & 0 & 1 \end{bmatrix}$ | $\begin{bmatrix} 1 & 2 & 1 \\ 0 & 0 & 0 \\ -1 & -2 & -1 \end{bmatrix}$ |
| 各向同性 Sobel 算子 | $\begin{bmatrix} -1 & 0 & 1 \\ -\sqrt{2} & 0 & \sqrt{2} \\ -1 & 0 & 1 \end{bmatrix}$ | $\begin{bmatrix} 1 & \sqrt{2} & 1 \\ 0 & 0 & 0 \\ -1 & -\sqrt{2} & 1 \end{bmatrix}$ |

　　表 3.1.2 中给出了点、线和边缘的模板。线模板分别是 $0°$、$45°$、$90°$、$-45°$ 四种方向的线条。边缘模板对应于水平、垂直和左右斜方向的四种边缘。

**表 3.1.2  点、线条和边缘模板**

| 种　类 | 模　板 | | | |
|---|---|---|---|---|
| 点模板 | $\begin{bmatrix} -1 & -1 & -1 \\ -1 & 8 & -1 \\ -1 & -1 & -1 \end{bmatrix}$ | | | |
| 线模板 | $\begin{bmatrix} -1 & -1 & -1 \\ 2 & 2 & 2 \\ -1 & -1 & -1 \end{bmatrix}$ | $\begin{bmatrix} -1 & -1 & 2 \\ -1 & 2 & -1 \\ 2 & -1 & -1 \end{bmatrix}$ | $\begin{bmatrix} -1 & 2 & -1 \\ -1 & 2 & -1 \\ -1 & 2 & -1 \end{bmatrix}$ | $\begin{bmatrix} 2 & -1 & -1 \\ -1 & 2 & -1 \\ -1 & -1 & 2 \end{bmatrix}$ |
| 边缘模板 | $\begin{bmatrix} 1 & 1 & 1 \\ 0 & 0 & 0 \\ -1 & -1 & -1 \end{bmatrix}$ | $\begin{bmatrix} 1 & 0 & -1 \\ 1 & 0 & -1 \\ 1 & 0 & -1 \end{bmatrix}$ | $\begin{bmatrix} 1 & 0 & -1 \\ 1 & 0 & -1 \\ 1 & 0 & -1 \end{bmatrix}$ | $\begin{bmatrix} 0 & -1 & -1 \\ 1 & 0 & -1 \\ 1 & 1 & 0 \end{bmatrix}$ |
| | $\begin{bmatrix} -1 & -1 & -1 \\ 0 & 0 & 0 \\ 1 & 1 & 1 \end{bmatrix}$ | $\begin{bmatrix} -1 & -1 & 0 \\ -1 & 0 & 1 \\ 0 & 1 & 1 \end{bmatrix}$ | $\begin{bmatrix} 1 & 0 & -1 \\ 1 & 0 & -1 \\ 1 & 0 & -1 \end{bmatrix}$ | $\begin{bmatrix} 0 & 1 & 1 \\ -1 & 0 & 1 \\ -1 & -1 & 0 \end{bmatrix}$ |

## 3.1.2  Kirsh 算子

　　对数字图像 $I=f(i,j)$ 的每个像素 $(i,j)$，Kirsh 算子(Kirsh operator)考察它的八个邻点的灰度变化，取其中三个相邻点的加权和 $S_k$ 减去余下五个邻点的加权和 $T_k$，$k=0$，$1,2,\cdots,7$。令三个邻点环绕不断移位，取其中差值的最大值作为 Kirsh 算子值:

$$K(i,j) = \max\{1,\ \max[5S_k - 3T_k]\} \tag{3.1-32}$$

取门限值 $\mathrm{TH}_k$ 作如下判断: 若 $K(i,j) > \mathrm{TH}_k$，则 $(i,j)$ 为阶跃边缘点。

### 3.1.3 Laplacian 算子

一阶微分是一个矢量,既有大小又有方向,和标量相比,它的存储量大。另外,在具有等斜率的宽区域上,有可能将全部区域都当作边缘提取出来。因此,有必要求出斜率的变化率,即对图像函数进行二阶微分运算。根据图 3.1.1 所示的图像边缘模型,二阶导数在边缘点处出现零交叉。据此对数字图像 $\{f(i,j)\}$ 的每个像素 $(i,j)$,取它关于 $x$ 轴和 $y$ 轴方向的二阶差分之和。Laplacian 算子是不依赖于边缘方向的二阶微分算子,它是一个标量,具有旋转不变即各向同性的性质。其表示式为

$$\begin{aligned}
\nabla^2 f(i,j) &= \Delta_x^2 f(i,j) + \Delta_y^2 f(i,j) \\
&= f(i+1,j) + f(i-1,j) + f(i,j+1) \\
&\quad + f(i,j-1) - 4f(i,j)
\end{aligned} \tag{3.1-33}$$

若 $\nabla^2 f(i,j)$ 在 $(i,j)$ 处有零交叉,则 $(i,j)$ 为阶跃型边缘点。

屋顶状边缘在边缘点处的二阶导数取极小值。因而,可对数字图像 $\{f(i,j)\}$ 的每个像素 $(i,j)$ 取其在 $x$ 轴和 $y$ 轴方向的二阶差分之和的相反数,即

$$L(i,j) = -f(i+1,j) - f(i-1,j) - f(i,j+1) - f(i,j-1) + 4f(i,j)$$

$$\tag{3.1-34}$$

取适当的门限 $\text{TH}_L$,如果 $L(i,j) > \text{TH}_L$,则 $(i,j)$ 为屋顶状边缘。

简单边缘检测示例见图 3.1.3 和图 3.1.4。图 3.1.3(a) 和 3.1.4(a) 分别是 Lena 的原始图像以及叠加了噪声的图像,图 3.1.3(b)~(f) 和图 3.1.4(b)~(f) 分别显示了利用 Sobel 算子、Robert 算子、Prewitt 算子、Kirsh 算子以及 Laplacian 算子进行边缘检测的结果。从图中可以看到,与一阶微分相比较,二阶微分 Laplacian 算子对噪声更敏感,它使噪声成分加强,在实际应用中应注意这一点。

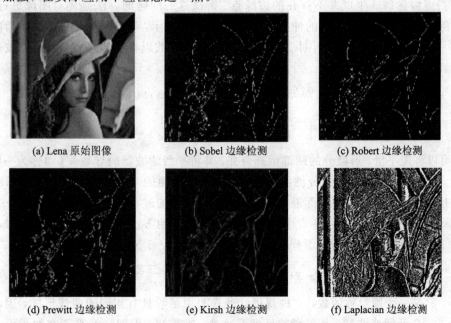

(a) Lena 原始图像　　(b) Sobel 边缘检测　　(c) Robert 边缘检测

(d) Prewitt 边缘检测　　(e) Kirsh 边缘检测　　(f) Laplacian 边缘检测

图 3.1.3　简单边缘检测算法对原始图像检测的结果比较

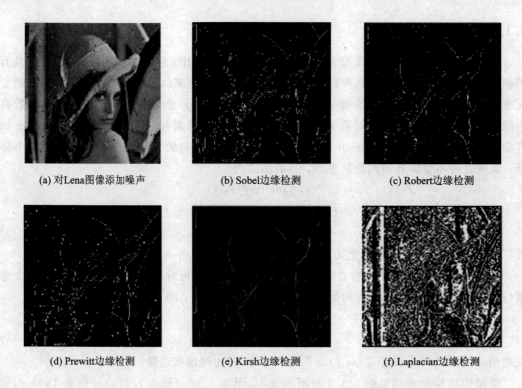

(a) 对Lena图像添加噪声      (b) Sobel边缘检测      (c) Robert边缘检测

(d) Prewitt边缘检测      (e) Kirsh边缘检测      (f) Laplacian边缘检测

图 3.1.4　简单边缘检测算法对加噪声后图像检测的结果比较

### 3.1.4　Marr 算子

上述几个算子类似于高通滤波（High-pass filtering），对带噪声的边缘较敏感，有时会造成一些虚假轮廓或生成并不存在的边缘点。解决这一问题的办法是先对图像进行平滑，以便滤除噪声。如平滑滤波器的冲击响应函数用 $h(x)$ 表示，对信号先滤波，滤波后的信号为 $g(x)=f(x)*h(x)$，然后再对 $g(x)$ 求一阶或二阶导数以检测边缘点。由于滤波运算与卷积运算有如下次序关系：

$$g'(x) = \frac{\mathrm{d}f(x)*h(x)}{\mathrm{d}x} = \frac{\mathrm{d}}{\mathrm{d}x}\int_{-\infty}^{+\infty} f(s)h(x-s)\mathrm{d}s$$

$$= \int_{-\infty}^{+\infty} f(s)h'(x-s)\mathrm{d}s = f(x)*h'(x) \qquad (3.1-35)$$

因此，可以将先平滑、后微分的两部运算合并，并将平滑滤波器的导数 $h'(x)$ 称为一阶微分滤波器，将 $h''(x)$ 称为二阶微分滤波器。因此，边缘检测的基本方法为：设计平滑滤波器 $h(x)$，检测 $f(x)*h'(x)$ 的局部最大值或 $f(x)*h''(x)$ 的过零点。

Marr 边缘检测算子是一种常用的先平滑后求导数的方法。对于二维图像信号，Marr 提出用下述高斯函数来进行平滑操作：

$$G(x, y, \sigma) = \frac{1}{2\pi\sigma^2}\exp\left(-\frac{(x^2+y^2)}{2\sigma^2}\right) \qquad (3.1-36)$$

$G(x, y, \sigma)$ 是一个圆对称函数，它的傅里叶变换与原函数具有相同的曲线形式，因而它可以看成是一个低通滤波器。其平滑的尺度可通过 $\sigma$ 来控制。图像线性平滑在数学上是进行卷积运算，令 $g(x, y)$ 为平滑后的图像：

$$g(x, y) = G(x, y, \sigma) * f(x, y) \qquad (3.1-37)$$

其中 $f(x, y)$ 是平滑前的图像。

由于边缘点是图像中强度变化剧烈的地方，这种图像强度的突变在一阶导数中产生一个峰，或在二阶导数中产生一个零交叉点，而沿梯度方向的二阶导数是非线性的，计算较为复杂。Marr 提出用拉普拉斯算子来替代，即用

$$\nabla^2 g(x, y) = \nabla^2 [G(x, y, \sigma) * f(x, y)] = \nabla^2 G(x, y, \sigma) * f(x, y)$$
$$(3.1-38)$$

的零交叉点作为边缘点。上式中 $\nabla^2 G$ 为 LoG(Laplacian of Gaussian，LoG)滤波器：

$$\nabla^2 G(x, y, \sigma) = \frac{\partial^2 G}{\partial x^2} + \frac{\partial^2 G}{\partial y^2} = \frac{1}{\pi \sigma^4} \left\{ \frac{x^2 + y^2}{2\sigma^2} - 1 \right\} \exp \left\{ -\frac{x^2 + y^2}{2\sigma^2} \right\} \quad (3.1-39)$$

式(3.1-39)就是 Marr 所提出的最佳边缘检测算子。

因此边缘点 $P(x, y)$ 的集合可以表示为

$$P(x, y) = \{(x, y, \sigma) \mid \nabla^2 [f(x, y) * G(x, y, \sigma)] = 0\} \qquad (3.1-40)$$

图像中强度的变化是以不同的尺度出现的。通常用来检测强度变化的滤波器 $h(x)$ 应具有两个特点：

① 一阶及二阶可微；

② 尺度可调。

这样，大尺度的滤波器可用来检测模糊边缘，而小滤波器可用来检测聚焦良好的图像细节。LoG 滤波器具有上述性质。图 3.1.5 给出了 LoG 函数在 $(x, y)$ 空间中的图示。$\nabla^2 G$ 有无限长拖尾，具体实现卷积 $f * \nabla^2 G$ 时，应取一个 $N \times N$ 的窗口，在窗口内进行卷积。为了避免过多地截去 $\nabla^2 G$ 的拖尾，$N$ 应该取的较大。通常当 $N \approx 3\sigma$ 时，检测效果较好。为了减少运算量，通常用两个不同带宽的高斯曲面之差（Difference of two Gaussian functions，DoG）来近似 $\nabla^2 G$。

$$\text{DoG}(\sigma_1, \sigma_2) = \frac{1}{2\pi \sigma_1^2} \exp \left\{ -\frac{x^2 + y^2}{2\sigma_1^2} \right\} - \frac{1}{2\pi \sigma_2^2} \exp \left\{ -\frac{x^2 + y^2}{2\sigma_2^2} \right\} \qquad (3.1-41)$$

式中的正项代表激励功能；负项代表抑制功能。从工程的观点来看，当 $\delta_1/\delta_2 = 1.6$ 时，DoG 最逼近 $\nabla^2 G$。

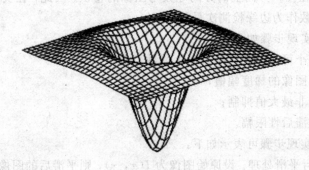

图 3.1.5　二维 LoG 算子

DoG 算子边缘检测示例见图 3.1.6。图 3.1.6(a)是原始图像，图(b)的第一列显示了用不同方差下的高斯滤波器对原始图像进行平滑后的结果，图(b)的第二列给出了第一列图像中相邻图像差分的结果。

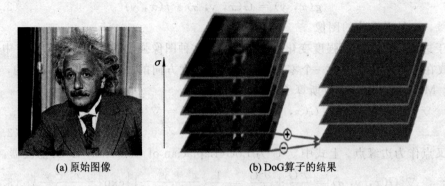

(a) 原始图像　　　　　　　　　(b) DoG算子的结果

图 3.1.6　DoG 算子检测边缘示例

### 3.1.5　Canny 算子

为了抗噪声干扰，可以选用 LoG 算子或 DoG 算子。但是这两个算子在抗噪声干扰的同时会抑制掉图像中较弱的边缘。而 Canny 算子既能抗噪声干扰又可提取出图像中较强和较弱的边缘，而且可以得到精度为单个像素宽度的边缘。因此，近年来 Canny 边缘提取的方法在图像处理中得到广泛的应用。Canny 给出了评价边缘提取优劣的三个指标：

① 好的信噪比；

② 好的定位性能；

③ 对单一边缘有唯一响应。

Canny 首次将上述判据用数学的形式表达出来，然后采用最优化数值方法，得到最佳边缘提取模板。对于不同类型的边缘，Canny 边缘检测算子的最优形式是不同的。对于一维情况，Canny 边缘检测器与 Marr 边缘检测器几乎是一样的，因为一阶导数的最大值和 Marr 算子的二阶导数的零交叉是一致的。而在二维情况下，Canny 算子的方向性使边缘检测的定位性能比 Marr 算子的好。对于二维图像，需要使用若干方向的模板分别对图像进行卷积处理，再取最可能的边缘方向。对于阶跃型边缘，Canny 推出的最优边缘检测器的形式与高斯函数的一阶导数类似，由于二维高斯函数的可分解性和圆对称性，我们可以很容易计算高斯函数在任一方向上的方向导数与图像的卷积。因此，在实际应用中可以选取高斯函数的一阶导数作为边缘检测次最优算子。

Canny 算子的实现步骤如下：

① 将图像与一个可分离的二维 Gauss 函数卷积；

② 计算滤波后图像的梯度幅值；

③ 对图像执行非最大值抑制；

④ 对图像采用滞后性限幅。

Canny 算子的实现步骤可表示如下：

（1）对图像进行平滑处理。设原始图像为 $I(x, y)$，则平滑后的图像为

$$S(x, y) = G(x, y, \sigma) \otimes I(x, y) \tag{3.1-42}$$

式中，$G(x, y, \sigma) = \dfrac{1}{2\pi\sigma^2}\exp\left(-\dfrac{x^2 + y^2}{2\sigma^2}\right)$ 为高斯平滑滤波器。

（2）按下式逐点计算平滑后图像梯度的幅值和方向：

$$G_{\text{mag}} = \frac{\sqrt{G_x^2 + G_y^2}}{\max(G)}, \ G_{\text{dir}} = \arctan\left(\frac{G_y}{G_x}\right) \tag{3.1-43}$$

式中，$\begin{cases} G_x = I(x, y) - I(x-1, y) \\ G_y = I(x, y) - I(x, y-1) \end{cases}$。

(3) 对所求得的梯度幅值进行非最大值抑制：

$$N(x, y) = \begin{cases} G_{\text{mag}}(x, y) & \text{if } G_{\text{mag}}(x, y) = \max\limits_{(i, j) \in \Omega} \{G_{\text{mag}}(i, j)\} \\ 0 & \text{otherwise} \end{cases} \tag{3.1-44}$$

其中，$\Omega$ 为 $(x, y)$ 在梯度方向上的邻域。

(4) 对 $N$ 采用迟滞作用限幅(设 $T_{\text{high}}$ 和 $T_{\text{low}}$ 是两个阈值，$0 < T_{\text{low}} < T_{\text{high}} < 1$)：

① 令 $E(x, y) = \begin{cases} N(x, y) & N(x, y) \geqslant T_{\text{high}} \\ 0 & N(x, y) < T_{\text{high}} \end{cases}$；

② $\forall\ T_{\text{low}} \leqslant N(x, y) < T_{\text{high}}$，如果 $\max\limits_{(i, j) \in \Delta} \{E(i, j)\} > 0$，则令 $E(x, y) = N(x, y)$，否则，$E(x, y) = 0$，其中 $\Delta$ 为 $(x, y)$ 的 8 邻域。此时，$E$ 就是 Canny 算子提取到的图像 $I$ 的边缘。

在实际应用中，我们将原始模板截断到有限尺寸 $N$。实验表明，当 $N = 2\sqrt{2}\sigma + 1$ 时，能够得到较好的检测效果。

Marr 算子和 Canny 算子进行边缘检测的示例见图 3.1.7。图 3.1.7(a)显示了 Lena 的原始图像，图(b)和图(c)是分别采用 Marr 算子和 Cany 算子对原图进行边缘检测的结果。通过对比可以看出：Marr 算子抑制了图像中较弱的边缘；而 Canny 算子既能抑制噪声干扰，又可提取出图像中较强和较弱的边缘。

(a) Lena 原始图像　　　　(b) Marr 算子边缘检测　　　　(c) Canny 算子边缘检测

图 3.1.7　用 Marr 算子和 Canny 算子对 Lena 原始图像进行边缘检测的结果比较

## 3.2　基于变换域的边缘检测

边缘检测最初采用空域的梯度变化特征，该类方法能较直观地反映目标的结构信息，但对噪声因素敏感。在预先知道区域形状的条件下，Hough 变换边缘检测通过图像空间和参数空间的点-线的对偶性(Duality)克服噪声和曲线间断的影响。Radon 变换是 Hough 变换更一般的形式，基于小波变换的多尺度边缘检测方法的思路是在大尺度下抑制噪声、可靠地识别边缘，在小尺度下精确定位、再由粗到细地进行边缘聚焦，得到边缘的真实位置并能提供边缘的尖锐或平滑程度的估计。因而部分研究人员结合变换域的特征来提高边缘检测算法的适用性及鲁棒性(Robustness)。

## 3.2.1 Hough 变换

Hough 变换是利用图像全局特性而将边缘像素连接起来组成区域封闭边界的一种方法。在预先知道区域形状的条件下,利用 Hough 变换可以方便地得到边界曲线而将不连续的边缘像素点连接起来。Hough 变换的主要优点是受噪声和曲线间断的影响较小。利用 Hough 变换还可以直接检测某些已知形状的目标,并可能确定亚像素精度的边界。

先看一个简单的例子。设给定图像中的 $n$ 个点,要从中确定连在同一条直线上的点的子集。这可看做已检测出一条直线上的若干个点,需要求出它们所在的直线的参数。一种直接的办法是先确定所有由任意 2 点决定的直线(需约 $n^2$ 次运算以确定 $n(n-1)/2$ 条线),再找出接近具体直线的点的集合(需约 $n^3$ 次运算以比较 $n$ 个点中的每个点与 $n(n-1)/2$ 条直线中的每一条直线)。这么大的计算量在实际应用中常常不易满足。

如采用 Hough 变换的方法就可用较少的计算量来解决这个问题。Hough 变换的基本思想是点-线的对偶性。在图像空间 $XY$ 里,所有过点 $(x,y)$ 的直线都满足方程:

$$y = px + q \qquad (3.2-1)$$

其中 $p$ 为斜率,$q$ 为截距。上式也可写成

$$q = -px + y \qquad (3.2-2)$$

式(3.2-2)可认为代表参数空间 $PQ$ 中过点 $(p,q)$ 的一条直线。

现在来看图 3.2.1,图(a)为图像空间,图(b)为参数空间。在图像空间中过点 $(x_i, y_i)$ 的通用直线方程按式(3.2-1)可写成 $y_i = px_i + q$,也可按式(3.2-2)写成 $q = -px_i + y_i$,后者表示在参数空间 $PQ$ 里的一条直线。同理过点 $(x_j, y_j)$ 有 $y_j = px_j + q$ 也可写成 $q = -px_j + y_j$,它表示在参数空间 $PQ$ 里的另一条直线。设这两条线在参数空间 $PQ$ 里的点 $(p', q')$ 相交,这里点 $(p', q')$ 对应图像空间 $XY$ 中一条过 $(x_i, y_i)$ 和 $(x_j, y_j)$ 的直线。因为它们满足 $y_i = p'x_i + q'$ 和 $y_j = p'x_j + q'$。由此可见图像空间 $XY$ 中过点 $(x_i, y_i)$ 和 $(x_j, y_j)$ 的直线上的每个点都对应参数空间 $PQ$ 里的一条直线,这些直线相交于点 $(p', q')$。

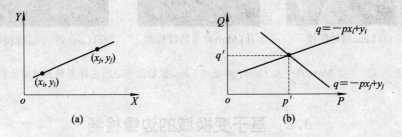

图 3.2.1　图像空间和参数空间中点和线的对偶关系

综上,在图像空间中共线的点对应在参数空间(Parameter space)里相交的线;反之,在参数空间中相交于同一个点的所有直线在图像空间里都有共线的点与之对应。这就是点-线对偶性。Hough 变换根据这些关系把在图像空间中的线检测问题转换为参数空间里的点累加,统计完成检测任务。

具体计算时需要在参数空间 $PQ$ 里建立一个 2D 的累加数组。设这个累加数组为

$A(p, q)$，如图 3.2.2 所示，其中 $[p_{min}, p_{max}]$ 和
$[q_{min}, q_{max}]$ 分别为预期的斜率和截距的取值范围。开
始时置数组 $A$ 为零，然后对每一个图像空间中的给定
点，让 $p$ 取遍 $P$ 轴上所有可能的值，并根据式(3.2-2)
算出对应的 $q$ 值。再根据 $p$ 和 $q$ 的值(设都已经取整)
对 $A$ 累加。累加结束后，根据 $A(p, q)$ 的值就可知道
有多少点是共线的，即 $A(p, q)$ 的值就是在 $(p, q)$ 处
共线点的个数。同时 $(p, q)$ 值也给出了直线方程的参
数，使我们得到了点所在的线。

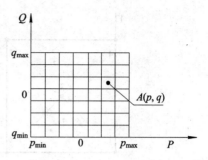

图 3.2.2　参数空间里的累加数组

　　这里空间点共线统计的准确性是由累加数组的尺寸决定的。假设我们把 $P$ 轴分成 $K$
份，那么对每一个点 $(x_k, y_k)$ 由式(3.2-2)可得 $q$ 的 $K$ 个值($p$ 取 $K$ 个值)。因为图中有 $n$
个点，所以这里需要 $nK$ 次运算，可见运算量是 $n$ 的线性函数。如果 $K$ 比 $n$ 小，则总计算
量必小于 $n^2$，这样计算量远小于前述的直接方法，这就是 Hough 变换的计算优越性所在。

　　运用式(3.2-1)的直线方程时，如果直线接近竖直方向，则会由于 $p$ 和 $q$ 的值都接近无
穷而使计算量大增(因为累加器尺寸将会很大)。此时可用直线的极坐标方程(见图 3.2.3)：

$$\rho = x \cos\theta + y \sin\theta \qquad (3.2-3)$$

根据这个方程，原图像空间中的点对应新参数空间 $A\Theta$ 中的一条正弦曲线，即原来的点-直
线对偶性变成了现在的点-正弦曲线对偶性。检测在图像空间中共点的线需要在参数空间
里检测正弦曲线的交点。具体方法是让 $\theta$ 取遍 $\Theta$ 轴上所有可能的值，并根据式(3.2-3)算
出所对应的 $\rho$。再根据 $\theta$ 和 $\rho$ 的值(设都已经取整)对累加数组 $A$ 累加，由 $A(\theta, \rho)$ 的数值得
到共线点的个数。这里在参数空间建立累加数组的方法仍与上述类似，只是无论直线如何
变化，$\theta$ 和 $\rho$ 的取值范围都是有限区间。

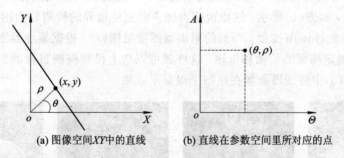

**(a) 图像空间 $XY$ 中的直线**　　　　**(b) 直线在参数空间里所对应的点**

图 3.2.3　直线的极坐标表示

　　现在来看图 3.2.4，其中图(a)给出图像空间 $XY$ 中的 5 个点(可看做 1 幅图像的 4 个
顶点和中心点)，图(b)给出它们在参数空间 $A\Theta$ 里所对应的 5 条曲线。这里 $\theta$ 的取值范围
为 $[-90°, +90°]$，而 $\rho$ 的取值范围为 $[-\sqrt{2N}/2, \sqrt{2N}/2]$($N$ 为图像长度)。

　　由图 3.2.4 可见，对图像中的各个端点都可做出它们在参数空间里的对应曲线，图像
中其它任意点的 Hough 变换都应在这些曲线之间。前面指出参数空间里相交的正弦曲线
所对应的图像空间中的点是连在同一条直线上的。在图(b)中，曲线 1、3、5 都过点 $S$，这
表明在图(a)中图像空间中的点 1、5 处于同一条直线上。同理，图(a)中图像空间中的点
2、3、4 处于同一条直线上。又由于 $\lambda$ 在 $\theta$ 为 $\pm 90°$ 时变换符号(可根据式(3.2-3)算出)，所

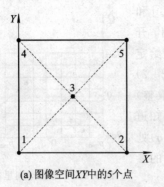

(a) 图像空间XY中的5个点

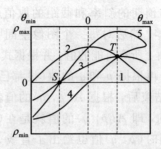

(b) 在参数空间ΛΘ里所对应的5条曲线

图 3.2.4 图像空间中的点和其在参数空间里对应的正弦曲线

以 Hough 变换在参数空间的左右两边线具有反射相连的关系，如曲线 4 和 5 在 $\theta=\theta_{min}$ 和 $\theta=\theta_{max}$ 处各有一个交点，这些交点关于 $\lambda=0$ 的直线是对称的。

Hough 变换不仅可用来检测直线和连接处在同一条直线上的点，也可以用来检测满足解析式 $f(x,c)=0$ 形式的各类曲线并把曲线上的点连接起来。这里 $x$ 是一个坐标矢量，在 2D 图像中是一个 2D 矢量；$c$ 是一个系数矢量，它可以根据曲线的不同从 2D 变化到 3D、4D，等等。换句话说，对能用方程式表示的图形都可利用 Hough 变换来检测。

图 3.2.5 给出了一组用 Hough 变换检测椭圆的示例图。图(a)是一幅 $256\times256$ 像素大小、256 级灰度的合成图，其中有一个灰度值为 160 的椭圆目标，它处在灰度值为 100 的背景正中。对整幅图像又迭加了在 $[-50,50]$ 之间均匀分布的随机噪声。现在考虑利用 Hough 变换来检测这个椭圆的长短轴。首先计算原始图的梯度图(如可用 Sobel 算子)，然后对梯度图取阈值就可得到目标的一些边缘点。为抗噪声的干扰，如果阈值取得较低，则边缘点组成的轮廓线将较宽。但如果阈值取得较高，则边缘点组成的轮廓线将有间断，且仍有不少噪声点，如图(b)所示。这也说明有噪声时完整边界的检测较为困难。此时可对取阈值后的梯度图求 Hough 变换，得到的累加器图像见图(c)。根据累加器图中的最大值(即最亮点)可分别确定椭圆的长轴和短轴。这样就可以马上得到椭圆目标的轮廓，见图(d)中的白色圆周。图(d)中将圆周叠加在原图上以显示效果。

(a) 椭圆噪声图像　(b) Sobel算子检测所得边缘　(c) 对(b)求Hough变换后　(d) Hough变换检测出的边缘
　　　　　　　　　　　　　　　　　　　得到的累加器图像　　　叠加在原图上的效果

图 3.2.5　用 Hough 变换检测椭圆

### 3.2.2　Radon 变换

欧拉空间的 Radon 变换是由奥地利数学家 Johann Radon 在 1917 年提出的，当时的工作集中在求取 2D、3D 物体特征的分布上。半个世纪后，Hough 变换才被引入到数字图像中检测直线，因此 Hough 变换可看做是 Radon 变换的特例。常用的 Radon 变换有线性 Radon 变换、抛物线 Radon 变换。当被积函数的积分路径是线性的时，称为线性 Radon 变换，即 Tau-p$(\tau-p)$变换（又称倾斜叠加）；当被积函数的积分路径是非线性的时，称为非线性 Radon 变换，或广义 Radon 变换。这两种类型的 Radon 变换实质上是统一的，它们可以用一个统一的公式来表述。

理论上著名的傅里叶投影定理（又称切片投影定理）可以证明 Radon 变换方法可将时空域数据变换到 $\tau-p$ 域内分离信号和噪声，在 $\tau-p$ 域进行必要的处理，切除噪声部分，再通过相应的反变换以去除噪声。Radon 变换与 Fourier 变换有明确的对等关系。凡是能用 Fourier 变换解决的问题，Radon 变换都可以解决。Radon 变换自身的特点使 Radon 变换域中场的物理特征更直观明确，有利于对比分析。20 世纪 90 年代以来，Radon 变换在算法上又有了新的发展，使正反 Radon 变换的保真度、精确度和变换速度大大提高，这正是 Radon 变换得以迅速发展和应用的原因之一。根据研究问题的特点和需要，Radon 变换可以派生出灵活多样的形式。在医学上，CT 图像建立的数学基础就是 Radon 变换；在识别领域，由 Radon 变换域进行特征的判别更具鲁棒性。

Radon 变换可在任意维空间定义，而且定义也存在多种形式，下面给出在 2D 空间的定义式：

$$f(\theta, \rho) = R\{F\} = \iint_D F(x, y)\delta(\rho - x\cos\theta - y\sin\theta)\mathrm{d}x\mathrm{d}y \qquad (3.2-4)$$

其中 $D$ 为整个 $XY$ 平面，$F(x, y)$ 为图像上点 $(x, y)$ 的灰度值；$\delta$ 为 Dirac 函数；$\rho$ 为原点到直线的距离；$\theta$ 为直线的法线与 $x$ 轴的夹角。如果 $\theta$ 和（或）$\rho$ 为定值，则可以得到这一变换的样本。要获得 Radon 变换的全变换，即为 $\theta$ 和 $\rho$ 在定义域内任意变化所得到的相应 $f$ 值，且对特定的 $\theta$ 和 $\rho$，$f$ 是确定的。注意，Dirac 函数的出现，使得 $F(x, y)$ 的积分是在直线 $\rho = x\cos\theta + y\sin\theta$ 上进行的。

在进行详细的计算之前，根据定义直接分析 Radon 变换的简单特性是很有用的。对于数字图像处理来说，考虑 $f(\theta, \rho)$ 是定义在 $\theta-\rho$ 平面上的函数，$F(x, y)$ 是定义在 $XY$ 平面上一矩形域的函数，它们的几何关系如图 3.2.3 所示，其对应定义域和值域如图 3.2.6 所示。

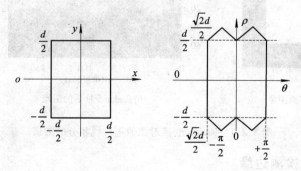

图 3.2.6　Radon 变换的定义域和值域

通过分析可知：

(1) 如果 $F$ 集为一点 $(x_0, y_0)$，即 $F$ 为单点集，则 $f$ 是非零的正弦曲线 $\rho = x_0\cos\theta +$

$y_0 \sin\theta$，将 $F = \delta(x-x_0)\delta(y-y_0)$ 直接代入式(3.2-4)即可得到。

(2) 若在 $\theta-\rho$ 平面上，一个给定点 $(\theta_0, \rho_0)$ 对应于平面上的直线 $\rho_0 = x\cos\theta_0 + y\sin\theta_0$，其可由式(3.3-4)中令 $\theta = \theta_0$ 以及 $\rho = \rho_0$ 而得。

(3) 将 $XY$ 平面上共线于 $\rho_0 = x\cos\theta_0 + y\sin\theta_0$ 的点映射到 $\theta-\rho$ 平面上，若是一个正弦曲线集，则这些正弦曲线均通过点 $(\theta_0, \rho_0)$。

(4) 在 $\theta-\rho$ 平面上，曲线 $\rho = x_0\cos\theta + y_0\sin\theta$ 上的点均对应于 $XY$ 平面上所有通过点 $(x_0, y_0)$ 的曲线。

Radon 变换可以理解为图像在 $\theta-\rho$ 空间的投影，$\theta-\rho$ 空间的每一点对应一条直线，而 Radon 变换是图像像素点在每一条直线上的积分。因此，图像中高灰度值的直线会在 $\theta-\rho$ 空间形成亮点，而低灰度值的线段在 $\theta-\rho$ 空间形成暗点。直线的检测转化为在变换域对亮点、暗点的检测。具体步骤如下：

(1) 将原始图像转化为二值边缘图像；

(2) 计算边缘图像的 Radon 变换；

(3) 找出 $f(\theta, \rho)$ 中的局部极大值，即确定 $f(\theta, \rho)$ 取局部极大值的 $\theta$ 及 $\rho$，从而确定一条直线。

根据 Radon 变换的定义式，Radon 变换检测直线属于一种全局性算子，与以模板卷积作为基本算法模式的局部算子相比，Radon 变换检测法在理论上具有更强的鲁棒性。Radon 变换的积分运算环节抵消了噪声所引起的亮度起伏，因此从直线检测方面看，Radon 变换域 $\theta-\rho$ 空间较原图像空间域的信噪比(Signal to noise ratio, SNR)高。

用 Radon 变换对图像进行线积分的实例见图 3.2.7。图 3.2.7(a)为原始图像，图(b)为图(a)进行 Radon 变换后的结果。该例显示了 Radon 变换在线检测方面的优越性，图(b)中的两个最亮点对应图(a)中白色正方形的两个对角线。但 Radon 变换在检测线段方面存在不足，它无法给出这些线段的起点、终点及其长度信息。

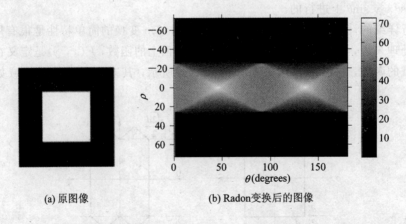

(a) 原图像　　　　　　(b) Radon 变换后的图像

图 3.2.7　Radon 变换对图像进行线积分的结果

### 3.2.3　小波变换检测边缘

传统的图像描述方法是 Fourier 分析，它揭示了时域(Time domain)与频域(Frequency domain)之间内在的联系，反映了信号在整个时间范围内的全部频谱成分，是研究周期现象不可缺少的工具。虽然 Fourier 分析具有很强的频域局部化能力，但由于不具有时间局部化能力，导致其无法处理很多信号分析的工作。鉴于此，在 Fourier 分析的基础上提出小波分析理论。小波变换作为一种变换域信号处理方法，近年来在信号处理、图像处理、模式识别（Pattern recognition）、语音分析及众多非线性科学等领域引起了人们的极大兴趣。小波变换的优点是在时域和频域具有良好的局部特性。在实际问题中，我们所关心的是信号在局部范围的特征。例如，对边缘检测关心的是信号突变部分的位置，这一任务是傅里叶变换所不能及的。传统的边缘检测算法有许多，如前所述的梯度和拉普拉斯算子等，但是各有优缺点。学习本节需要有小波变换的基本概念和基本原理，在此基础上，本节将介绍基于小波变换的多尺度边缘检测方法，即介绍一种小波变换的尺度随着图像的局部区域特征的不同能够自适应地调整，并在这些尺度上检测图像边缘的算法。

首先定义两个小波，分别为一个二维连续函数 $\theta(x, y)$ 沿 $x$ 和 $y$ 方向的偏导数：

$$\psi^1(x, y) = \frac{\partial \theta(x, y)}{\partial x}, \qquad \psi^2(x, y) = \frac{\partial \theta(x, y)}{\partial y} \qquad (3.2-5)$$

令 $\psi^1(x, y) = \left(\frac{1}{s}\right)^2 \psi^1\left(\frac{x}{s}, \frac{y}{s}\right)$ 和 $\psi^2(x, y) = \left(\frac{1}{s}\right)^2 \psi^2\left(\frac{x}{s}, \frac{y}{s}\right)$，其中 $s$ 为尺度系数，则对任意函数 $f(x, y) \in L^2(R)$，由两个小波 $\psi^1(x, y)$ 和 $\psi^2(x, y)$ 定义的小波变换具有两个分量：

$$W^1 f(x, y) = f * \psi^1(x, y)$$
$$W^2 f(x, y) = f * \psi^2(x, y) \qquad (3.2-6)$$

$$\begin{bmatrix} W^1 f(s, x, y) \\ W^2 f(s, x, y) \end{bmatrix} = s \begin{bmatrix} f * \psi^1_{2^j}(x, y) \\ f * \psi^2_{2^j}(x, y) \end{bmatrix} = s \vec{\nabla}(f * \theta)(x, y) \qquad (3.2-7)$$

由此可以看出，小波变换的两个分量与 $f(x, y)$（被 $\theta(x, y)$ 所平滑）的梯度向量的坐标成正比。在 $f(x, y)$ 尺度 $s$ 的边缘点就是上面这一梯度向量模的最大值点，而这一梯度向量的方向正是 $f(x, y)$ 的偏导数变化最迅速的方向。因此，边缘点实际上是曲面 $(f * \theta)(x, y)$ 的拐点。对于二维情形，尺度空间实际上是一个三维空间 $(s, x, y)$。由于受到计算复杂性和计算内存的限制，要尽可能地保留较少的尺度。基于上面的考虑，可以定义二维二进小波变换，其中的尺度沿着二进序列 $s = \{2^j\}_{j \in \mathbf{z}}$ 遍历。下面的函数集被称为 $f(x, y)$ 的二进小波变换：

$$\{W^1_{2^j} f(x, y), W^2_{2^j} f(x, y)\}_{j \in \mathbf{z}} \qquad (3.2-8)$$

令 $\hat{\psi}^1(\omega_x, \omega_y)$ 和 $\hat{\psi}^2(\omega_x, \omega_y)$ 分别为 $\psi^1(x, y)$ 和 $\psi^2(x, y)$ 的傅里叶变换，于是就有

$$W^1_{2^j} f(\omega_x, \omega_y) = \hat{f}(\omega_x, \omega_y) \hat{\psi}^1(2^j \omega_x, 2^j \omega_y) \qquad (3.2-9)$$

$$W^2_{2^j} f(\omega_x, \omega_y) = \hat{f}(\omega_x, \omega_y) \hat{\psi}^2(2^j \omega_x, 2^j \omega_y) \qquad (3.2-10)$$

一个二进小波变换是完全的和稳定的，当且仅当二维傅里叶平面被 $\hat{\psi}^1(\omega_x, \omega_y)$ 和 $\hat{\psi}^2(\omega_x, \omega_y)$ 的二进膨胀所覆盖。也就是说，存在两个严格为正的常数 $A$ 和 $B$，以使得

$$A \leqslant \sum_{j=-\infty}^{\infty} (|\hat{\psi}^1(\omega_x, \omega_y)(2^j \omega_x, 2^j \omega_y)|^2 + |\hat{\psi}^2(\omega_x, \omega_y)(2^j \omega_x, 2^j \omega_y)|^2) \leqslant B$$

$$(3.2-11)$$

时，小波变换在尺度 $2^j$ 的模和幅角分别为

$$M_{2^j} f(x, y) = \sqrt{|W^1_{2^j} f(x, y)|^2 + |W^2_{2^j} f(x, y)|^2} \qquad (3.2-12a)$$

$$A_{2^j} f(x, y) = \arctan \frac{W_{2^j}^2 f(x, y)}{W_{2^j}^1 f(x, y)} \qquad (3.2-12b)$$

总的来说，小波变换的模 $M_{2^j} f(x, y)$ 正比于梯度向量 $\overline{\nabla}(f * \theta)(x, y)$ 的模，而小波变换的幅角 $A_{2^j} f(x, y)$ 是梯度向量 $\overline{\nabla}(f * \theta)(x, y)$ 与水平方向的夹角，它正是图像边缘的方向。所以，如要检测边缘，只需寻找梯度向量 $\overline{\nabla}(f * \theta)(x, y)$ 的模的局部最大值点。在每一个尺度 $2^j$，小波变换的模的最大值都定义为模 $M_{2^j} f(x, y)$ 在沿着梯度方向 $(f * \theta)(x, y)$ 的局部最大值点。

为了实现二进小波变换计算的数字化，设两个小波分别为

$$\psi^1(x, y) = \psi(x)\xi(y) \qquad (3.2-13)$$

$$\psi^2(x, y) = \psi(y)\xi(x) \qquad (3.2-14)$$

令 $\psi(x)$ 是对应一维尺度函数 $\xi(x)$ 的一个一维小波，其傅里叶变换为

$$\hat{\psi}(\omega) = i\omega \left[ \frac{\sin\left(\frac{\omega}{4}\right)}{\frac{\omega}{4}} \right]^{2n+2} \qquad (3.2-15)$$

$$\hat{\psi}^1(2\omega) = e^{-i\omega} G(\omega) \hat{\varphi}_0(\omega) \qquad (3.2-16)$$

$$\hat{\varphi}_0(\omega) = e^{i\omega} \prod_{p=1}^{\infty} H(2^{-p}\omega) \qquad (3.2-17)$$

式中 $i = \sqrt{-1}$。有

$$H(\omega) = e^{i\omega/2} \left[ \cos\frac{\omega}{2} \right]^{2n+1} \qquad (3.2-18)$$

$$G(\omega) = 4i e^{i\omega/2} \sin\frac{\omega}{2} \qquad (3.2-19)$$

于是，平滑函数 $\theta(x, y)$ 可写为

$$\theta(x, y) = \hat{\varphi}_0(x)\hat{\varphi}_0(y) \qquad (3.2-20)$$

二进制小波边缘是一种多尺度边缘检测方法，下面介绍小波边缘检测中的最优尺度决定方法。这里需要解决一个问题，那就是怎样将不同尺度的输出集成为一个简单边缘图像。一种方法是多尺度边缘匹配。

Mallat 证明，若函数 $f(x, y)$ 的 Lipschitz 正规性是 $\alpha$，则它的小波变换模值极大值满足：

$$M_j f(x, y) \leqslant K(2^j)^\alpha \qquad (3.2-21a)$$

即：

$$\text{lb} M_j f(x, y) \leqslant \text{lb}K + \alpha j \qquad (3.2-21b)$$

上式中 $\alpha j$ 这一项将小波变换的尺度特性 $j$ 与 Lispchitz 指数联系起来。

若边缘是平滑的，则它可以看成某原始边缘特性与高斯平滑核函数的卷积。高斯函数的方差决定了边缘的平滑程度，且

$$M_j f(x, y) \leqslant K2^j S_0^{\alpha-1} \qquad (3.2-22)$$

式中 $S_0 = \sqrt{2^{2j} + \sigma^2}$。

理论上只要找到三个尺度下同一边缘点模值的极大值，即可估计出边缘的正规性和平滑因子，边缘的特性就很清楚了。根据 Canny 定位准则，对于阶跃边缘，小波边缘检测在

多尺度下的定位性能不会下降，可以认为相邻尺度下的边缘移位不超过一个像素。因此，在相邻尺度之间作边缘链匹配时，只需要对在 8 个邻域中的点进行匹配，再利用式 (3.2-21)即可估计 $\alpha$。

综上分析，这种方法可归纳如下：在各个尺度上，可以根据式(3.2-12a)从两个方向小波交换图像求出模值图像 $M$；根据式(3.2-12b)求出相应的方向图像 $A$。如果 $M$ 中一点大于其 8 邻域中(沿着 $A$ 中对应点所标记的方向)的相邻两点，则判为边缘点。为了克服对噪声的敏感，避免检测出过多的细小边缘或非边缘点，对小波变换后的图像取阈值 $t_1$，仅对大于一定值的小波变换系数才进一步判断，该阈值与图像整体的灰度变化强度有关；对于保留下来的点，如果大于在角度方向上相邻的两个点，超过阈值 $t_2$ 才视为边缘点。然后可根据(3.2-21a)估计出 $\alpha$ 值，结合目标特点就可得到规定的边缘输出。用小波多尺度方法进行边缘检测的框图如图 3.2.8 所示。

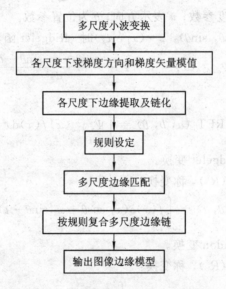

图 3.2.8　小波多尺度边缘检测框图

图 3.2.9 是对 Lena 原始图像进行小波变换检测边缘的结果。通过与传统边缘检测图比较不难发现，基于小波变换的多尺度边缘提取算法有效地弥补了传统的边缘检测算法的不足，在有效抑制噪声影响的同时，提供了较高的边缘定位精度。

图 3.2.9　对 Lena 原始图像进行小波变换检测边缘的结果

近年来，Stanford 大学的 Candes 和 Donoho 教授研究了一种新的多尺度变换，称之为 Ridgelet 变换。Ridgelet 变换是在线性 Radon 变换切片上的小波变换，由于小波具有良好的局部性，所以 Ridgelet 变换能够有效地描述沿直线或超平面的奇异性（Singularity）。它特别适合于具有直线或超平面奇异性的高维信号的描述，可获得比以往方法较高的逼近精度。

**定义 1**　设光滑函数 $\Psi: R \to R$，满足条件 $\int \Psi(t)\mathrm{d}t = 0$ 及容许条件：

$$K_\psi = \int \frac{|\hat{\Psi}(\xi)|^2}{|\xi|^2}\mathrm{d}\xi < \infty \tag{3.2-23}$$

对于参数集 $\gamma$，定义 $R^2 \to R$ 的函数，并称 $\Psi_\gamma$ 为由容许条件所生成的 Ridgelet 函数：

$$\Psi_\gamma(x) = a^{-\frac{1}{2}} \cdot \Psi\left(\frac{u \cdot x - b}{a}\right) \tag{3.2-24}$$

其中 $a$ 称为 Ridgelet 的尺度参数；$u$ 表示方向；$b$ 为位置参数。

**定义 2**　当令 $u = (\cos\theta, \sin\theta)$，$x = (x_1, x_2)$ 时，Ridgelet 函数为

$$\Psi_{a,b,\theta}(x) = a^{-\frac{1}{2}}\Psi\frac{x_1\cos\theta + x_2\sin\theta - b}{a} \tag{3.2-25}$$

称变换：

$$\mathrm{RFT}_f(a, b, \theta) = \int_{R^2} \Psi_{a,b,\theta}(x)f(x)\mathrm{d}x \tag{3.2-26}$$

为 $f(x)$ 在 $R^2$ 上的连续 Ridgelet 变换。

**定义 3**　设 $f(x) \in L^2(R^2)$，称变换：

$$R_f(\theta, t) = \int_{R^2} f(x)\delta(x_1\cos\theta + x_2\sin\theta - t)\mathrm{d}x \tag{3.2-27}$$

为 $f(x)$ 在 $R^2$ 上的连续 Radon 变换。

**定义 4**　设 $f(x) \in L^2(R^2)$，称变换：

$$W_f(a, b) = \int_{R^2} \Psi_{a,b}(x)f(x)\mathrm{d}x \tag{3.2-28}$$

为 $f(x)$ 在 $R^2$ 上的连续 Wavelet 变换。其中 $\Psi_{a,b}(x) = a^{-1/2}\Psi((x-b)/a)$；$\Psi(x)$ 是一维小波函数。

由上述定义 3 和定义 4 可知，在二维空间中，点与线通过 Radon 变换相联系，而 Ridgelet 变换与 Wavelet 变换通过 Radon 变换相联系，即有：

$$\mathrm{RFT}_f(a, b, \theta) = \int_R \Psi_{a,b}(x)R_f(\theta, t)\mathrm{d}t \tag{3.2-29}$$

因此可以说，Ridgelet 变换是在 Radon 变换域上的一维 Wavelet 变换。对具有直线奇异性的模型，Ridgelet 方法比 Wavelet 方法具有更高的处理精度和较好的信噪比。

小波变换以牺牲部分频域定位性能来取得时-频局部性（Locality）的折中。其不仅能提供较精确的时域定位，而且能提供较精确的频域定位。它作为一种多尺度分析工具，解决了传统信号分析难以"既见森林又见树木"的问题，能够通过多分辨率分析给出更好的信号表示，而且其相关研究蓬勃发展，已经成为工程应用不可或缺的工具。然而，小波分析在一维时所具有的多分辨率和局域性不能简单地推广到二维或更高维。也就是说，小波变换

对于点奇异性信息具有比较好的分析能力，但是对于线奇异性及面奇异性等高维信息的分析则并不是最优的或者说"最稀疏"的函数表示方法。

### 3.2.4　基于稀疏表示的边缘检测方法

如何有效地表示图像中的视觉信息是许多图像处理任务的核心问题。图像表示的有效性是指用较少的数学描述来捕获图像中重要信息的能力，在一个表示方法中，就是用很少或少数的几个分量很好地表示大多数感兴趣的目标。研究表明，人眼对频率的跳变比较敏感，也就是视觉图像的边缘往往包含人们感兴趣的信息。显然，这种有效的表示是通过非线性逼近方法实现的。为了获得高效的非线性逼近，需要一种真正的二维图像表示方法。近年来，稀疏多尺度几何（Multi-scale geometry）表示方法应运而生，并且得到了长足的发展。

多尺度几何分析（Multiscale geometric analysis，MGA）则是继小波之后，推动小波分析发展的先驱者们为了检测、表示、处理高维空间数据，在数学分析、计算机视觉、模式识别、统计分析等不同学科中，致力发展的一种新的高维函数的最优表示方法。其中，高维空间数据的某些重要特征集中体现于其低维子集中，比如对于二维图像而言，主要特征可以由边缘所刻画，包括 Ridgelet、Wedgelets、Bandelet、Curvelet、Contourlet、Directionlet 等，统称为 X-Let。这些新变换方法普遍适用于检测线或面等高维奇异信息，且可以自适应地跟踪图像边缘的几何正则方向。图像的多尺度几何分析方法分为自适应的和非自适应的。其中，自适应方法以 Bandelet 为代表，一般先进行边缘检测，再利用边缘信息对原函数进行最优表示。非自适应的方法并不需要先验地知道图像本身的几何特征，其代表为 Curvelet 变换、Bandelet 变换和 Contourlet 变换。下面对这三种典型的多尺度几何分析方法做简要介绍。

**1. Curvelet 变换**

标准的脊波变换仅对于具有直线奇异性的多变量函数有良好的逼近性能，对于含曲线奇异性的函数，逼近效率只相当于小波变换。因此，E. J. Candes 给出了一种多尺度脊波的实现方法 Curvelet。它的基本思想就是把曲线无限分割，每一小段可以近似看做是直线段，其尺度、位置和方向均定义在连续的参数空间，而且有可变的宽度和可变的长度。在精细尺度下曲线波的宽度约为长度的平方。因此，曲线波的各向异性会随着曲线波尺度的减小而增加。Curvelet 使用空域带通滤波算子来分离不同的尺度，它的核心部分是子带分解和脊波变换。对应于曲线波分解系统的字典是加窗的脊波金字塔，它经重新规范化后将图像变换到更广范围的尺度和位置。因此，Curvelet 对边缘、模糊线等曲线特征具有更高的感知效果。

Curvelet 分解示意图如图 3.2.10 所示。

**2. Bandelet 变换**

Bandelet 是一种自适应的多尺度几何图像表示工具，它基于边缘，能够自适应跟踪图像内在的几何结构，捕获其所含的几何正则性，从而给出渐进的最优表示。它的核心思想是把图像中的几何特征定义为矢量场，而不是简单地看成普通边缘的集合。基于应用目的定义目标函数，通过优化目标函数来自适应选择所需的基函数组成，即其基函数并不是预

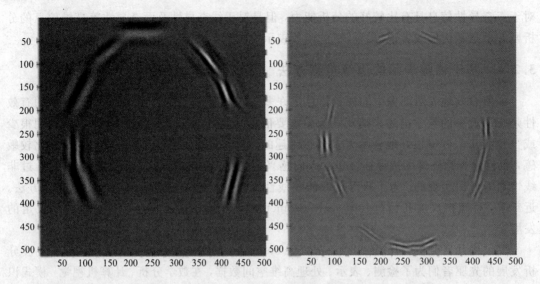

图 3.2.10 Curvelet 分解示意图

先确定的，而是以优化最终的应用结果来自适应地选择具体的基组成的。作为一种优秀的、自适应的图像多尺度几何分析工具，Bandelet 具有很多对图像处理的关键性质：良好的多尺度特性，时频局部化特性，多方向性和各向异性（Anisotropy）。Bandelet 分解示意图如图 3.2.11 所示。

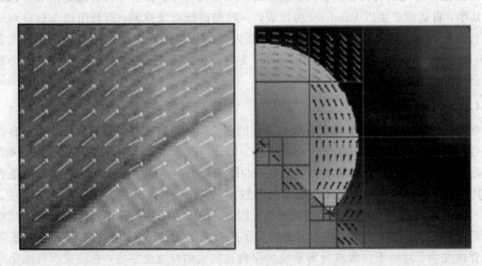

图 3.2.11 Bandelet 分解示意图

### 3. Contourlet 变换

2002 年，Minh. N. Do 和 Martin Vetterli 提出一种有效的图像稀疏表示方法 Contourlet 变换，也称塔形方向滤波器组（Pyramidal directional filter bank，PDFB）。这是一种多分辨局部图像表示方法，具有良好的方向感知性。它将尺度分析和方向分析分别进行，首先由拉普拉斯塔型分解（Laplacian pyramid，LP）变换对图像进行多尺度分解以"捕获"奇异点，然后由完全重构方向滤波器组（Directional filter bank，DFB）将分布在同方向上的奇异点进行合并。其最终结果就是用类似于线段的基结构来逼近原图像，如图 3.2.12 所示。

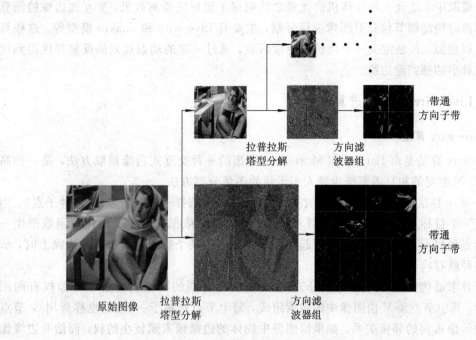

图 3.2.12　Contourlet 分解示意图

表 3.2.1 总结了几种变换及各自擅长处理的图像特征。可以看到，在处理具有线状特征的图像时，Wavelet 变换不能获得较好的逼近阶，而 Curvelet、Bandelet、Contourlet 等均能有效地捕获直线、曲线、楔形及目标轮廓等特征。多尺度几何各类变换所适合的图像特征有所不同，但又互相弥补，需要根据具体的应用针对性地加以选择。因此，如能结合多尺度几何各类变换优点构造完备的基本函数库，并采用正规化技术结合集成学习来构造多尺度几何网络逼近，可以获得较好的边缘特征提取效果。

**表 3.2.1　各种 X-let 对应的适合捕获的图像特征**

| 变换 | 经过变换捕捉到的主要特征 |
| --- | --- |
| Wavelet | 点 |
| Ridgelet | 直线 |
| Curvelet | 光滑平面上 $C^2$ 连续的闭曲线 |
| Bandelet | 光滑平面上 $C^a(\alpha > 2)$ 连续的闭曲线 |
| Contourlet | 具有分段光滑轮廓的区域 |
| Wedgelet | 楔形 |
| Directionlet | 交叉直线 |

# 3.3　交互式边缘检测算法

交互式边缘检测在一定程度上需要用户的参与，人机交互的方式将人的作用有机地融入到边缘提取中，结合人和计算机的优势之后取得了很好的检测效果。交互式边缘检测算法利用图像的局部细节信息对图像进行分割，主要有 Live-wire 和 Snakes 模型等。这些算法原理上很相似，都是定义一个代价或能量函数，通过一定的动态规划的反复寻优得到代价或能量最小的感兴趣边缘。

### 3.3.1 Live-wire 及其改进算法

#### 1. Live-wire 算法

Live-wire 算法是由 Barrett 和 Mortensen 提出的一种交互式边缘提取方法，是一种高效、准确、可重复的和只需要极少量人工干预的图像分割方法。

Live-wire 算法的工作机理如下：在待分割的图像中选择一个起始点(也称种子点)，当任意给定一个目标点(或自由点)后，Live-wire 算法就会依据它所定义的代价函数产生一条从起始点到目标点的最优路径。当起始点和目标点在某个感兴趣的物体的边缘上时，所得到的路径就对应于该物体的边缘。

为了寻求最优路径(Optimal path)，首先要在待分割的图像上构造一个加权有向图 $G(V, A)$，其中节点集 $V$ 由图像中的像素组成，每个节点被赋予一个权(也称费用)，节点间的弧表示像素间的邻接关系。如果给图像中物体的边缘像素赋较小的权，而给非边缘像素赋予较大的权，同时，给邻接像素间的弧赋予 0 费用，而给非邻接像素间的弧赋予 $+\infty$ 费用，那么，图像分割中所求得的最优路径就转化为起始点和目标点间的费用最小路径，即最短路径(Shortest path)。此时，Dijkstra 算法就可以被用来求解此最优路径。

Dijkstra 算法的基本思想是：按路径长度递增的次序产生起始点到目标点的最短路径。对有向连通图 $G(V, A)$，首先取出起始点 $u_0 \in V$，并把它放入最短路径图 $S=(U, B)$ 中，此时有 $U=\{u_0\}$，$B=\varnothing$；然后从任意 $u \in U$ 和 $v \in V-U$ 中找出一条费用最小的弧 $\langle u^*, v^* \rangle$ 加入到 $S$ 中去，即 $U \cup \{v^*\} \to U$，$B \cup \{\langle u^*, v^* \rangle\} \to B$。$U$ 中每增加一个节点，都要对 $V-U$ 中的各节点到起始点的总费用进行如下修正：以 $v^*$ 作为中间节点，将 $B$ 中最短路径 $\langle u_0, v^* \rangle$ 与弧 $\langle v^*, v_i \rangle$ 的费用之和同当前最短路径 $\langle u_0, v_i \rangle$ 的费用相比较，如果前者更小则用它的费用来更新 $u_0$ 到 $v_i$ 的最小费用；否则，不做更新。重复上述过程，直到 $U=V$ 为止。显然，该算法的时间复杂度为 $O(n^2)$。

当起始点和目标点位于目标边缘上时，Dijkstra 算法得到的最短路径能否准确地表示目标的边缘取决于代价函数能否较好地反映目标的边缘特征。本章参考文献[20]中，Barrett 和 Mortensen 构造了如下的代价函数：

$$l(p, q) = \omega_G \times f_G(q) + \omega_Z \times f_Z(q) + \omega_D \times f_D(p, q) \qquad (3.3-1)$$

式中，$l(p, q)$ 表示像素 $p$ 到其邻接像素 $q$ 的局部费用，$\omega_G$，$\omega_Z$ 和 $\omega_D$ 为权值，通常取 $\omega_G = 0.43$，$\omega_Z = 0.43$ 和 $\omega_D = 0.14$。$f_G(q)$ 是像素 $q$ 处的梯度幅值的特征函数，$f_Z(q)$ 是像素 $q$ 的 Laplace 过零特征函数，$f_D(q)$ 是像素 $p$ 到像素 $q$ 的边缘的光滑度约束函数。图像中边缘越是明显，此边缘上像素的梯度幅值就越大，该像素在有向图中对应节点的费用就应该越小，所以，$f_G(q)$ 用归一化的反比函数表示为

$$f_G(q) = 1 - \frac{G(q)}{\max(G)} \qquad (3.3-2)$$

其中，$G(q)$ 表示像素 $q$ 处梯度的幅值，$\max(G)$ 表示整幅图像中最大的梯度幅值。由于物体

边缘所在处是 Laplace 值的过零处，所以图像的 Laplace 值可以确定图像中物体边缘的准确位置。式 3.3 - 1 中所使用的 $f_Z(q)$ 是一个二值函数：

$$f_Z(q) = \begin{cases} 0 & L(q) = 0 \\ 1 & L(q) \neq 0 \end{cases} \qquad (3.3 - 3)$$

式 3.3 - 3 中，$L(q)$ 表示像素 $q$ 处的 Laplace 值。另外，式 3.3 - 1 中的 $f_D(q)$ 定义为：

$$f_D(q) = \frac{2}{3\pi} \{ \cos[D(p) \cdot |\, p - q\,|]^{-1} + \cos[D(q) \cdot |\, p - q\,|]^{-1} \} \qquad (3.3 - 4)$$

其中，$D(\cdot)$ 表示图像中某点梯度的单位法向量，即 $D(\cdot) = \dfrac{(G_y(\cdot) - G_x(\cdot))}{\sqrt{G_y^2(\cdot) + G_x^2(\cdot)}}$。这样，对 $\forall\, p, q$，有 $0 \leqslant l(p, q) \leqslant 1$。

利用式(3.3 - 1)所给出的代价函数，Dijkstra 算法可以有效求解出图像中给定的起始点到任意目标点之间的最短路径，如图 3.3.1(a)所示。由上面的分析知，理论上最多需要插入 3 个种子点，就可以提取出感兴趣物体的一条闭合的轮廓线。图 3.3.1(a)为成功的例子，图(b)～图(d)为失败的例子。

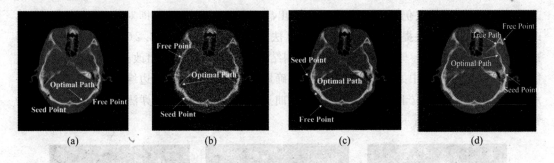

图 3.3.1　Live-wire 算法的几个实例

由式(3.3 - 1)知，Barrett 和 Mortensen 的代价函数中使用了 Laplace 算子。而 Laplace 算子对噪声相当敏感，且提取到的边缘为双像素宽度。所以，当图像受到噪声干扰时，Live-wire 算法就会产生错误的结果，如图 3.3.1(b)所示。此外，Live-wire 算法对像素的 Laplace 值取了二值化(见式(3.3 - 3))，这样，对图像中的强弱边缘没有加以区分，而且，该算法的代价函数对像素的梯度值采用了线性加权(见式(3.3 - 2))，这两个因素都会使 Live-wire 算法产生分割错误，如图 3.3.1(c)、(d)所示。

因此，Barrett 和 Mortensen 提出的 Live-wire 算法有如下三个不足之处：

(1) 对噪声相当敏感；

(2) 不能有效地区分图像中的强弱边缘；

(3) 对边缘曲线弯曲程度较大的图像不适用。

当然，如果在图 3.3.1(b)～(d)中的种子点与目标点之间再插入多个种子点有可能会减少甚至避免产生以上错误，但是这样就会引入更多的甚至大量的人工干预，无法体现出 Live-wire 算法只需极少量的人工干预的优点。

**2. 改进的 Live-wire 算法**

为了抗噪声干扰，可以选用 LoG 算子和 DoG 算子来提取图像的边缘特征。但是，这两个算子在抗噪声干扰的同时，会抑制掉图像中较弱的边缘。如果使用 3.1.5 节介绍的

Canny 算子来提取图像的边缘特征，则既可以抗噪，又能同时提取出图像中的强弱边缘，而且可以得到单像素宽度的精确边缘。

如果图像中像素间的邻接关系用 8 连接表示，那么 Live-wire 算法所产生的最短路径是足够光滑的，因此为了简单起见，在代价函数中可以不要边缘光滑度约束函数 $f_D(q)$。事实上，Barrett 和 Mortensen 在实现 Live-wire 算法时，令 $\omega_G=0.50$，$\omega_Z=0.50$ 和 $\omega_D=0$，即没有使用 $f_D(q)$。此外，要明显区分图像中位于强弱边缘处的像素和边缘与非边缘上的像素，必须采用非线性函数来构造代价函数。

设 $C(p)$ 是图像中像素点 $p$ 经 Canny 算子处理后的结果，有 $0 \leqslant C(p) \leqslant 1$。这里，我们采用 $C(p)$ 的非线性映射 $f(x)=\exp\{-4x^2\}$ 来构造 Live-wire 的代价函数，即

$$l(p) = \begin{cases} 0 & a \leqslant C(p) \leqslant 1 \\ \exp\{-4 \times [C(p)]^2\} & b < C(p) < a \\ M & 0 \leqslant C(p) \leqslant b \end{cases} \qquad (3.3-5)$$

式 (3.3-5) 中，$0<b<a<1$，$M \gg 1$。

**例** 图 3.3.2(a) 为强噪声干扰下的一幅头部 CT 图像，与图 3.3.1(a) 相比较可以看出改进的 Live-wire 算法仍然可以准确地提取出感兴趣区域的边缘，即对噪声不敏感。显然改进的 Live-wire 算法提高了原 Live-wire 算法的抗噪性能。图 3.3.2(b) 给出了一幅强弱边缘相距很近的图像，与图 3.3.1(b) 的分割结果相比较，可以看出改进的 Live-wire 算法能够明显地区分图像中的强弱边缘，从而正确地获得感兴趣区域的边缘。如图 3.3.2(c) 所示，种子点和自由点位于感兴趣区域的强弯曲边缘上，此时，改进算法能够克服原算法的错误（如图 3.3.1(c) 所示），得到正确的结果。

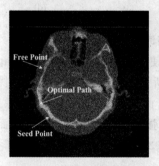 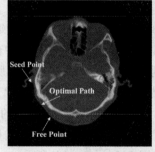 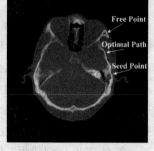

(a) 噪声干扰下的分割结果　　(b) 强弱边缘很近时的分割结果　　(c) 强弯曲边缘的分割结果

图 3.3.2　改进的 Live-wire 算法的几个分割实例

上述实验结果表明，改进的 Live-wire 算法能够克服原 Live-wire 算法的三个不足之处，而且由于 Canny 算子可以产生单个像素宽度的边缘，所以改进的算法比原算法的精度更高。此外，改进前后两种算法的时间复杂度相同，都是 $O(n^2)$。因此，改进的 Live-wire 算法没有增加算法的复杂度，但性能却得到了很大的提高。

### 3.3.2　主动轮廓线模型

Snakes 模型是由 Kass、Witkin 和 Terzpoplous 首先提出的，它是一种高度可变的闭合或不闭合二维曲线模型。首先，使用者在感兴趣的图像目标周围放置初始轮廓线，然后构造能量函数，通过使能量函数最小化的方法使用全局信息来逐步更新轮廓线，使它向具有

线条、边缘等图像特征的部分移动。该算法基于二维曲线的动态生长实现边缘检测，它能够有效地利用局部与整体的信息，实现准确定位，保证线条光滑。下面来介绍 Snakes 算法的原理及其实现过程。

**1. 能量函数**

初始轮廓线由一系列被称为控制点的像素组成，每一个控制点的位置都由像素点的坐标$(x, y)$来决定。轮廓线的行为则由控制点的内、外部能量函数(Energy function)所决定，总能量函数如下：

$$E_{snakes} = w_{int} \cdot E_{int} + w_{ext} \cdot E_{ext} \qquad (3.3-6)$$

式$(3.3-6)$中 $E_{int}$ 为内部能量函数，它用来控制曲线的连续性，使轮廓线在运动时不易拉伸、断裂；$E_{ext}$ 为外部能量函数，它用来吸引轮廓线向具有某种图像特征的地方移动；$w_{int}$ 和 $w_{ext}$ 为权系数，二者之和为 1。内部能量的表达式如下：

$$E_{int} = \frac{\alpha(s) \mid v_s(s) \mid^2 + \beta(s) \mid v_{ss}(s) \mid^2}{2} \qquad (3.3-7)$$

(1) 上式中 $v(s) = (x(s), y(s))$，代表轮廓线上每一控制点的坐标；

(2) 第一项代表 $v(s)$ 的一阶导数，它控制轮廓线在运动中相邻两点的长度尽可能短，使轮廓线的运动像隔膜；

(3) 第二项代表 $v(s)$ 的二阶导数，它控制产生的新轮廓线尽可能平滑，使轮廓线的运动像一个薄薄的盘子；

(4) $\alpha(s)$、$\beta(s)$ 用来调节这两项的平衡，需要通过实验来确定。

外部能量函数 $E_{ext}$ 由图像能量和外部约束能量组成。一般情况下，外部约束能量可以省略。图像能量在非边缘上较大，而在边缘处较小，它使得控制点到达边缘上后不再离开，只在附近的边缘点上移动。数学表达式如下：

$$E_{image} = w_{line} \cdot E_{line} + w_{edge} \cdot E_{edge} + w_{term} \cdot E_{term} \qquad (3.3-8)$$

其中 $E_{line}$ 为图像的线条信息，可使用图像的灰度矩阵 $I(x, y)$ 表示，即 $E_{line} = I(x, y)$；当 $w_{line}$ 为正时，轮廓线将向较亮的线条或区域移动；反之，则向较暗的线条或区域移动。$E_{edge}$ 为图像的边缘信息，可通过图像的梯度幅度来表示，因为要使边缘处的能量最小，所以取梯度幅度的负值：$E_{edge} = -\mid \nabla I(x, y) \mid^2$，它将吸引轮廓线向图像梯度较大的地方移动。$E_{term}$ 表示图像经过高斯平滑后的水平轮廓的曲率，它可以控制轮廓线找到线条和拐角的终端，在要求不精确的情况下也可以省略。

**2. 能量函数的最小化过程**

在传统的 Snakes 算法中，Kass 推导出两个 Euler 方程，并将它们离散化，然后迭代处理这两个离散化的方程，直至收敛。但这种算法存在一些缺陷，例如运动过程中发生点的重叠或离散等。鉴于此，Amini 首先提出一种时延离散动态规划的方法来实现能量的最小化，它把能量函数最小化过程转化为离散的多阶段决策过程。这种算法与传统 Snakes 算法的不同点之一是可以在运算过程中加入一些强制性约束来控制初始轮廓线的行动，从而避免了运动过程中轮廓线的断裂、点的离散或者在曲线找到边缘后继续运动的行为。

Kass 等人的 Snake 模型，在没有图像力的情况下，将收缩为一点或一条直线。对此，Cohen 等人提出了主动轮廓线的"气球"模型。该模型改善了 Snake 对初始轮廓的敏感性，并且能够跨越图像中的伪边缘点。Cohen 成功地将此模型应用于医学图像处理中，从磁共振图像和超声图像中提取心室轮廓。对于 Snake 模型无法收敛到轮廓的深度凹陷部分（例如 U 形物体的凹陷部分），一些研究者提出了局部自适应法扩大搜索区来解决这一问题，但效果并不理想。Xu 等人提出了 GVF Snake (Gradient vector flow snake) 模型试图解决这一问题。该模型提供了一种自然的机制用以扩大 Snake 的捕获区，并使 GVF 力能将Snake 拖向物体的深度凹陷区。

另一个对 Snake 模型的改进方向是对能量公式中平滑性的约束。研究者们试图使轮廓的表达具有旋转及尺度不变性，同时更有效。为此 Lai 等人设计了离散内能。Menet 等人提出了 B-snake 模型，将目标轮廓用 B-样条来表达，这样，轮廓的表达更有效，同时能隐式地表达角点。在没有目标轮廓先验知识的条件下，Snake 模型可以有效地用于边缘检测和轮廓提取。如果已知物体的先验形状信息，Snake 模型发展为更为一般化的技术——变形模板。它在轮廓的建模和提取、边缘检测、图像分割和分类中获得了广泛的应用。

Live-wire 算法和 Snake 模型在二维图像的分割中已经得到了广泛的应用，但对三维序列图像的分割仍显得较为费时。为了应用于三维重建，可以把用 Live-wire 分割所得的图像边缘曲线映射到相邻的未分割帧，作为主动轮廓模型的初始轮廓来实现医学影像序列帧的自动分割。

# 本章参考文献

[1] 夏良正. 数字图像处理. 南京：东南大学出版社，1999.

[2] 田捷，沙飞，张新生. 实用图像分析与处理技术. 北京：电子工业出版社，1995.

[3] 王耀南，李树涛，毛建旭. 计算机图像处理与识别技术. 北京：高等教育出版社，2001.

[4] RC 冈萨雷斯，P 温茨. 数字图像处理. 阮秋琦，阮宇智，等，译. 北京：电子工业出版社，2003.

[5] Canny J. A computational approach to edge detection. IEEE Transactions on PAMI, 1986，8(6)：679-698.

[6] 章毓晋. 图像工程（上册）：图像处理和分析. 北京：清华大学出版社，1999.

[7] Falcão A X, Udupa J K, Samarasekera S, Sharma S. User-steered image segmentation paradigms：Live Wire and Live Lane. Graphical Models and Image Processing, 1998，60(4)：233-260.

[8] 高新波，雷云，姬红兵. 一种改进的 Live-wire 交互式图像分割算法. 系统工程与电子技术，2003，25(8)：915-917.

[9] Barrett W A, Mortensen EN. Interactive live-wire boundary extraction. Medical Image Analysis，1997，1(4)：331-341.

[10] Hongbing Ji, Aodong Shen, Gang Wang, Xinbo Gao. An interactive segmentation method for medical images. 6th International Conference on Signal Process Proceeding，2002，580-583.

[11] 李培华，张田文. 主动轮廓线模型（蛇模型）综述. 软件学报，2000，11(6)：751-757.

[12] Emmanuel J. Candès. Ridgelets: Theory and Applications, Ph. D. Thesis, Stanford University, 1998.

[13] Jean-Luc Starck, Emmanuel J Candès, David L Donoho. The Curvelet transform for image denoising. IEEE Trans. Image Processing, 2002, 11(6): 670-684.

[14] Pennec E Le, Mallat S. Sparse geometric image representations with Bandelet. IEEE Trans Image Process, 2005, 14(4): 423-438.

[15] Minh N Do, Martin Vetterli. The Contourlet transform: an efficient directional multiresolution image representation. IEEE Trans. Image Processing, 2005, 14 (12): 2091-2106.

[16] Peter J Burt, Edward H Adelson. The Laplacian pyramid as a compact image code. IEEE Trans. Communication, 1983, 31(4): 532-540.

[17] Roberto H Bamberger, Mark J T Smith. A filter bank for the directional decomposition of images: theory and design. IEEE Trans. Signal Processing, 1992, 40(4): 882-893.

[18] Duncan D Y Po, Minh N Do. Directional multiscale modelings of images using the contourlet transform. IEEE Trans. Image Processing, 2006, 15(6): 1610-1620.

[19] Ingrid Daubechies, Stéphane Mallat, Alan S Willsky. Introduction to the special issue on wavelet transforms and multiresolution signal analysis. IEEE Transactions on Information Theory, 1992, 38(2): 529-532.

[20] Barrett W A, Mortensen E N. Interactive live-wire boundary extraction. Medical Image Analysis, 1997, 1(4): 331-341.

[21] M Kass, A Witkin, D Terzopoulos. Snakes: Active contour models. International Journal of Computer Vision. 1987, 1(4): 321-331.

[22] Cohen L D. On active contour models and balloons. CV GIP: Image Understanding, 1991, 53 (2): 211-218.

[23] Xu C, Prince J L. Snakes, shapes and gradient vector flow. IEEE Transactions on Image Processing, 1998, 7 (3): 359-369.

[24] Lai K F, Chin R T. Deformable contours: modeling and extraction. IEEE Transactions on Pattern Analysis and Machine Intelligence, 1995, 17 (11): 1084-1090.

[25] Menet S, Saint-Marc P, Medioni G. B-Snakes: implementation and application to stereo. In: Fua P, Hansan A Jeds Proceedings of the DARPA Image Understanding Workshop. Pittsburgh, Pennsylanis: IEEE Computer Society Press, 1990, 720-726.

[26] Amini A A, Weymouth T E, Jain R C. Using dynamic programming for solving variational problems in vision. IEEE Transactions on Pattern Analysis and Machine Intelligence, 1990, 12 (9): 855-867.

[27] Williams D J, Shah M. A fast algorithm for active contours and curvature estimation. CVGIP: Image Understanding, 1992, 55 (1): 14-26.

[28] Luo Xiping, Tian Jie. A modified interactive segmentation of medical image series. Journal of Software, 2002, 13(6): 1050-1058.

# 练 习 题

3.1　比较梯度法与 Laplacian 算子检测边缘的异同点。

3.2　边缘检测算子如 Sobel 等模板是否可分离？如何利用二维模板的可分离性降低卷积的计算量？

3.3　有一幅包含水平的、垂直的、45°的和－45°直线的二值图像，假设直线的灰度级是 1 并且背景的灰度级为 0。给出一组 3×3 模板。这些模板可以用于检测这些直线中 1 个像素长度的间断。

3.4　写出频域拉普拉斯算子的传递函数，并说明掩模矩阵 $\begin{bmatrix} 0 & -1 & 0 \\ -1 & 5 & -1 \\ 0 & -1 & 0 \end{bmatrix}$ 对图像 $f(x, y)$ 的卷积与拉普拉斯算子对图像 $f(x, y)$ 运算结果之间的关系。

3.5　证明如式 $\nabla^2 f = \dfrac{\partial^2 f}{\partial x^2} + \dfrac{\partial^2 f}{\partial y^2}$ 所示的拉普拉斯变换是各向同性的（旋转不变）。需要轴旋转 $\theta$ 角的坐标方程为 $\begin{cases} x = x' \cos\theta - y' \sin\theta \\ y = x' \sin\theta + y' \cos\theta \end{cases}$，其中 $(x, y)$ 为非旋转坐标，而 $(x', y')$ 为旋转坐标。

3.6　参考 3.2.1 节。

(1) 解释为什么图 3.3.4 中点 1 的 Hough 映射是一条直线？

(2) 这是仅有的能产生这样的结果的点吗？

3.7　参考 3.2.1 节。

(1) 根据直线的斜率式表示方法 $y = ax + b$，寻找一种得到直线标准表示方法的一般过程。

(2) 找到直线 $y = -3x + 1$ 的标准表示方法。

3.8　分别利用 Roberts、Prewitt、Sobel、LoG 边缘检测算子，对原图像进行边缘检测，显示处理前后的图像，要求给出程序。

3.9　请根据 3.2.1 节的 Hough 变换的理论，编写一个 Hough 变换的程序。要求给出使用说明文档，以及使用例子。

3.10　请根据 3.2.2 节的 Radon 变换理论，编写一个 Radon 变换的程序，实现图 3.2.6 中的变换结果。

# 第四章　形状描述与分析

　　形状是一个广为理解而又难于定义的概念。在人的视觉感知、识别和理解中，形状是一个重要的参数。那么，从数学上如何表示这一概念，如何获得有关的参数，这是图像分析和理解中的重要课题。著名的数学和统计学家 David George Kendall 定义形状为：去除位置、尺度和方向影响的物体几何信息。二维情况下，如果把描述的对象统称为目标，则目标可以由边界或边界包围之区域代表，形状就是对它们的描述。因此，形状的描述涉及到对一条封闭边界的描述或对这条封闭边界包围区域的几何描述。目标由此也可以模型化，作为感知、识别与理解的一类重要参数。三维情况更复杂一些，三维物体可以由封闭的曲面或其包围的体积空间来描述，它与三维目标的模型化紧密相连。现在先以二维形状为对象讨论有关形状的一般概念。

　　为了描述形状，首先要从图像中把分析的对象分离出来。在二维情况下，就是要提取目标封闭的轮廓线或轮廓线所围的区域。这可以通过前面讲述的边缘提取和区域分割方法予以解决。

　　实际上存在许多途径可以描述形状，而到底选用哪一种则往往取决于形状参数的应用。已知识别和寄存都需要形状参数，但对描述的具体要求却是有差别的。在识别应用的情况下，形状描述只要包含足以区分可能遇到的类似形状的那些信息就可以了，而没必要由这些形状参数去复原出原目标，当目标尺寸、位置和方向发生变化时，描述目标的形状参数应当保持不变。而在寄存应用情况下常常需要数据压缩，要求从简化的形状描述复原出初始形状的真实表示，这类描述称之为数据保持方式。人们熟知的二维边界的链码就属于这一类技术。根据描述的对象是边界还是边界包围之区域，我们可以将二维形状分析技术划分为外描述和内描述两大类。根据产生描述处理方式的不同，又可将其划分为标量变换和空间域两大类。标量变换这类技术是以形状的数学积累形式产生形状描述的，而空间域这类技术则包括表达形状结构与关系特性的种种技术。

　　在研究三维形状时，应当将它与理解景物的三维环境联系起来分析。为了建立由图像解释三维景物的计算理论，必须花费相当多的精力去研究有关的几何方面的问题。我们可以将理解与三维环境有关的几何问题划分为三个描述层次：微表面层、具有体积的目标层和景物层。

　　微表面层描述研究三维物体局部小表面的外法线方向和图像特性之间的关系。例如，典型的问题是如何用这局部表面的纹理变化去估计该表面的俯仰和倾斜。事实上，对称性、纹理阴影和体视失真等图像特性都在一定条件下反映了局部表面的方向。在分析中常采用梯度空间这一方便的工具表示表面方向。应当指出，除去用图像上局部区域的图像特征去估计表面方向外，还存在其它途径确定微表面层描述。例如，由相对运动产生的图像序列，可以估计出物体表面的相对深度的方向；由两个或多个相机采集的多观察点图像，可以估计出物体表面的绝对深度和方向；由测量装置直接测出物体表面的距离和方向等。

具有体积的目标层的描述处理基元的目标表示。为了提供目标的形状描述，必须在一个区域内组合或累积由图像各个局部所获得的表面方向，这时要引入更全局的限制条件，例如平稳性、表面类型（平面、二次曲面等）或体积类型。要获得这样的全局计算限制，首先必须确定三维形状表示与其在图像上投影之间的关系。这涉及到物体三维目标模型化的种种方法，如骨架表示法、表面表示法和广义圆柱体表示法等。

景物层描述构造与管理整个景物三维描述工作的重心放在如何将多种或多个三维信息形成一个一致的景物描述，以及如何利用新获得的信息去修正与完善它。例如，三维MOSAIC系统就是从航空照片中逐渐增加与改进对整个三维景物的理解。这种渐近累积式的解释思路，是保证图像理解系统提供完美的景物描述的必由之路。

研究三维目标形状描述时，主要涉及目标层和微表面层的几何描述。前者是目标的几何结构表示，即模型化问题；后者则涉及如何从图像中提取出反映三维微表面层几何描述的线索。从本书的其它各章可以知道，由纹理、阴影、序列图像、多目图像和距离图像等都可以导出反映三维目标微表面层的几何特性。本章将主要研究从单幅图像上提取反映三维微表面几何特性的线索，这是其后进行三维目标识别和理解的基础。

本章将依次讨论二维形状的描述、三维目标的几何结构表示和从图像上提取三维表面法线方向的基本方法。

# 4.1 二维形状描述技术

二维形状描述技术可分为标量和空间域两大类。所谓标量技术，指的是用一个或一组标量参数来描述二维形状。当描述技术基于二维形状所占区域时，就称为内标量技术；当描述技术基于二维形状边界时，就称为外标量技术。空间域技术描述有关形状的结构和关系特性，这类技术通常要将诸如灰度值或边界路径坐标这类数字值，转变为诸如一般结构、树结构或边界基元这类语义信息。这是由初始的数字值到有意义的、明确的形状描述的转变，从信号原始形式到符号领域的转变。当在形状所占区域建立这类描述时，就称为内空间域技术；而当在形状的边界建立这类描述时，则称为外空间域技术。应当指出，形状描述应该是有层次的，如何建立合适的层次形状描述是人们普遍关心的问题。

这一节首先介绍内标量和外标量描述方法；接着简要介绍空间域技术，特别是利用尺度空间的技术；其后要详细讨论各种内外空间域技术；最后以表格形式总结各种技术。层次形状描述将在下一节阐述。

## 4.1.1 内标量方法

内标量方法以完整形状轮廓所包围的区域为对象，利用从这些区域导出的数学性质来做形状的描述，实现起来比较简单，无需进行智能推断或剖析。这些描述常取形状的数字测量形式，不去表示符号的性质，是通过在整个形状上累积计算出来的。当我们遇到特别关心轮廓内区域而不甚关心区域内像素灰度值的那些目标时，可以采用这类技术。我们将感兴趣的区域置为 1，不感兴趣的部分置为 0，形成二值图，在数值为 1 的子图上进行标量测量。显然，若目标因搭接或交叠只能获得形状的部分轮廓时，就很少应用这类技术。

**1. 简单标量技术**

简单标量技术是早期形成的一种形状描述方法，它不是数据保持的，在机器视觉和目标识别领域已有广泛应用。诸如面积、周长、包围目标的最小外圆、内接目标的最大内圆以及它们的比值等都属于简单标量。

1）分散度

分散度（Divergence）是一种面积形状的测度。设图像子集为 $S$，面积为 $A$，即图像子集包含 $A$ 个像素点数，周长为 $P$，定义 $P^2/A$ 为 $S$ 的"分散度"。这个测度符合人的认识，相同面积的几何形状物体，其周长越小，越紧凑。对圆形 $S$ 来讲，$P^2/A=4\pi$，圆形 $S$ 最紧凑。其它任何形状的 $S$，$P^2/A>4\pi$。几何形状越复杂，其分散度越大，例如，正方形的分散度为 16，而正三角形的分散度为 $36/\sqrt{3}$。

分散度虽然能反映目标形状的紧凑程度，但是，它有二义性或多义性。如图 4.1.1 给出了两个具有同样面积和周长而形状不同的目标，它们的分散度一样，但形状不同，要识别它们还必须借助其它的描述子加以区别。

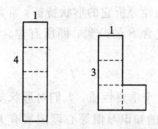

图 4.1.1　两个有同样周长与面积的不同形状目标

2）伸长度

设图像子集 $S$ 的面积为 $A$，宽度为 $W$，即使 $S$ 完全消失所需的最小收缩步数为 $W$，定义 $A/W^2$ 为 $S$ 的伸长度。关于收缩的概念将在 4.1.3 小节中轴变换中介绍。

伸长度也符合人们的习惯，对面积一定的 $S$，其宽度 $W$ 越小，肯定越细长；反之，则越粗短。

3）欧拉（Euler）数

欧拉数的定义是物体个数和孔数之差。在一幅图像中孔数为 $H$，物体连接部分数为 $C$，则欧拉数 $E$ 定义为

$$E = C - H \tag{4.1-1}$$

例如，图 4.1.2 中所示的区域，其欧拉数分别等于 0 和 −1，因为 A 有一个物体连接部分和一个孔，而 B 有一个物体连接部分和两个孔。

由于把区域中的孔数作为拓扑描述子，显然这种性质不受伸长或旋转变换的影响，但是，如果孔出现撕裂或折叠，就不能简单地应用这种拓扑描述子了。

图 4.1.2　欧拉数示例

4）凹凸性

设 $p$ 是图像子集 $S$ 中的点，若通过 $p$ 的每条直线只与 $S$ 相交一次，则称 $S$ 为发自 $p$ 的星形，也就是站在 $p$ 点能看到 $S$ 的所有的点。

定义 $S$ 满足下列条件之一者，称此 $S$ 为凸状的：

① 从 $S$ 中每点看，$S$ 都是星形的；

② 对 $S$ 中任意两点 $p$、$q$，从 $p$ 到 $q$ 的直线段完全在 $S$ 中；

③ 对 $S$ 中任意两点 $p$、$q$，从 $p$ 到 $q$ 的直线中点位于 $S$ 中；

④ 任一条直线与 $S$ 只能相交一次。

可见上述四个条件是等效的。一个凸状物体要是没有凹处，也不会有孔，而且是连通的。但要注意，数字图像中的凸性物体，在数字化以前的模拟图像中可能有细小凹处，这些细小凹处往往会在取样时被漏掉。

为了应用图像子集 $S$ 的凹凸性分析它的形状特征，常常引出一个"凸壳"概念：对于任何一个子集 $S$，有一个最小的包含 $S$ 的凸集，即所有包含 $S$ 的凸集的交集，称其为 $S$ 的凸壳。

5）复杂性

复杂性是物体形状分析的一个重要性质，人们对形状复杂性的判断依赖于物体的许多性质，而且与观察环境、观察者的知识习惯等心理因素有关。建筑师认为并不复杂的工程图，电子学工程师看上去很复杂；相反，电子学工程师认为简单的线路图，建筑师却认为很复杂。因此这是一个很难定义和测度的性质，从人的经验来看有以下几个方面值得考虑：

① $S$ 的边界上曲率极大值越多（角越多），其复杂性越高；

② $S$ 边界上的曲率变化越大（角大小变化多），其复杂性越高；

③ 要确定或描述物体 $S$ 的信息量越多，其形状越复杂。

例如，考虑一个单连通区域 $S$（即无孔存在，因而只有一个闭合边界）的形状复杂性，一种简单的计算方法是将 $S$ 的整个边界的曲率的绝对值相加；另一种计算方法是计算曲率局部最大值的个数，并用它们的尖锐程度加权。

另外，对称性也是物体复杂性分析的重要因素。对称物体比不对称物体所需要的描述信息量少一倍。

6）偏心度

区域的偏心度是区域形状的重要描述，度量偏心度常用的一种方法是采用区域主轴与辅轴之比，如图 4.1.3 所示。图中，主轴与辅轴相互垂直，且是两方向上的最长值。但这样的计算受物体形状和噪声的影响比较大。

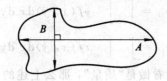

图 4.1.3　一种偏心度量：$A/B$

另一种方法是计算惯性主轴比，它基于边界线点或整个区域来计算偏心度。特南鲍姆 (Tenenbaum)提出了计算任意点集 R 偏心度的近似公式。为了得到近似公式，需作如下计算：

① 计算平均向量

$$x_0 = \frac{1}{n} \sum_{x \in \mathbf{R}} x \tag{4.1-2}$$

② 计算 $pq$ 矩

$$m_{pq} = \sum_{(x, y) \in \mathbf{R}} (x_0 - x)^p (y_0 - y)^q \tag{4.1-3}$$

③ 计算方向角

$$\theta = \frac{1}{2} \arctan\left(\frac{2m_{11}}{m_{20} - m_{02}}\right) + n\left(\frac{\pi}{2}\right) \tag{4.1-4}$$

④ 计算偏心度的近似值

$$e = \frac{(m_{20} - m_{02})^2 + 4m_{11}}{\text{面积}} \tag{4.1-5}$$

其中 $m_{11}$、$m_{02}$、$m_{20}$ 的概念见下面矩不变量的介绍。

**2. 矩不变量**

1）矩不变量基本定理

矩(Moment)是一种线性特征，矩特征对于图像的旋转、比例和平移具有不变性，因此可以用来描述图像中的区域特性。

二维矩不变量理论是 1962 年由美籍华人学者胡名桂教授提出的，对于连续图像二维函数 $f(x, y)$，其 $p+q$ 阶矩定义为如下黎曼积分形式：

$$m_{pq} = \int_{-\infty}^{+\infty} \int_{-\infty}^{+\infty} x^p y^q f(x, y) \mathrm{d}x \, \mathrm{d}y \tag{4.1-6}$$

其中，$p+q = 0, 1, 2, \cdots$。

根据唯一性定理(Papoulis, 1965)，若 $f(x, y)$ 是分段连续的，即只要在 $xy$ 平面的有限区域有非零值，则所有的各阶矩均存在，且矩序列 $\{m_{pq}\}$ 唯一地被 $f(x, y)$ 所确定。反之，$\{m_{pq}\}$ 也唯一地确定了 $f(x, y)$。

将上述矩特征量进行位置归一化，得图像 $f(x, y)$ 的中心矩(Central moment)：

$$\mu_{pq} = \int_{-\infty}^{+\infty} \int_{-\infty}^{+\infty} (x - \bar{x})^p (y - \bar{y})^q f(x, y) \mathrm{d}x \, \mathrm{d}y \tag{4.1-7}$$

式中，$\bar{x} = \dfrac{m_{10}}{m_{00}}$，$\bar{y} = \dfrac{m_{01}}{m_{00}}$，而

$$m_{00} = \int_{-\infty}^{+\infty} \int_{-\infty}^{+\infty} f(x, y) \mathrm{d}x \, \mathrm{d}y \tag{4.1-8}$$

$$m_{01} = \int_{-\infty}^{+\infty}\int_{-\infty}^{+\infty} yf(x, y)\mathrm{d}x\,\mathrm{d}y \tag{4.1-9}$$

$$m_{10} = \int_{-\infty}^{+\infty}\int_{-\infty}^{+\infty} xf(x, y)\mathrm{d}x\,\mathrm{d}y \tag{4.1-10}$$

如果将图像 $f(x, y)$ 的灰度看做是"质量",那么上述的 $(\bar{x}, \bar{y})$ 即为图像 $f(x, y)$ 的质心点。

对于 $M \times N$ 的数字图像 $f(i, j)$,其 $p+q$ 阶矩可表示为

$$m_{pq} = \sum_{(i, j)}\sum_{\in R} i^p j^q f(i, j) \tag{4.1-11}$$

$\bar{i} = \dfrac{m_{10}}{m_{00}}, \bar{j} = \dfrac{m_{01}}{m_{00}}$ 即为目标区域的形心。这样,离散图像的中心矩为

$$\mu_{pq} = \sum_{(i, j)}\sum_{\in R} (i - \bar{i})^p (j - \bar{j})^q f(i, j) \tag{4.1-12}$$

现在再将中心矩进行大小归一化,定义归一化中心矩为

$$\eta_{pq} = \frac{\mu_{pq}}{\mu_{00}^r} \tag{4.1-13}$$

式中,$r = (p+q)/2 + 1$。

可以进一步推出利用 $\eta_{pq}$ 表示的 7 个具有平移、比例和旋转不变性的矩不变量(注意 $I_7$ 只具有比例和平移不变性):

$$\begin{cases}
I_1 = \eta_{20} - \eta_{02} \\
I_2 = (\eta_{20} - \eta_{02})^2 + 4\eta_{11}^2 \\
I_3 = (\eta_{30} - 3\eta_{12})^2 + (3\eta_{21} - \eta_{03})^2 \\
I_4 = (\eta_{30} + \eta_{12})^2 + (\eta_{21} + \eta_{03})^2 \\
I_5 = (\eta_{30} - 3\eta_{12})(\eta_{30} + \eta_{12})[(\eta_{30} + \eta_{12})^2 - 3(\eta_{21} + \eta_{03})^2] + \\
\quad\quad (3\eta_{21} - \eta_{03})(\eta_{21} + \eta_{03})[3(\eta_{30} + \eta_{12})^2 - (\eta_{21} + \eta_{03})^2] \\
I_6 = (\eta_{20} - \eta_{02})[(\eta_{30} + \eta_{12})^2 - (\eta_{21} + \eta_{03})^2] + \\
\quad\quad 4\eta_{11}^2(\eta_{30} + \eta_{12})(\eta_{21} + \eta_{03}) \\
I_7 = (3\eta_{21} - \eta_{03})(\eta_{30} + \eta_{12})[(\eta_{30} + \eta_{12})^2 - 3(\eta_{21} + \eta_{03})^2] + \\
\quad\quad (3\eta_{21} - \eta_{03})(\eta_{21} + \eta_{03})[3(\eta_{30} + \eta_{12})^2 - (\eta_{21} + \eta_{03})^2]
\end{cases} \tag{4.1-14}$$

由于图像经采样和量化后会导致图像灰度层次和离散化图像的边缘表示不精确,因此图像离散化会对图像矩特征的提取产生影响,特别是对高阶矩特征的计算影响较大。这是因为高阶矩主要描述图像的细节,如扭曲度、峰态等;而低阶矩主要描述图像的整体特征,如面积、主轴、方向角等。

矩特征有着明确的物理和数学意义。正如前面讨论的那样,目标的零阶矩 $m_{00}$ 反映了目标的面积,一阶矩反映了目标的质心位置,因此利用这两个矩量就可以避免物体大小和位移变化对物体特征的影响。物体的二阶矩又称为惯性矩。物体的二阶矩、一阶矩和零阶矩常称为低阶矩。物体的低阶矩所反映的物体的特征可以用图像椭圆来表示,如图 4.1.4 所示,参见本章参考文献[3]。图像椭圆的主轴定向角 $\phi$ 可利用低阶矩求得:

$$\phi = \frac{1}{2}\arctan\left(\frac{2\mu_{11}}{\mu_{20} - \mu_{02}}\right) \tag{4.1-15}$$

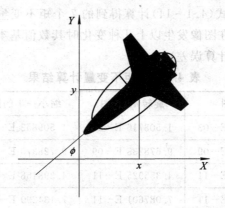

图 4.1.4  图像椭圆

图像椭圆的长短轴分别为

$$\alpha = \left( \frac{2\left[\mu_{20} + \mu_{02} + \sqrt{(\mu_{20} - \mu_{02})^2 + 4\mu_{11}^2}\right]}{\mu_{00}} \right)^{1/2} \tag{4.1-16}$$

$$\beta = \left( \frac{2\left[\mu_{20} + \mu_{02} - \sqrt{(\mu_{20} - \mu_{02})^2 + 4\mu_{11}^2}\right]}{\mu_{00}} \right)^{1/2} \tag{4.1-17}$$

从物理学的角度对二阶矩进行分析,可以对物体的旋转半径定义如下:

$$\text{ROG}_x = \sqrt{\frac{m_{20}}{m_{00}}}, \quad \text{ROG}_y = \sqrt{\frac{m_{02}}{m_{00}}}, \quad \text{ROG}_{\text{com}} = \sqrt{\frac{\mu_{20} + \mu_{02}}{\mu_{00}}} \tag{4.1-18}$$

式中 $\text{ROG}_x$ 为对 $x$ 轴的旋转半径; $\text{ROG}_y$ 为对 $y$ 轴的旋转半径; $\text{ROG}_{\text{com}}$ 为对目标质心的旋转半径。注意到 $\text{ROG}_{\text{com}}^2$ 为矩不变量中的一个不变量,其值反映的内容在数学上讲是图像中各点对质心距离的统计方差。因此,这一不变量特征反映了物体的离心度,即偏离物体质心的偏差。

三阶以上的高阶矩主要描述图像的细节。目标的三阶矩主要表现了目标对其均值分布偏差的一种测度,即目标的扭曲度。目标的四阶矩在统计中用于描述一个分布的峰态,例如,高斯分布的峰态值为零。当峰态值小于零时,表示其分布较为平缓;反之当峰态大于零时,表示分布较狭窄并且有较高的峰值。

有关矩量的物理含义和数学中的统计意义的解释有助于我们理解矩特征,便于特征的选取和分布。

不变矩计算示例见图 4.1.5。图中给出了一组由一幅图像得到的不同变型,借此验证式(4.1-14)所定义的 7 个矩不变量。图(a)为原始图,图(b)为将图(a)旋转 45°得到的结果,图(c)是将图(a)的尺度缩小一半得到的结果,图(d)为图(a)的镜面对称图像。

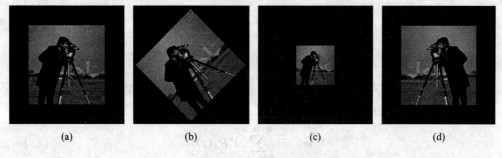

| (a) | (b) | (c) | (d) |

图 4.1.5  同一幅图像的不同变型

对图 4.1.5 各图根据式(4.1-14)计算得到的 7 个矩不变量的数值列在表 4.1.1 中，由表可知这 7 个矩不变量在图像发生以上几种变化时其数值基本保持不变(一些微小差别可归于对离散图像的数值计算误差)。

**表 4.1.1  矩不变量计算结果**

| 矩不变量 | 原始图 | 旋转 45°的图 | 缩小一半的图 | 镜面对称的图 |
|---|---|---|---|---|
| $I_1$ | 1.510494 E-03 | 1.508716 E-03 | 1.509853 E-03 | 1.510494 E-03 |
| $I_2$ | 9.760256 E-09 | 9.678238 E-09 | 9.728370 E-09 | 9.760237 E-09 |
| $I_3$ | 4.418879 E-11 | 4.355925 E-11 | 4.398158 E-11 | 4.418888 E-11 |
| $I_4$ | 7.146467 E-11 | 7.087601 E-11 | 7.134290 E-11 | 7.146379 E-11 |
| $I_5$ | -3.991224 E-21 | -3.916882 E-21 | -3.973600 E-21 | -3.991150 E-21 |
| $I_6$ | -6.832063 E-15 | -6.738512 E-15 | -6.813098 E-15 | -6.831952 E-15 |
| $I_7$ | 4.453588 E-22 | 4.084548 E-22 | 4.256447 E-22 | 4.453826 E-22 |

**2) 投影矩不变量**

由矩的定义可知 $m_{pq}$ 是一个二重积分运算，在离散情况下是二重加权求和运算，其运算简单。但对一幅 $N\times N$ 数字图像求式(4.1-14)表示的 7 个矩不变量所需的加法和乘法运算，以及对像素点读取操作次数都很大，将导致整个运算过程极大的时间开销，这是矩不变量在实时应用中的最大障碍。虽然国内外已提出不少矩的快速算法，但多数是以提取图像边缘来达到降维的目的，而实际应用中往往很难正确提取边缘，从而使矩的运算误差变大。夏良正等人提出了一种基于投影变换的矩不变量快速算法，该算法通过图像的投影变换，取 0°、45°、90°和 135°四个方向上的投影值进行矩不变量运算，从而将二维矩运算转为一维矩运算，大大地缩短了运算时间，使矩不变量方法应用于实时目标识别成为可能。投影矩的定义如下：

$$m_\theta^r = \int_{-\infty}^{\infty}\int_{-\infty}^{\infty}(x+ky)^r f(x,y)\mathrm{d}x\mathrm{d}y \tag{4.1-19}$$

式中：$r=0, 1, 2, \cdots$；$\theta\in[0, \pi)$；$k=-1/\tan\theta$。

经数学变换推导可得矩与投影矩的关系为

$$\begin{cases} m_{00}=m_0^0 & m_{11}=\dfrac{m_0^2+m_{\pi/2}^2-m_{\pi/4}^2}{2} \\[2mm] m_{01}=m_0^1 & m_{03}=m_0^3 \\[2mm] m_{10}=m_{\pi/2}^1 & m_{30}=m_{\pi/2}^3 \\[2mm] m_{02}=m_0^2 & m_{21}=\dfrac{m_{3\pi/4}^3-m_{\pi/4}^3-2m_0^3}{6} \\[2mm] m_{20}=m_{\pi/2}^2 & m_{12}=\dfrac{m_{3\pi/4}^3+m_{\pi/4}^3-2m_{\pi/2}^3}{6} \end{cases} \tag{4.1-20}$$

在离散情况下，数字图像 $f(i,j)$ 通常为有限区域亮度分布函数，$-M\leqslant i\leqslant M$，$-N\leqslant j\leqslant N$，则 $m_\theta^r$ 可改写成如下离散化形式：

$$m_\theta^r = \sum_{t=M-|k|N}^{M+|k|N} t^r P_\theta(t) \tag{4.1-21}$$

式中：$P_\theta(t) = \sum\limits_{j=-N}^{N} f(t-kj, j)$，$k = -1/\tan\theta$。

为求投影矩，取 $r=3$，$\theta=0$、$\pi/4$、$\pi/2$、$3\pi/4$，先求四个方向的投影值：

$$P_0(t) = \sum_{j=-M}^{M} f(j, t) \qquad P_{\pi/4}(t) = \sum_{j=-N}^{N} f(t+j, j)$$

$$P_{\pi/2}(t) = \sum_{j=-N}^{N} f(t, j) \qquad P_{3\pi/4}(t) = \sum_{j=-N}^{N} f(t-j, j) \qquad (4.1-22)$$

可得四个方向上的投影矩：

$$m_0^r = \sum_{t=-N}^{N} t^r P_0(t) \qquad m_{\pi/4}^r = \sum_{t=-M-N}^{M+N} t^r P_{\pi/4}(t)$$

$$m_{\pi/2}^r = \sum_{t=-M}^{M} t^r P_{\pi/2}(t) \qquad m_{3\pi/4}^r = \sum_{t=-M-N}^{M+N} t^r P_{3\pi/4}(t) \qquad (4.1-23)$$

求投影矩的过程为：用式(4.1-22)和式(4.1-23)求出 $m_0^0$、$m_0^1$、$m_0^3$、$m_{\pi/4}^2$、$m_{\pi/4}^3$、$m_{\pi/2}^2$、$m_{\pi/2}^3$、$m_{3\pi/4}$，代入式(4.1-20)求出 $m_{00}$、$m_{01}$、…，$m_{12}$，再通过式(4.1-12)～式(4.1-14)计算出 $I_1 \sim I_7$ 矩不变量。

采用投影矩快速算法有以下特点：投影矩将二维矩运算转为一维矩运算，大大地提高了运算速度，降低了存储容量。对一幅 $N \times N$ 图像，其乘法次数为直接计算几何矩的 $N/3$，加法次数为直接计算几何矩的 $2/5$，存储器容量为直接计算几何矩的 $3/N$。此外，投影矩是利用目标投影计算的，它描述目标图像的区域特征，不是边缘轮廓特征，其抗干扰性强。

### 3. 二维傅氏变换

通过比较两个不同形状的傅氏变换，可以进行目标匹配，这表明二维傅氏变换也不失为一种形状描述方法。

图像函数 $f(i, j)$ 的二维傅氏变换 $F(m, n)$ 定义为：

$$F(m, n) = \sum_{i=0}^{M-1} \sum_{j=0}^{N-1} f(i, j) \exp\left(-j2\pi\left(\frac{mi}{M} + \frac{nj}{N}\right)\right) \qquad (4.1-24)$$

其中：$(i, j)$ 为图像坐标，$M$、$N$ 为图像尺寸。已知在频域比较两个形状等价于在空间域作模板的匹配运算。频域匹配的优点是：目标位移的变化仅仅引起相位特性的变化，而两个形状的幅度函数不受空间位移的影响。在频域作比较时只要比较幅度，然后测量相位差可以判定在垂直和水平方向的位移。和区域矩方法一样，如获取足够数目的分量，这个描述也具有数据保持特性。虽然这两种描述都具有位移不变的优点，但对尺度和旋转变化还是敏感的。在形状识别时，若遇到尺度和旋转量不清楚时，就需要在尺度和旋转量可能变化的范围内重复进行目标匹配运算。

### 4. 弦分布

一条封闭曲线的弦定义为连接边界上一已知点和边界上任意其它点的连线，见图 4.1.6 中的 $r$。所谓弦分布描述，是通过一条闭合曲线上所有弦的长度和角度的分布来形成形状的描述方法。

以 $b(x, y)$ 表示边界曲线：

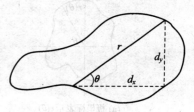

图 4.1.6　目标的弦

$$b(x, y) = \begin{cases} 1 & (x, y) \text{ 在边界上} \\ 0 & \text{其它} \end{cases} \qquad (4.1-25)$$

极坐标形式下弦分布 $h(r, \theta)$ 为

$$h(r, \theta) = \iint_{xy} b(x, y)b(x + r\cos\theta, y + y\sin\theta)\mathrm{d}x\,\mathrm{d}y \qquad (4.1-26)$$

直角坐标下的弦分布 $h(\mathrm{d}x, \mathrm{d}y)$ 为

$$h(\mathrm{d}x, \mathrm{d}y) = \iint_{xy} b(x, y)b(x + \mathrm{d}x, y + \mathrm{d}y)\mathrm{d}x\mathrm{d}y \qquad (4.1-27)$$

在 $r$ 和 $\theta$ 域内分别对分布作累加，就产生了辐射弦分布 $h(r)$ 和角弦分布 $h(\theta)$，即：

$$h(r) = \int_0^\pi h(\mathrm{d}x, \mathrm{d}y)r\mathrm{d}\theta \qquad (4.1-28)$$

$$h(\theta) = \int_0^R h(\mathrm{d}x, \mathrm{d}y)\mathrm{d}r \qquad (4.1-29)$$

其中 $R$ 为最大弦长。

可以看出，辐射弦分布与旋转无关，而随尺度作线性变化；角弦分布与尺度无关，而有一个与旋转成比例的偏置。组合应用这两个分布，可以提出灵巧的形状匹配技术，这些技术已成功用于在尺度、旋转和平移变化条件下不同类型飞机和船的分类。这种描述技术不具有数据保持特性。

### 4.1.2 外标量变换方法

这类方法通过变换将目标边界用相应的标量描述。对原始的目标边界有如下几种数学表示方式：

(1) 极坐标表示。目标边界以 $(r, \theta)$ 表示，其中 $r$ 为从任意确定的原点到边界上任一点的直线距离，$\theta$ 是这条直线与某参考轴之间的夹角。这样边界变成一维的 $r-\theta$ 曲线。当用这种表示方法描述一些复杂形状时，会出现多值问题。

(2) 直角坐标表示。目标边界以边界点的坐标 $x(l)$、$y(l)$ 来表示，在边界上任选一个起点，边界将变为路径长度 $n$ 的函数。

(3) 切线表示。用边界点的切线方向 $\Phi(l)$ 来表示边界，它是路径长度 $n$ 的函数。

(4) 曲率表示。利用边界点切线 $\Phi(l)$ 的导数来表示边界，因为这个导数对应于该曲线的连续曲率，故称为曲率表示。

图 4.1.7 画出了一个边界的极坐标、切线及直角坐标表示。

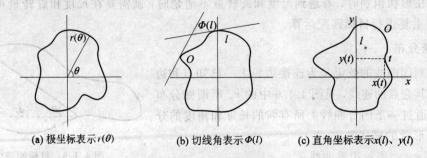

(a) 极坐标表示 $r(\theta)$　　　　(b) 切线角表示 $\Phi(l)$　　　　(c) 直角坐标表示 $x(l)$、$y(l)$

图 4.1.7　边界的表示

**1. 傅氏形状描述**

一个目标边界的傅氏系数经过归一化处理后，也可作为形状描述参数。按照傅氏变换理论，可以找到边界的一维或二维表示，再保留含有最有意义的系数组成之子集作为需要的参数。

图 4.1.8 显示了一个 $xy$ 平面内的 $N$ 点数字边界。以任意点 $(x_0, y_0)$ 为起点，坐标对 $(x_0, y_0)$, $(x_1, y_1)$, $\cdots$, $(x_{N-1}, y_{N-1})$ 为逆时针方向沿着边界遇到的点。这些坐标可以用下列形式表示：$x(k) = x_k$ 和 $y(k) = y_k$。用这个定义，边界可以表示成坐标的序列 $s(k) = [x(k), y(k)]$ $(k = 0, 1, 2, \cdots, N-1)$。再有每对坐标可以看做一个复数：

$$s(k) = x(k) + jy(k)$$

即对于复数序列，$x$ 轴作为实轴，$y$ 轴作为虚轴。尽管对序列进行了重新解释，但边界本身的性质并未改变。当然，这种表示方法的一大优点是：它将一个二维问题简化成一个一维问题。

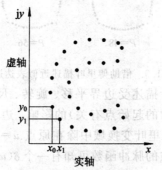

点 $(x_0, y_0)$, $(x_1, y_1)$(任意的)是序列的前两个点

图 4.1.8　一条数字化边界和表示它的复数序列

对离散 $s(k)$ 的傅里叶变换（DFT）为

$$S(u) = \sum_{k=0}^{N-1} s(k) \exp^{-j2\pi uk/N} \qquad u = 0, 1, 2, \cdots, N-1 \qquad (4.1-30)$$

复系数 $S(u)$ 称为边界的傅里叶描绘子（Fourier descriptor）。这些系数的逆傅里叶变换为

$$s(k) = \sum_{u=0}^{N-1} S(u) \exp^{j2\pi uk/N} \qquad k = 0, 1, 2, \cdots, N-1 \qquad (4.1-31)$$

如果假设代替所有的傅里叶系数，只使用前 $P$ 个系数，则反向傅里叶系数 $s(k)$ 的近似值如下所示：

$$\hat{s}(k) = \sum_{u=0}^{P-1} S(u) \exp^{j2\pi uk/N} \qquad k = 0, 1, 2, \cdots, N-1 \qquad (4.1-32)$$

需注意，上式中 $k$ 的范围不变，即在近似边界点上的点数不变，但 $u$ 的范围缩小了，即为重建边界点所用的频率项少了。由于傅里叶变换的高频分量对应一些细节而低频分量对应总体形状，因此，$P$ 越小，边界细节丢失的就越多。下面的例子给予了清晰的说明。

**例**　借助傅里叶描述近似表达边界。

根据式(4.1-32)，利用边界傅里叶描述的前 $P$ 个系数可用较少的数据量表达边界的基本形状。图 4.1.9 给出了由 $N=64$ 个点的正方形边界以及在式(4.1.32)中取不同 $P$ 值重建这个边界得到的一些结果。首先可注意到，对很小的 $P$ 值，重建的边界是圆形的。当

$P$ 增加到 8 时，重建的边界才开始变得像一个圆角方形。其后随着 $P$ 的增加，重建的边界基本没有大的变化，只有到 $P=56$ 时，四个角点才比较明显起来。继续增加 $P$ 值到 61 时，4 条边才变得直起来。最后再加一个系数，$P=62$，重建的边界就与原边界几乎一致了。由此可见，当用较少的系数时虽然可以反映大体的形状，但需要继续增加很多系数才能精确地描述如直线和角这样一些形状特征。

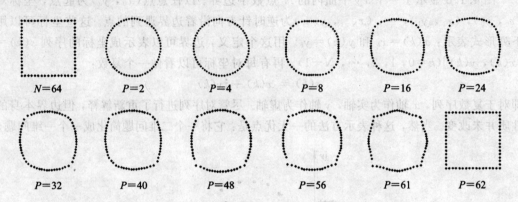

图 4.1.9　借助傅里叶描述近似表达边界

现在我们来考虑一下傅里叶描述受边界平移、旋转、尺度变化以及计算起点（傅里叶描述与从边界点建立复数序列对的起始点有关）的影响。边界的平移在空域相当于对所有的坐标加个常数平移量，这在傅里叶变换域中除在原点 $u=0$ 处外并不带来变化。在 $u=0$ 处由常数的傅里叶变换是在原点的脉冲函数可知有一个 $\delta(u)$ 存在。对边界在空域旋转一个角度与在频率域旋转一个角度是相当的。同理，对边界的尺度变换也相当于对它的傅里叶变换进行相同的尺度变换。起点的变化在空域相当于把序列的原点平移，而在傅里叶变换域中相当于乘以一个与系数本身有关的量。综合上面讨论可总结得表 4.1.2。

表 4.1.2　傅里叶描述受边界平移、旋转、尺度变化以及计算起点的影响

| 变　换 | 边　界 | 傅里叶描述 |
|---|---|---|
| 平移 $(\Delta x, \Delta y)$ | $s_t(k)=s(k)+\Delta xy$ | $S_t(u)=S(u)+\Delta xy \cdot \delta(u)$ |
| 旋转 $(\theta)$ | $s_r(k)=s(k)\exp(j\theta)$ | $S_r(u)=S(u)\exp(j\theta)$ |
| 尺度 $(C)$ | $s_c(k)=C \cdot s(k)$ | $S_c(u)=C \cdot S(u)$ |
| 起点 $(k_0)$ | $s_p(k)=s(k-k_0)$ | $S_p(u)=S(u)\exp\left(-\dfrac{j2\pi k_0 u}{N}\right)$ |

注：$\Delta xy=\Delta x+j\Delta y$。

由于标量方法通常要涉及轮廓位置数据的求解，因此它们不能正常地处理只获得目标部分边界的情况。然而，近来已有文献研究了利用傅里叶描述解决部分二维形状的分类问题。对于丢失 30% 边界点的轮廓，可以通过在 $S(u)$ 和 $N'$ 上极小化下述函数，估计出轮廓的傅里叶系数：

$$\sum_{k=0}^{N-1}\left|s(k)-\sum_{u=0}^{N-1}S(u)\exp\left(\frac{j2\pi ku}{N'}\right)\right|^2 + \mathrm{WT}(周长^2 / 面积)N' \qquad (4\,1-33)$$

其中，WT 是权系数，$N'$ 是完整轮廓的估计长度。上式中的第二项对应"紧凑性"。因此，通过闭合部分轮廓并使其服从最小化紧凑性限制条件，可使估计的描述对应于所形成的轮廓。

## 2. 随机方法

目标外轮廓一般是一条封闭的曲线，可以用诸如自回归模型这类随机方法导出一组参数来描述它。为了更好地反映目标的形状，需要对原边界线上的点作采样，即以一组相对形心有等方向差的点来近似表示这条曲线。采样的间隔根据描述形状的精度而定。假定封闭的边界曲线 $L$ 上有 $K$ 个边界点，则可按下式计算曲线 $L$ 的形心$(x_0, y_0)$：

$$\begin{cases} x_0 = \dfrac{1}{K} \sum_{i=1}^{K} x_i(i) \\ y_0 = \dfrac{1}{K} \sum_{i=1}^{K} y_i(i) \end{cases} \tag{4.1-34}$$

以形心$(x_0, y_0)$为中心，向外以等角度 $2\pi/N$ 作射线，该射线必与曲线 $L$ 相交于一点，这就是采样点。形心与采样点的距离形成了一个序列 $R(i)$，$i=0, 1, \cdots, N-1$，它是一种近似曲线的表示，用它来描述边界曲线 $L$，参见图 4.1.10。

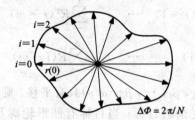

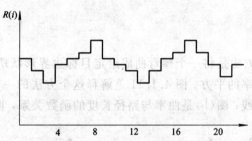

图 4.1.10 用 $R(i)$序列表示曲线

自回归模型的含义是将 $R(i)$ 看做一个随机过程，并用前 $m$ 个采样点的数值来估计当前点的值，计算公式为

$$R(i) = \alpha + \sum_{j=1}^{m} \beta_j R(i-j) + \eta W(i) \qquad i = 0, 1, \cdots, N-1 \tag{4.1-35}$$

这里 $R(i)$ 为当前半径向量的长度；$R(i-j)$ 为前 $j$ 个位置的半径向量；$\alpha$，$\beta_1$，$\beta_2$，$\cdots$，$\beta_m$，$\eta$ 为待估计常数，并设 $\beta = \eta^2$；$W(i)$ 为零均值、标准偏差为 1 的高斯噪声；$m$ 为自回归模型的阶数。

对一观察序列$\{R(i)\}$，运用最小方差估计可解出：

$$C = \boldsymbol{\Phi}^{-1} \boldsymbol{B}$$

$$\alpha = r\left(1 - \sum_{j=1}^{m} \beta_j\right) \tag{4.1-36}$$

$$\beta = \frac{1}{N} \sum_{i=1}^{N} \left[ R(i) - \alpha - \sum_{j=1}^{m} \beta_j R(i-j) \right]^2$$

其中 $r$ 为 $\{R(i)\}$ 的均值，$C$ 为待估计的参数矩阵，$\Phi$、$B$ 为相关矩阵，即

$$
C = \begin{bmatrix} \beta_1 \\ \beta_2 \\ \vdots \\ \beta_m \\ \alpha \end{bmatrix} \qquad
B = \begin{bmatrix} \sum_{i=1}^{N} R(i-1)R(i) \\ \vdots \\ \sum_{j=1}^{N} R(j-m)R(i) \\ \sum_{j=1}^{N} R(i) \end{bmatrix}
\tag{4.1-37}
$$

$$
\Phi = \begin{bmatrix} \sum_{i=1}^{N} R^2(i-1) & \cdots & \sum_{i=1}^{N} R(i-1)R(i-m) & \sum_{i=1}^{N} R(i-1) \\ \vdots & & \vdots & \vdots \\ \sum_{i=1}^{N} R(i-m)R(i-1) & \cdots & \sum_{i=1}^{N} R^2(i-m) & \sum_{i=1}^{N} R(i-m) \\ \sum_{i=1}^{N} R(i-1) & \cdots & \sum_{i=1}^{N} R(i-m) & N \end{bmatrix}
$$

可以证明，自回归模型参数 $(\beta_1 , \beta_2 , \cdots , \beta_m , \alpha/n)$ 具有平移、旋转和尺度不变的性质。这种表述方法能区分外轮廓比较复杂的目标；当目标有凹形轮廓及洞时，要对该方法作适当修改。

### 3. 转折能量法

从概念上说，这个方法是将一个棒弯曲成给定目标边界形状所需的物理能量，它对应于在轮廓长度上累加曲率的平方。图 4.1.11 是解释这个方法的一个例子，其中图(a)是一段被采样了的目标轮廓线；图(b)是曲率与路径长度的函数关系，曲率按 45° 为单位计算增

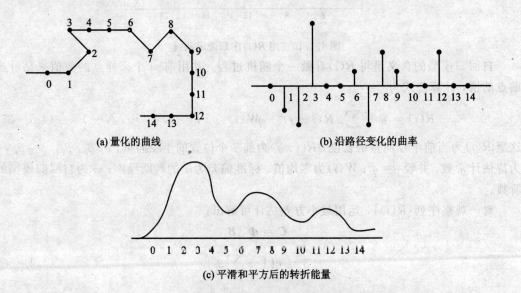

(a) 量化的曲线　　　　　　　(b) 沿路径变化的曲率

(c) 平滑和平方后的转折能量

图 4.1.11　转折能量法示例

量；图(c)是平滑与平方后的转折能量。利用转折能量表示目标外轮廓边界不具有数据保持性，因为不同的形状可能具有同样的转折能量。

## 4.1.3 内空间域技术

内空间域表示技术可分为两大类：第一类是目标形状简化为骨架表示；第二类是将复杂的形状分解为一组更简单的基元。

### 1. 中轴变换

从一幅棒状线条图常常可以识别出像人、马这类复杂图形。这表明形状的骨架或对称轴携带有许多定义形状所要的信息。利用中轴变换或对称轴变换，可以方便地将目标变换为骨架或棒状图形构成的图。具体处理步骤如下：

(1) 假定 $B$ 是一个边界点集；

(2) 对区域中每一点，找出它在区域边界上的最近邻点；

(3) 若区域内某点有一个以上的边界点与其有相同的最小距离，则该点必定位于对称轴或中轴之上；

(4) 将找出的相邻的中轴点连接形成骨架。

为从中轴复原出原图形，需要知道中轴骨架上每一点至边界点的最小距离 $r(x)$。以 $x$ 为中心、以 $r(x)$ 为半径的所有圆的并集就是原图形。图 4.1.12 是几个图形的中轴表示。中轴表示也有一些不足：其一是对噪声很敏感，边界上小的扰动会引起中轴结构的较大变化；其二不能直接由两个形状的中轴导出它们之间的相似性度量；其三不能直接表示与边界凸凹有关的形状特性。

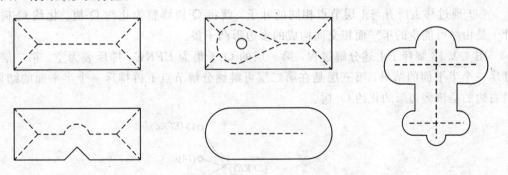

图 4.1.12 中轴变换骨架

### 2. 多尺度中轴变换

多尺度中轴变换是在中轴变换基础上发展起来的。为了克服中轴变换对圆形边界小变化敏感性差的弱点，可以先对图形边界作平滑滤波。如果用一组尺度逐渐变化的平滑滤波器，则会形成一组中轴变换，构成原始二维形状的树状层次描述。随着目标边界为更大尺度的滤波器平滑，对称轴的分支也逐渐变化，以使有些树分叉点要消失，最后只剩下无分叉的中轴变换。子目标与每个分叉相联系，消失的层次反映了描述原始形状的重要程度。一个完整的多尺度中轴变换过程定义了一个初始形状的树或层次的结构。这种描述对建立强有力的和灵巧的形状表示和识别具有相当大的潜力，但是需要类似 Witkin 尺度空间中高斯核滤波那样的数学工具找出保证上下层特征出现与消失的单调性变化，才能使其具有更实用的价值。

### 3. 凸集分解技术

从结构分析观点看，一个复杂的图形可以分解为若干个最简单的形状的组合。选用初等凸集作为最简单的形状，可以很好地表示多边形图形，这就是凸集分解技术。

不失一般性，只考虑有向多边形，它的边均指定了方向，外边界为顺时针方向，内边界为逆时针方向。先引入几个术语：

(1) 基本半平面：有向多边形 $P$ 的每一边延长线的右边所确定的半平面。

(2) 有向多边形 $P$ 的 Q-子集：由 $P$ 的某些基本半平面"交"成的，又包含在 $P$ 中的多边形。显然一个 Q-子集总是一个凸多边形，且至少要求三个半平面才能确定。为分析方便，将形成该 Q-子集的基本半平面列入它的构成表，而将加入后即改变该 Q-子集形状的半平面列入它的排斥表中。

凸集分解过程是层次进行的：

(1) 找出由该多边形所有半平面相交而形成的 Q-子集，作为将要形成的 Q-树的树根。这个 Q-子集的排斥表是空的；

(2) 由树根出发，分别减少一个半平面，看由所有其它半平面能否交出 Q-子集，形成 Q-树的新一层节点。若能产生，则记录并准备下一层分解，所交出的 Q-子集的排斥表中将有一个半平面。若不能交出 Q-子集，则标以"$x$"，表示下一层不再分解。

(3) 从可以继续分解的节点出发，再分别减少一个半平面，检查由所有其它半平面能否产生 Q-子集，形成新一层节点。重复(2)的过程，直至不能继续分解为止。随着分解层次的增加，Q-子集的排斥表中半平面也随之增加，这样就获得了该多边形的 Q-树。

(4) 通过移去所有与上层节点相同的叶子，就将 Q-树修整为化约 Q-树。化约 Q-树的叶子是由尽可能少的半平面相交而构成的多边形凸子集。

图 4.1.13 解释了上述分解过程，第一层的 Q-子集为 $EFKE$，排斥表为空。第二层是排斥一个半平面的结果，第三层是在第二层可继续分解节点上再排斥一个半平面的结果。最右边的是该多边形的化约 Q-树。

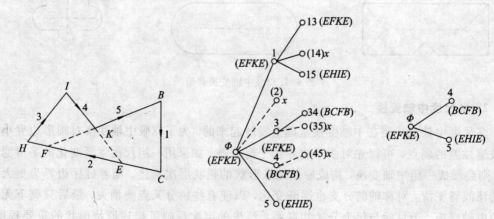

图 4.1.13 多边形与它的 Q-树、化约 Q-树

因此，有向多边形 $P$ 的初等凸子集定义为对应于它的化约 Q-树的叶子的集合，而多边形 $P$ 的核是一个没有非空先辈的 Q-子集。$P$ 的初等凸子集的并集等于 $P$。图 4.1.14 说

明，由一定数量多边形可以逼近普通物体外轮廓时的初等子集和核，其中以小写字母表示初等子集，而以阴影和数字表示核。由图可见，分解很直观简洁。当然还可以采用别的图形作基本形状，例如非凸子集。我们总是希望分解的结果既要与人的直观一致，又要在计算上易行。

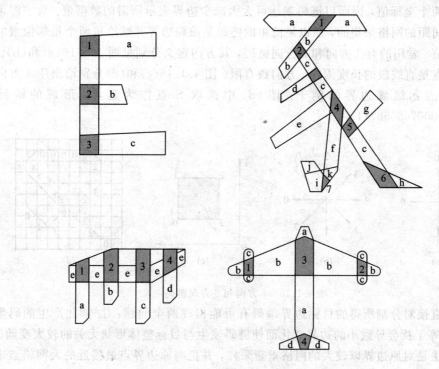

图 4.1.14　某些普通物体的多边形外廓分解为初等子集（标以字母）和
核（打上阴影并标以数字）

在凸集分解的基础上，可以形成多边形的初等图，这是一个标号的二叉树，其节点对应初等子集和核，对应交集的不同标号的节点将连通。它是物体的一种表述，图 4.1.15 中给出图 4.1.14 中物体的初等图。

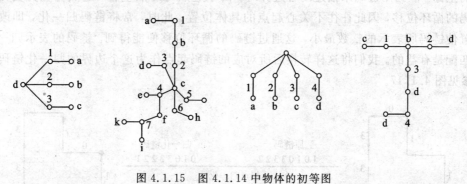

图 4.1.15　图 4.1.14 中物体的初等图

## 4.1.4　外空间域技术

### 1. 链码跟踪

链码（Chain code）是对边界点的一种编码表示方法，其特点是利用一系列具有特定长度和方向的相连的直线段来表示目标的边界。因为每个线段的长度固定而方向数目取为有限，所以只有边界的起点需用（绝对）坐标表示，其余点都可只用接续方向来代表偏移量。由于表示一个方向数比表示一个坐标值所需比特数少，而且对每一个点又只需一个方向数就可以代替两个坐标值，因而以链码表达可大大减少边界表示所需的数据量。数字图像一般是按固定间距的网格采集的，所以最简单的链码是跟踪边界并赋给每两个相邻像素的连线一个方向值。常用的有 4 方向和 8 方向链码，其方向定义分别见图 4.1.16(a)和(b)。它们的共同特点是直线段的长度固定，方向数有限。图 4.1.16(c)和(d)分别给出用 4 方向和 8 方向链码表示区域边界的例子。图(d)中选取 S 点作为起点，形成的链码为 0122232210000765556711。

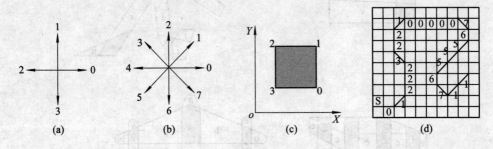

图 4.1.16　4 方向和 8 方向链码

　　实际中直接对分割所得的目标边界编码有可能出现两个问题：① 如此产生的码串较长；② 噪声等干扰会导致小的边界变化而使链码发生与目标整体形状无关的较大变动。常用的改进方法是对原边界以较大的网格重新采样，并把与原边界点最接近的大网格点定为新的边界点。这样获得的新边界具有较少的边界点，而且其形状受噪声等干扰的影响也较小。对这个新边界可用较短的链码表示。这种方法也可用于消除目标尺度变化对链码带来的影响。

　　为了确定链码所表示的曲线在图像中的位置，并能由链码准确地重建曲线，需要标出起点的坐标。但当用链码来描述闭合边界时，由于起点与终点重合，起点位置的变化只引起链码的循环位移，因此往往不关心起点的具体位置。此时，常将链码归一化，即改变起点位置使链码所表示的整数最小，这通过链码的循环位移便能得到。链码的表示归一化对形状匹配是有益的。我们将这样转换后所对应的链码起点作为这个边界的归一化链码的起点，参见图 4.1.17。

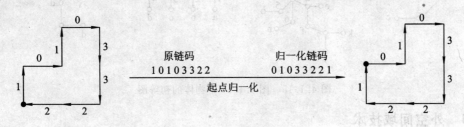

　　　　　　原链码　　　　　　　归一化链码
　　　　　10103322　　　　　　01033221
　　　　　　　　　　　起点归一化

图 4.1.17　链码起点归一化

　　此外，在某些场合下还采用差分码来描述曲线，即求链码的导数。对 4 链码来说，它的导数是指对每个码元向后作差分，并对结果作模 4 运算。这种表示的优点在于链码与边

界的旋转无关，而且同样描述了链码的走向。参见图 4.1.18，左边的目标逆时针旋转 90°
后成了右边的图形。原链码发生了变化，但差分码并没有变化。

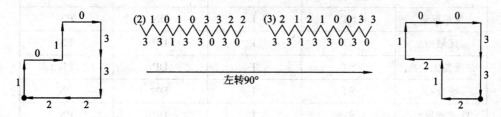

图 4.1.18　链码的旋转归一化

差分码的求取：设原码为 $M_N = a_1 a_1 \cdots a_n$，差分码为 $M'_N = b_0 b_1 \cdots b_n$。其中：

$$b_0 = (a_0 - a_n) \bmod N$$
$$\vdots$$
$$b_i = (a_i - a_{i-1}) \bmod N$$

八链码时 $N = 8$，四链码时 $N = 4$　　　(4.1-38)

　　形状数是基于链码的一种边界形状描述符。根据链码的起点位置不同，一个用链码表
达的边界可以有多个一阶差分。一个边界的形状数是这些差分中值最小的一个序列。换句
话说，形状数是值最小的(链码的)差分码。例如，上例中旋转以前的图形基于 4 方向的链
码为 10103322，差分码为 3313330，形状数为 03033133。每个形状数都有一个对应的阶
(Order)，这里阶定义为形状数序列的长度(即码的个数)。对于闭合曲线，阶总是偶数。对
凸形区域，阶也对应边界外包矩形的周长。

　　当采用一个直角坐标系作参考时，链码方向是绝对的；当以过去段方向为参考时，其
方向是相对的。这种表示技术简单方便，但对噪声敏感而且会累积误差；当用于识别时，
比较容易处理曲线起点和位置变化造成的影响，而较难处理在尺度和旋转上的任意变化。
所以当要求尺度与旋转不变识别时，常常先平滑链码，以后变换到频域去处理。如果考虑
要作更长线段的矢量化，则可将这种技术延伸出新的表示方法：多边形近似、分段曲线拟
合和广义链码等。

### 2. 广义链码和多边形近似

　　在简单的链码技术中，以跟踪的步长去衡量每个标准方向的单元线段。现在可以选用
更长的线段作为近似二维目标边界的基本单元线段，将边界划分为首尾相连的这样的基本
线段集，这个线段模型要以足够高的精度近似于原边界。这就构成了一个新的形状表示方
法，因为是一般链码技术的推广，就称为广义链码技术。当此技术不用于曲线而用于目标
边界时，又可以称为多边形近似技术。在形成广义链码时，需要注意编码的起点选择。若
任意选择起点，则可能使具有同样形状的目标，因起点不同而有不同的广义链码表示，从
而给识别带来困难。通常选用目标边界上曲率变化的极大值点作起点，再作多边形近似。

## 4.1.5　二维形状描述方法回顾

　　现将已述的二维形状描述方法总结成表 4.1.3，其中 ST 为标量变换，SD 为空间域，I
为内描述，E 为外描述，DP 为数据保持，DN 为非数据保持，PY 为能描述部分轮廓，FN
为不能描述部分轮廓。

**表 4.1.3 二维形状描述方法回顾**

| 方法 | 标量/空间域 | 内/外 | 数据保持 | 部分描述 |
|---|---|---|---|---|
| 简单标量 | ST | I | DN | PN |
| 区域矩 | ST | I | DP | PN |
| 二维傅氏变换 | ST | I | DP | PN |
| 弦分布 | ST | I | DN | PN |
| 线求和投影 | ST | I | DP | PN |
| 边界傅氏变换 | ST | I | DN | PN |
| 随机方法 | ST | E | DP | PN |
| 转折能量 | ST | E | DP | PN |
| 中轴变换 | SD | I | DN/ON | PN |
| 凸集分解 | SD | I | DP | PN/ PY |
| 链码 | SD | E | DP | PY |
| 多边形编码 | SD | E | DP | PY |
| 尺度空间技术 | SD | E | DP | PY |
| 归一化轮廓分布 | SD | E | DN | PY |
| Hough 变换 | SD | E | DP | PY |

## 4.1.6 二维形状的层次描述

对二维形状来说,可以基于其占有的区域或区域的轮廓找出描述它的方法。随着应用的需要,单层次的形状描述常常是不够的,于是有应用 Witkin 的尺度空间思想去探索建立层次形状描述的方法。一般有两类方法:一是用不同常数的高斯滤波器去平滑形状所占有的区域,而后形成对应不同滤波常数的层次描述;二是用不同常数的高斯滤波器沿形状的边界作一维滤波,而后再形成相应的层次描述。我们认为利用 Witkin 尺度空间思想建立层次形状描述是必要的,但直接套用又不尽合适。其主要原因如下:

(1)形状的层次描述中的层次(也不妨叫形状分辨率)不应当同图像的分辨率混同起来。虽然有人给二维形状下过一些定义,但仍感觉不清晰。我们可从实质上理解二维形状的含义。若假定圆为标准的二维形状,则可以把不同二维形状看成该形状偏离自身最大内接圆的描述。偏离有细微和突出之分,形状的层次描述应当与之对应。关键层次描述应当对应那些突出的偏离,也就是粗层次;而非关键层次,也即精细层次,则应对应一般的偏离。作为形状识别,应当是从粗层次开始,向低层次转化的。诚然,这些偏离变化将会与形状占有的区域及其边界的平滑发生关系,但不是直接对应,采用不同尺度滤波并不直接同形状实际存在的层次发生关系。

(2)不同的形状应当具有特定的层次数,简单用几个共同的滤波常数获得的层次描述很难触及不同形状的本质。根据这些考虑,人们基于多边形近似轮廓,建立了一种新的二维形状的层次描述方法,并取得满意的初步实验结果。

用多边形去近似一个二维形状轮廓，可作如下处理：

（1）检测轮廓上的拐点作为多边形的顶点。

（2）研究多边形的边与所近似的轮廓段的关系，以决定消除或增添拐点，并确定形成的多边形。

（3）带洞的二维形状由一个外多边形与若干个内多边形去近似。

（4）确定多边形边的参数表示和多边形自身的参数表示。边的参数由五项组成：边所属的层数、边在本层次中的序号、边长、儿子边数以及父亲边的序号。层多边形的参数有四个：边数、内锐角数、新增加的边数和边的统计参数。

从产生层次多边形组的过程可知，这种描述对平移和旋转是不变的。当尺度变化时，只要不改变对输入二维形状轮廓特征点的提取，描述也是对尺度不变的。当尺度变化太大时，由于图像分辨率等关系，描述会有变化，但描述的粗层次仍可维持不变性。

图 4.1.19 是一些实验结果，其中图(a)为钥匙图像及相应的内外层次多边形组；图(b)为相应的层次形状描述。表 4.1.4 为钥匙的层次参数，其中 NT 为树丛中树的序号，NL 为每棵树中的层序号，$L_{ns}$ 为层多边形的边数，$L_{nsa}$ 为内锐角数，$L_{rn}$ 为增加的新边数，$L_d$ 为边的统计参数。

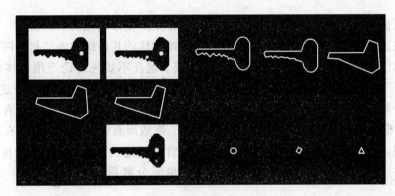

(a) 钥匙的两组层次、多边形

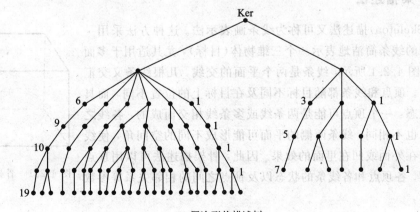

(b) 层次形状描述树

图 4.1.19  二维形状的层次描述

**表 4.1.4　钥匙的层次参数**

| NT | NL | $L_{ns}$ | $L_{nsa}$ | $L_m$ | $L_{sl}$ |
|----|----|------|-------|------|------|
| 1 | 1 | 32 | 2 | 0 | 0.26 |
| | 2 | 19 | 2 | 13 | 0.35 |
| | 3 | 10 | 2 | 9 | 0.53 |
| | 4 | 8 | 1 | 2 | 0.50 |
| | 5 | 6 | 1 | 2 | 0.32 |
| 2 | 1 | 7 | 0 | 0 | 0.43 |
| | 2 | 5 | 2 | 2 | 0.64 |
| | 3 | 3 | 3 | 2 | 0.73 |

# 4.2　三维物体的表示方法

在图像理解研究中，涉及到的三维物体常常是不变形的刚体，而获得一个理想的三维物体的描述是一个较为复杂的问题，它涉及三维物体的几何结构表示和从图像上检测出反映三维的信息，同时还要兼顾具体应用的需要。现在不妨先讨论三维物体的几何结构表示。依据三维物体占有的体积或具有的外表面，可以发展出多种多样的描述方法，比较典型的有骨架描述法、表面描述法和体积描述法等。显然，同一种物体可以有不同的描述方法。可以根据实际问题的需要，选择一个合适、简洁而有效的表示形式。在此基础上可构造其模型，用于识别或理解。本节将先后讨论骨架描述法、表面描述法和体积描述法。在体积描述法小节中，在简要介绍空间占有和单元分解后，将着重讨论广义圆柱体描述方法。

## 4.2.1　骨架描述法

骨架(Skeleton)描述法又可称为线条画表示法。这种方法采用一组相互连接的线条简洁地表示一个三维物体(目标)，尤其适用于多面体目标。如图 4.2.1 所示，线条是两个平面的交线，几根线条又交汇在一个顶点。顶点和线条都随目标不同及在目标上的位置不同，而具有各异的状态：一个顶点可能是两条线或多条线相交而成的，各线之间的空间角也不相同；线条两侧的平面可能形成不同的空间角，使线条呈现出凸在外面或凹在里面的效果。因此，骨架描述法可以用顶点数和线条数、各顶点和各线条的状态以及顶点之间的相邻关系等参数来描述物体。

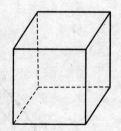

图 4.2.1　骨架描述

## 4.2.2　表面描述法

通常一个三维物体可以由它的封闭表面或边界确定。因此，表面描述法对于计算机视觉是很有用的，特别是对平面多面体的表示。在建立三维物体的视觉描述中，它还起着中间过渡表示的作用。

### 1. 表面基元法

物体由它们的边界或封闭表面表示，而这些表面又是由一些用无界数学曲面和曲线点等基元组成的面基元构成的。平面是简单的面基元，它由数学意义上的平面和由边缘及可能有的顶角组成的边界信息来表示。"面"其实仅在平面多面体场合下含义最清楚。一个面应该是一个物体边界的子集，它没有悬空边或孤立点的区域，所有面的交集就组成物体的边界；另一方面，面不应有区域交叠，由面可以计算出物体的表面面积。图 4.2.2 是基于平面基元的三维物体表示的一个例子。对某些物体，由于观察者的角度不同，可以得到不同的表面基元，如图 4.2.3 所示。因此，对面作任何单一的定义在很多应用中都是不合适的。

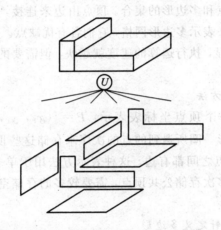

图 4.2.2 基于平面基元的三维物体表示

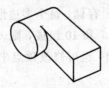

图 4.2.3 表面基元

基于平面基元的表示不仅涉及平面基元之间的关系，还要具体确定各平面基元。最简单的方法是用顶点和边界线段来描述平面基元，并由此构成表示它的数据结构。例如要建立一个多面体表示系统，将存有数据结构的记录称之为节点，它含有数据及指向其它节点的指针。这里有四种类型的节点：体、面、边和顶角。体节点数据描述物体结构；面节点数据描述表面特性；边节点数据提供面、边和顶角间发生关系所需要的拓扑信息；顶角节点数描述了三维顶角的位置。实际上只有面、边和顶角三种节点需要考虑彼此之间的连接关系。每个面节点要指向它的周边之一，每个边节点既要指向形成它的两个侧面，又要指向它的两个端点，每个顶角节点要指向在该顶点相交的各边。图 4.2.4 表示了利用这种方法连接一个四面体各边节点的情形。

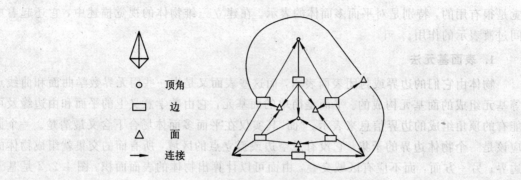

○　顶角

□　边

△　面

→　连接

图 4.2.4　四面体边节点连接的例图

## 2. 多边形网格

多边形网格是边、顶点和多边形的集合。顶点由边来连接，多边形由一系列顶点或边构成。可以用不同的途径来表示多边形网格，它们各有优缺点。一般说来，顶点、边和多边形之间的关系表达得越明显，执行运算的速度就越快，但需要的存储空间也越大。现介绍三种多边形网格表示法。

### 1) 直接表示多边形的方法

每一个多边形都用一个顶点坐标表表示：$P = \{(x_1, y_1, z_1), (x_2, y_2, z_2), \cdots, (x_n, y_n, z_n)\}$，用绕多边形一圈所遇到的点的次序来存储这些顶点。表中，相邻两顶点之间及第一个与最后一个顶点之间都有边。这种表示方法用于单多边形，可节省存储空间；而用于多边形网格时，要多次存储公共顶点，需要较多的存储空间，同时不能明显表示出公共顶点与公共边。

### 2) 用指向顶点表的指针定义多边形

这种表示方法对多边形网格中的每一个顶点只存储一次，按顶点形式 $P = \{(x_1, y_1, z_1), (x_2, y_2, z_2), \cdots, (x_n, y_n, z_n)\}$ 存储。每个多边形通过指向顶点表列的指针（或下标）来定义。若一个多边形由顶点 3、5、7 和 10 组成，则表示为 $P = (3, 5, 7, 10)$，这种表示与直接多边形相比，节省了存储空间，也可修改顶点坐标值，其缺点是难于寻找共有一条边的多边形。

### 3) 直接用边表示多边形

在这种表示中，仍有一个顶点表 $V$，用一个指向边表的指针表代替了上面表示方法中的点表的指针表。在边表中，每条边仅出现一次，而且指向顶点表中定义该边的两个顶点，同时还指向该边所属于的一个或两个多边形。所以将一个多边形描述为 $P = (E_1, E_2, \cdots, E_n)$，每条边表示为 $E = (V_1, V_2, P_1, P_2)$。当一条边仅属于一个多边形时，$P_1$ 和 $P_2$ 为空。

上述方法都存在不足之处，例如要检索所有的边，没有一种方法能很容易找到哪些边共有一个顶点。

## 3. 以样条函数为基础的表示

用曲面网格表示曲表面的物体，显然要比用多边形网格更准确。当然，若能按物体表面的自然边界划为曲面最好，但会遇到更多的拟合困难，所以一般选用四边组成的网格作曲面近似。我们知道，曲面拟合是曲线拟合的自然延伸，而曲线是通过某个参数 $t$ 的多项式来拟合的。多项式的阶数影响到拟合的质量。为了保证曲线段在连接点位置斜率的连续性以及曲线的端点要经过特定的点，常常选择三次参数曲线，即把曲线坐标$(x, y, z)$分别表示为某个参数$t$的三次多项式。有三种方式可以定义一条三次参数曲线：① 在曲线端点定义位置相切的切线的 Hermit 形式；② 定义曲线端点的位置，用不在曲线上的另外两个点间接定义曲线端点切线的 Bezier 形式；③ 接近又不拟合端点，但保证线段端点一阶和二阶导数都连续的 B 样条函数（B-spline function），用 B 样条函数可以获得最光滑的表示。

以 B 样条函数为基础表示曲面，可直接进行二维样条插值，但相当复杂。对于两个参数$s$和$t$，插值公式为

$$Z(s, t) = \sum_i \sum_j V_{ij} B_{ij}(s, t) \tag{4.2-1}$$

其中：$V_{ij}$为曲面$Z(s, t)$的系数。当采用网格方式时，可将其简化。定义一种节点$V_{ij}$的网格，$V_{ij}$和$Z_{ij}$相对应，即

$$Z_{ij} = M V_{ij} \tag{4.2-2}$$

此时，不在二维同时插值，而是先在一方向上（例如$t$）插值，对一个$j$值有：

$$Z_{ij}(t) = \begin{bmatrix} t^3 & t^2 & t^1 \end{bmatrix} [C] [V_{i-1, j_0}(t), V_{i, j_0}(t) V_{i+1, j_0}(t), V_{i+2, j_0}(t)]^{\mathrm{T}} \tag{4.2-3}$$

其中，$[C]$由双三次多项式系数构成。对每一个$t$值再计算$V_{ij}(t)$：

$$Z_{ij}(t) = M V_{ij}(t) \tag{4.2-4}$$

而后在另一个方向上插值，并计算

$$Z_{ij}(s, t) = \begin{bmatrix} s^2 & s^2 & s^1 \end{bmatrix} [C] [V_{i-1, j}(t), V_{i, j}(t) V_{i+1, j}(t), V_{i+2, j}(t)]^{\mathrm{T}} \tag{4.2-5}$$

**4. 球面函数的表面描述**

某些物体表面可以表示为"高斯球面"上的函数。如果将表面径向投射到一个以原点为中心的球上，则从原点到表面上一点的射线方向就是该点的方向，而表面上该点的值则是经纬度的函数。尽管这类表面表示有其局限性，但在某些应用领域是有用的。这种表面表示主要有两种方法：一是在对球面函数逼近时规定若干出自原点的有一定幅度的三维方向矢量，以形成基于高斯球表示物体的多边形网格；另一种则用类似于傅里叶描述子的球调和函数，用一组系数来刻画表面，其精度随着系数数目的增加而提高。下面分别介绍这两种方法。

**1）由三维球坐标点组成的多边形网格**

在原点构成的单位（Gaussian）球面，由原点出发形成一组方向矢量，它们与球面有交点。这些交点向内或向外可以连接成一个具有三角形、六边形或偏菱形的多面体以代表单位球面。将交点移至该方向矢量与待分析物体表面之交点，多面体相应的面亦变形，这就形成了基于高斯球表示物体的多边形网格。当小平面数目增多时，表面描述的分辨率也随之增高。

**2）球调和函数**

在二维情况下，可以用一组傅氏系数表示边界曲线。在三维情况下，也可以将封闭的边界曲面用一组正交函数的系数来表示。球调和函数是一种正交函数。与傅氏函数一样，球调和函数在各阶次上都是平滑相连续的，可以用两个数$m$和$n$进行参数比。因此，它是无限个函数的集合，这些函数是连续、正交而且单值的，在球面上是完备的。通过组合，调和函数能够生成全部具有"良好性质"的球面函数。

球调和函数 $U_{mn}(\theta, \varphi)$ 和 $V_{mn}(\theta, \varphi)$ 的极坐标形式定义如下：

$$U_{mn}(\theta, \varphi) = \cos(n\theta)\sin^n(\varphi)\rho(m, n, \cos(\varphi)) \qquad (4.2-6)$$

$$V_{mn}(\theta, \varphi) = \sin(n\theta)\sin^n(\varphi)\rho(m, n, \cos(\varphi)) \qquad (4.2-7)$$

其中：$m = 0, 1, \cdots, M$；$n = 0, 1, \cdots, m$，而 $\rho(m, n, x)$ 为 $x$ 的函数的 $m$ 阶 Legndre 多项式的 $n$ 阶导数。球调和函数的各阶系数也有明确的物理意义：低阶系数包含主要的形状特征，较高阶系数则表示表面形状的较高次空间频率的变化。$m = 0$ 的函数是一个球，$m = 1$ 的三个函数表示相对于原点的位移，$m = 2$ 的五个函数是相对于长的和扁圆的球等。表面的凸起程度也随 $m$ 的增大而增大。为了表示任意的形状，设极坐标中的极径 $R$ 是这些球面调和函数的线性加权和：

$$R(\theta, \varphi) = \sum_{m=0}^{M} \sum_{n=0}^{m} A_{mn}U_{mn}(\theta, \varphi) + B_{mn}V_{mn}(\theta, \varphi) \qquad (4.2-8)$$

球调和函数可以给出紧凑和非冗余的表面描述，这对形状分析是有好处的，但对形状综合用处不大。球调和函数的不足之处在于：基元函数和所要求的最终形状之间在直观上没有必然的联系，而且任一个系数的变化都会影响整个表面。

## 4.2.3 体积描述法和广义圆柱体

### 1. 体积描述法

利用三维物体占有的体积来描述三维物体是很自然的。这类描述方法有空间单元表示和单元分解等。空间单元表示又称为空间占有，如图 4.2.5 所示，它是由最基础的体积单元堆砌去逼近三维物体的；而单元分解是用三维物体本身所具有的特定的体积单元来组合表示的。

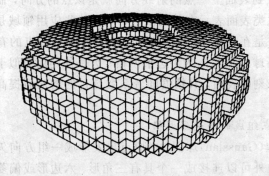

图 4.2.5 用体积单元占有阵列近似物体

最常用的一种 8 叉树表示法是将物体空间用一个立方体来表示，如果该立方体全被物体占有，那么该立方体表示为"满"；如果该立方体与物体完全不相交，则该立方体表示为"空"；如果物体仅占有立方体的部分空间，那么，就将该立方体等分为 8 个小立方体，并按一定规律给每个小立方体编号，然后再按上述规则检查，直到分辨率所允许的最小立方体为止。当分辨率很高时需要很大的存储量。8 叉树表示法过程如图 4.2.6 所示。

在单元分解方法中，单元显然要比空间占有中的单位立方体复杂，但可以更简洁地表示物体。这种分解依具体的物体而异，尽管在一些算法中比较有效，但缺少普遍意义下的有效性。由于体积描述法具有比表面描述法较多的计算困难，人们也在探索一些更通用、方便的体积描述法。其中之一是考虑用一些标准的几何形体作基元,图 4.2.7 给出了用各种圆柱体表示一些动物的例子。另一条途径是下面要介绍的广义圆柱体,它可以表示更复杂的一些几何形体。

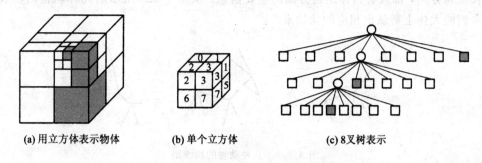

(a) 用立方体表示物体　　　(b) 单个立方体　　　(c) 8 叉树表示

图 4.2.6　8 叉树表示法

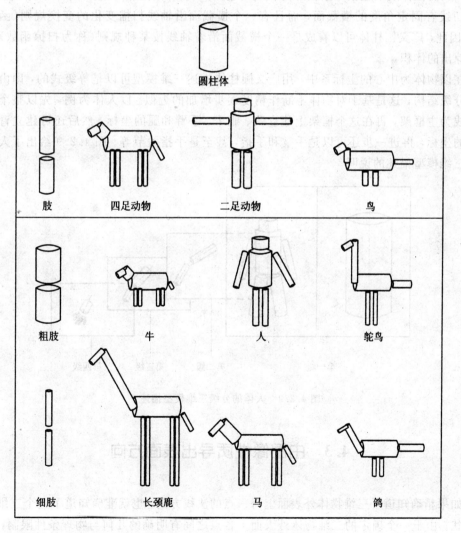

图 4.2.7　利用不同圆柱体表示动物的例子

### 2. 广义圆柱体描述法

在三维模型表示中，物体的轴线起着十分重要的作用。物体各部分轴线之间的相对位置、长短和方向，都载有物体结构方面的重要信息。从图 4.2.8 所示的几种动物的轴线图中，人们能大体上辨认出相应的动物来。

图 4.2.8　几种动物的轴线图

广义圆柱体表示包括一条被称为轴线的空间曲线，轴线上任一点都有一个与轴线在该点的切线有固定角度的横截面，而且有一个横截面沿轴线扫描变化的变换规则（函数关系）。因此，广义圆柱体可以看成是一个横截面沿着轴线按某种规则（称为扫掠函数）运动时扫掠出的体积。

在以物体为中心的坐标系中，用广义圆柱体描述三维模型可以是等级式的，即由粗到细的分级结构，这是基于对物体不断作精度逐步增加的近似。以人体为例，先以整个人体的轴线为主框架，再在这个框架上建立头、躯干、手臂和腿的坐标，然后还可建立臂关节和手的坐标，再进一步还可以是手掌和手指，甚至是手指关节等。图 4.2.9 给出了人体的分级三维模型描述的说明。

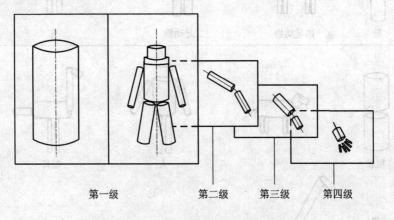

第一级　　　第二级　　第三级　　第四级

图 4.2.9　人体的分级三维模型描述

## 4.3　由图像性质导出表面方向

如果精确知道了三维物体外表面上每一点的法线方向，也就准确知道了这个三维物体的形状。由于一个确定的三维物体外表面上各点之间有明确的几何与物理条件限制，所以可以由该点及其邻域的其它点，找出其法线方向。在三维物体成像时，由于投影过程的限制，一些外表面能成像，而另一些外表面为别的外表面所遮挡不能成像，就形成所谓可视表面与非可视表面。对于可视表面和成像点之间的几何与物理特性的关系，一般不等同于三维物体相应点之间的几何与物理特性的关系，它与观察点（或照相机）的配置、投影方式以及光照条件等有密切关系。物体与其投影成分之间的这类变化，给图像分析和识别带来困难，但同时也为利用这些信息推断三维表面法线方向及其限制条件提供了机会。

由图像导出三维物体表面法线方向有几条途径。当采用两个以上观察点时，可以获得几幅观察同一物体的图像。由于观察点之间的几何位置关系是事先知道的，只要在各图像中找对应同一景物点的各自成像点，就可以推算出各景物点的法线方向。当采用双观察点时，就称由双目推断三维形状。当采用运动观察点形成多观察的图像时，就称为由运动推断三维形状。对于由一个观察点采集的单图像，也可以通过图像性质的分析，推断出三维物体表面上点的法线方向。对于一个可视的局部表面，随着照相机与它的几何位置、投影方式及光照等的不同，会产生许多不同的成像情况。图像性质的变化主要表现在：局部可视表面成像的变形和局部范围图像特性的变化。为分析与讨论方便，考虑一些基本的点集合记号，例如线、平行直线、平面等，看看这些记号在不同成像条件下，自身的几何与图像特性是如何变化的，从中找出推断三维形状的线索。这些变化的例子有：线段投影后的方向与长度的不同，平行直线的投影成为不同的可延长相交的一对直线及明影区形成或改变等。这就是本节要讨论的内容。首先我们要引入一个简便的分析工具——梯度空间，其次分别讨论在正交和体视投影下一些基本的记号所反映的三维形状线索。

### 4.3.1　坐标系统和梯度空间

首先定义要采用的坐标系统，见图 4.3.1。景物中的 $X$、$Y$ 轴和图像中的 $x$、$y$ 同方向且对准，$Z$ 轴朝着观察点，即右手坐标系统。观察点（透镜中心）在原点位置 $(0,0,0)$，成像平面在 $Z=-1$ 处，焦距为 1。成像平面可围绕原点转动，以保持和景物的"上"、"下"、"左"和"右"的相对方向。

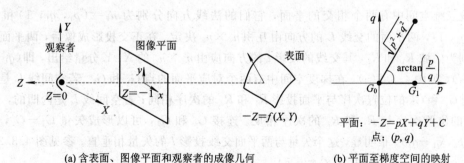

(a) 含表面、图像平面和观察者的成像几何　　　　(b) 平面至梯度空间的映射

图 4.3.1　定义坐标系统

有两种投影方式成像：正交投影和体视投影。在正交投影时，景物点 $(X,Y,Z)$ 映射为图像平面的 $(x,y)$ 点；反过来，图像点 $(x,y)$ 可能对应景物点集 $(X,Y,a)$，其中 $a$ 可为任意值。在体视投影时，景物点 $(X,Y,Z)$ 映射为图像点 $(-X/Z,-Y/Z)$，图像点是原点和景物点连线与图像平面之交点，坐标系中测量单位是照相机透镜的焦距；反过来，一个图像点对应一组景物点 $(aX,aY,-a)$，其中 $a$ 为任意值。正交投影与体视投影之间的差别是：体视投影中由图像到景物的反投影（即由图像性质返回到对应景物性质）是与位置有

关的。也就是说，在图像中发现的一致的图像特征，根据其在图像中的不同位置对应不同的景物性质。

许多图像特性与三维表面的差分性质有关。梯度空间技术为描述表面法线方向与图像几何之间的关系提供了一条方便的途径。现在定义梯度空间，在图 4.3.1 所示的坐标系统中，考虑一个表面：

$$-Z = f(X, Y) \tag{4.3-1}$$

梯度空间由$(p, q)$定义，其中：

$$p = \frac{\partial f}{\partial X}, \quad q = \frac{\partial f}{\partial Y} \tag{4.3-2}$$

即 $p$ 和 $q$ 分别为表面沿 $X$ 和 $Y$ 方向在深度上的变化率。很明显，$(p, q, 1)$具有朝着观察者的表面法线方向，或者$(p/\sqrt{p^2+q^2+1}, q/\sqrt{p^2+q^2+1}, 1/\sqrt{p^2+q^2+1})$是单位表面法线矢量。矢量$(p, q)$对应平行平面集：

$$-Z = pX + qY + C \tag{4.3-3}$$

其中：$C$ 为任意值。

当表面方向变为正切方向，诸如沿着隐蔽轮廓时，$(p, q)$的值趋于无穷大，这是梯度空间描述方法的不足。此外，还存在其它一些方法可以描述表面方向，例如立体图空间或高斯球，但梯度空间技术比较简洁，应用也比较广泛。

### 4.3.2 由正交投影影像获取三维形状信息

利用梯度空间技术，可以从正交投影影像提取出的线段和区域推断出一些三维形状信息。本小节将从两平面交线的投影、区域的变形对称和阴影失真等方面出发，介绍分析推断方法，为进一步获取更多的三维信息打下基础。

#### 1. 两平面交线的投影

设三维空间中有两个相交的平面，它们的法线方向分别为 $n_1 = (p_1, q_1, 1)$ 和 $n_2 = (p_2, q_2, 1)$，两平面的交线 $L$ 的方向由互积 $n_1 \times n_2$ 决定。在正交投影成像后，两平面的投影分别为区域 $R_1$ 和 $R_2$，其交线的投影 $l$ 的方向应由 $n_1 \times n_2$ 的 $X$、$Y$ 分量给出，即$(q_1-q_2, p_1-p_2)$，见图 4.3.2(a)。在梯度空间中有两个对应平面的点 $G_1$ 和 $G_2$。若空间线 $L$ 是外凸的，则 $G_1$ 和 $G_2$ 的位置次序与平面投影 $R_1$ 和 $R_2$ 的次序相同；若空间线 $L$ 是内凹的，则 $G_1$ 和 $G_2$ 的位置次序与 $R_1$ 和 $R_2$ 的次序相反。连接 $G_1$ 和 $G_2$，可以形成矢量 $G_1 - G_2$，即为$(p_1-p_2, q_1-q_2)$。很明显，这个矢量与两平面交线投影 $l$ 的矢量相垂直。参见图 4.3.2(b)，

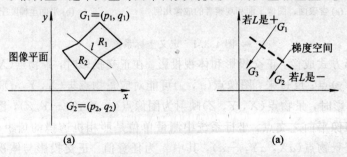

图 4.3.2  两空间平面相交为 $L$，$L$ 投影为 $l$，二平面的梯度连线垂直于 $l$

图中以虚线画出了两平面交线的投影 $l$。由此可见，从两平面交线的投影 $l$，可以获取两空间平面方向的信息 $G_1-G_2$。

这个性质已广泛用于理解正交投影下多面体的线图。例如，现有一个图 4.3.3(a)所示的"立方体"的线图，三个平面分别为 1、2 和 3，两个平面之间的交线分别为 $l_1$、$l_2$ 和 $l_3$。图 4.3.3(b)画出了梯度空间中三个平面的梯度 $G_1$、$G_2$、$G_3$ 形成了一个三角形。交线投影 $l_1$ 限制了形成交线的两平面梯度 $G_1$ 和 $G_2$ 的方向与次序。这样，三个交线投影 $l_1$、$l_2$ 和 $l_3$ 也就限制了三角形的形状与方向，由此可以推断出三个平面的关系。因为梯度空间中的这个三角形位置和尺寸还不确定，这三条线投影可对应许多三维多面体，当然也包括立方体。为了确定立方体还需要别的三维信息。

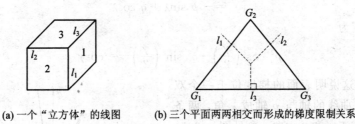

**(a) 一个"立方体"的线图**　　　　**(b) 三个平面两两相交而形成的梯度限制关系**

图 4.3.3　"立方体"线图示例

## 2. 扭对称

可视三维表面的投影是图像中的区域，区域的形状包含了物体的三维信息。图 4.3.4(a)、(b)就是一个例子，它们是具有相同拓扑特性的线图，但下面两个区域的形状不同，就可以判断出这两个平面方向各异，进而感知一个是立方体，而另一个是梯形块。事实上，存在多条途径从区域形状中找出三维信息，这里介绍一种广泛运用的方法。实际上相当多的物体表面是对称的。在投影成像时，因观察点位置不同，一般会使对称表面的成像不再是一般意义上的对称，但又明显具有某种扭着对称的性质。这种对称也有两个对称轴，但彼此通常不垂直，所以也不可能在一个对称轴的垂直方向找出其反射对应性来。这种对称称为扭对称，它的两个对称轴的方向可分别用 $\alpha$ 与 $\beta$ 表示。事实上，扭对称轴是表面一般意义下对称轴在某个观察点下的投影，因此利用图像上找出的扭对称轴，可以通过梯度空间技术，分析出三维形状的一些信息。图 4.3.4(c)和(d)是两个扭对称的例子，图中虚线是它们各自的对称轴，图 4.3.4(e)画出了图 4.3.4(b)的两个对称轴的方向。

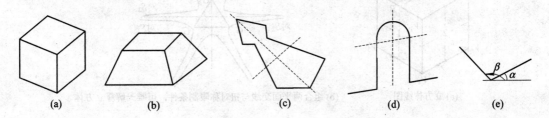

**(a)**　　　　**(b)**　　　　**(c)**　　　　**(d)**　　　　**(e)**

图 4.3.4　扭对称例图

设三维表面的梯度 $G=(p, q)$。在图像平面内，$\gamma$ 方向上的二维单位矢量为

$$e_\gamma = (\cos\gamma, \sin\gamma) \tag{4.3-4}$$

根据式(4.3-3)，可以得出 $e_\gamma$ 对应的三维矢量 $u_\gamma$：

$$u_\gamma = (\cos\gamma, \sin\gamma, -(p\cos\gamma + q\sin\gamma)) \qquad (4.3-5)$$

在图像上若检测出某区域的两个扭对称轴，它们的方向分别为 $\alpha$ 和 $\beta$，则可以有对应的两个三维矢量 $u_\alpha$ 和 $u_\beta$：

$$u_\alpha = (\cos\alpha, \sin\alpha, -(p\cos\alpha + q\sin\alpha)) \qquad (4.3-6)$$

$$u_\beta = (\cos\beta, \sin\beta, -(p\cos\beta + q\sin\beta)) \qquad (4.3-7)$$

因为 $u_\alpha$ 和 $u_\beta$ 对应三维表面的一般意义上的对称轴，彼此应当垂直，即 $u_\alpha \cdot u_\beta = 0$，或

$$\cos(\alpha-\beta) + (p\cos\alpha + q\sin\alpha)(p\cos\beta + q\sin\beta) = 0 \qquad (4.3-8)$$

将梯度空间中 $p$ 和 $q$ 转动 $\lambda = (\alpha+\beta)/2$，有：

$$\begin{cases} p' = p\cos\lambda + q\sin\lambda \\ q' = -p\sin\lambda + q\cos\lambda \end{cases} \qquad (4.3-9)$$

则式(4.3-8)变为

$$p^2\cos^2\left(\frac{\gamma}{2}\right) - q^2\sin^2\left(\frac{\gamma}{2}\right) = -\cos\gamma \qquad (4.3-10)$$

这里 $\gamma = \alpha - \beta$。这说明表面的梯度位于一个双曲线上，这个双曲线的轴与 $p$ 轴成 $\lambda$ 角，两条渐近线分别垂直于 $\alpha$ 和 $\beta$ 方向。参见图 4.3.5，$G_T$ 和 $G'_T$ 都是满足上述条件的点，还需要依据其它条件选定其中一个。

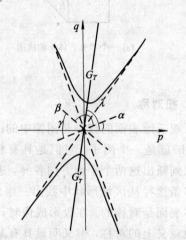

图 4.3.5　对应图 4.3.4(e)的式(4.3-8)的曲线

梯度空间中的这个性质也可用于解释线圈。还采用图 4.3.3(a)中立方体例子，将其画在图 4.3.6(a)之中，现在考虑增加三个区域 1、2 和 3 的扭对称轴，并形成如图 4.3.6(b)所示的三条双曲线。结合前面两平面相交线的限制条件，可以确定出 $G_1$、$G_2$、$G_3$ 的位置。此时三角形不但形状方向确定，而且位置与大小也确定，这样它就可以唯一解释立方体了。

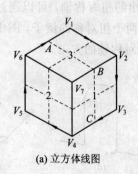

(a) 立方体线图

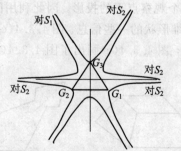

(b) 组合两平面交线与扭对称限制条件，可唯一解释立方体

图 4.3.6　立方体确定例图

### 3. 阴影几何

阴影可以提供估计三维物体与表面之间空间关系的线索，航空照片解释中就常用这个线索估计目标的高度。图 4.3.7(a)显示了基本的阴影几何。它由平行光源 $I$、产生阴影的

表面 $S_0$ 和接收阴影的表面 $S_s$ 组成。待计算的六个参数是：$S_0$ 的梯度 $G_0 = (p_0, q_0)$、$S_s$ 的梯度 $G_s = (p_s, q_s)$ 和光照的方向 $(p_I, q_I)$。

现在再考虑两个由产生阴影和接收阴影定义的表面 $S_{I1}$ 和 $S_{I2}$，它们的梯度分别为 $G_{I1}$ 和 $G_{I2}$。$S_{I1}$ 由 $E_{01}$ 和 $E_{s1}$ 定义，$S_{I2}$ 由 $E_{02}$ 和 $E_{s2}$ 定义。注意到 $S_{I1}$ 和 $S_s$ 使 $E_{s1}$ 为凹形边，$S_{I2}$ 和 $S_s$ 使 $E_{s2}$ 为凹形边。由基本的投影几何可以提供下列三个限制条件：

① 图像中 $E_{01}$ 和 $E_{s1}$ 之间的夹角确定梯度空间中 $G_0 - G_{I1} - G_s$ 的角；

② 图像中 $E_{02}$ 和 $E_{s2}$ 之间的夹角确定梯度空间中 $G_0 - G_{I2} - G_s$ 的角；

③ 图像中 $E_{01}$ 的方向（顶点 $V_{012}$ 和 $V_{s12}$ 所确定的线）确定光照方向，这个方向包含了 $G_{I1}$ 和 $G_{I2}$。

因此我们可以看到，事先给出三个参数，可由阴影信息导出另外三个参数。

现在来看图 4.3.7(b) 所示的例子。假设已知光照方向（实际只知光照矢量的相对深度分量仅仅为一个参数）及阴影接收表面 $S_s$ 的方向（$G_s$），欲求产生阴影表面 $S_0$ 的梯度 $G_0$。计算过程如下：

① 由原点作一条平行 $E_{I1}$ 的线，在这条线上标出已知的 $G_I$。设 $k$ 为 $G_I$ 到原点的距离，在原点另一侧 $G_I$ 的反方向上，离原点距离为 $1/k$ 的地方作一条垂直于 $E_{I1}$ 的直线 $L_1$。

② 在梯度空间标出 $G_s$，通过该点作一条垂直 $E_{s1}$ 的直线，标为 $\perp E_{I1}$，它与 $L_1$ 相交的点必定是 $G_{I1}$。再通过 $G_{I1}$ 作一条垂直于 $E_{01}$ 的线，$G_0$ 必定要在这条线上。

③ 由 $G_s$ 作一条垂直于 $E_{s2}$ 的线，它与 $L_1$ 的交点必定是 $G_{I2}$，再通过 $G_{I2}$ 作一条垂直于 $E_{02}$ 的线，$G_0$ 必定要落在其上。结合第②步运算，$G_0$ 必定落在 $\perp E_{02}$ 和 $\perp E_{01}$ 的交点上。

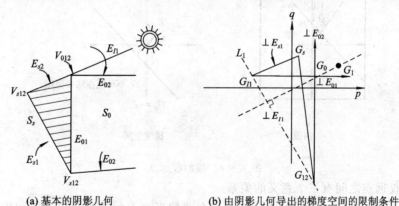

(a) 基本的阴影几何    (b) 由阴影几何导出的梯度空间的限制条件

图 4.3.7　由阴影推断三维信息

### 4.3.3　由体视投影图像获取三维形状信息

上小节已指出梯度空间是分析正交投影图像性质的有力工具，同样也可用它在体视投影图像中提取有用的三维形状信息。在初始的定义中，梯度 $(p, q)$ 意味着表面法线矢量是 $(p, q, 1)$ 的表面方向。现在将扩展其含义，即梯度 $(p, q)$ 一般表示一个方向矢量 $(p, q, 1)$，或者说，当有一个三维矢量 $\Delta = (\Delta X, \Delta Y, \Delta Z)$ 时，$G_\Delta$ 将认为是 $\Delta$ 方向的表示：

$$G_\Delta = \left( \frac{\Delta X}{\Delta Z}, \frac{\Delta Y}{\Delta Z} \right) \tag{4.3-11}$$

因为线的收远点和平面的收远线是体视变换中的两个基本概念，我们将先予讨论，以后再研究体视投影下平面交线的投影。

### 1. 线的收远点

参照图 4.3.8，设有一条三维直线

$$(X, Y, Z) + \alpha(\Delta X, \Delta Y, \Delta Z)$$

其中 $a$ 为任意值，$(X, Y, Z)$ 为线上一点，$(\Delta X, \Delta Y, \Delta Z)$ 为线的方向矢量。对任意 $a$，线上相应的点投影至图像平面上成为 $P_a$ 点：

$$P_a = \left( \frac{-x - a\Delta X}{Z + a\Delta Z}, \frac{y - a\Delta Y}{Z + a\Delta Z} \right) \tag{4.3-12}$$

若 $\Delta Z \neq 0$（即线不平行图像平面），当 $a$ 增大时，成像点 $P_a$ 将收敛于某一点 $P_\infty$：

$$P_\infty = \lim_{a \to \infty} P_a = \left( -\frac{\Delta X}{\Delta Z}, -\frac{\Delta Y}{\Delta Z} \right) = -G_\Delta \tag{4.3-13}$$

图像点 $P_\infty = (X_\infty, Y_\infty)$ 称为线的收远点。

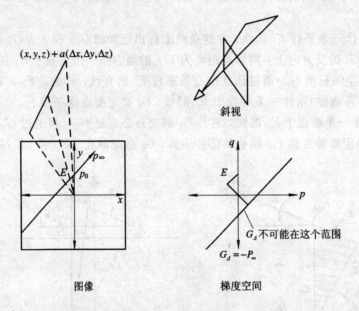

图 4.3.8　线的收远点

梯度和收远点之间有三个意义的关系：

（1）$P_\infty = -G_\Delta$，即一条三维直线收远点在图像平面上的位置与梯度空间中 $-G_\Delta$ 的位置相同。

（2）因为 $P_\infty$ 仅取决于方向矢量 $(\Delta X, \Delta Y, \Delta Z)$，所以平行线有相同的收远点；反之，图像上的每一点是一组平行线的收远点。

（3）假定有一条有限长度的三维直线，它以有限长度的图像线 $E$ 来描绘。很明显三维直线的收远点 $P_\infty$ 必定位于图像线 $E$ 的延长线上（见图 4.3.8）。梯度矢量 $G_\Delta$ 也必定位于梯度空间 $-E$ 线上。这条 $-E$ 线有下列特性：① 平行于 $E$；② 像 $E$ 一样与原点等距离；③ 位于相对于 $E$ 的原点的另　侧。然而如图 4.3.8 所示，重要的是 $G_\Delta$ 不能落在直接对应 $E$ 的部分，而仅仅落在相应 $E$ 的延长线部分。这意味着图像线 $E$ 越长，$G_\Delta$ 的范围越窄。换言之，在体视变换中，通过观察三维直线更长的部分，可以获得线方向更多的信息，而在正交投影中线的长度并不提供线方向的附加信息。

**2. 表面的收远线**

如图 4.3.9 所示，假定一个表面 $S$ 有梯度，因为在 $S$ 上的任意矢量 $\Delta = (\Delta X, \Delta Y, \Delta Z)$ 都必定垂直它的表面法线 $(p_s, q_s)$，故可以有这样的关系：

$$G_s \cdot G_\Delta = -1$$

因为 $\Delta$ 的收远点是 $P_\infty = -G_\Delta$：

$$G_s \cdot G_\infty = 1 \qquad\qquad (4.3-14)$$

或

$$p_s x_\infty + q_s y_\infty = 1 \qquad\qquad (4.3-15)$$

这个方程意味着：已知 $G_s$，$P_\infty = (x_\infty, y_\infty)$ 在图像的一条直线上运动。这条线是表面所有矢量收远点之轨迹，称之为表面的收远线 $L_\infty$（见图 4.3.9），收远线 $L_\infty$ 和梯度表面 $G_s$ 有如下关系：

(1) $L_\infty$ 垂直于从 $G_s$ 到原点的直线。

(2) 由 $L_\infty$ 到原点的距离 $1/\sqrt{p_s^2 + q_s^2}$ 是由 $G_s$ 到原点距离的倒数。

(3) $L_\infty$ 和 $G_s$ 在原点的同一侧。

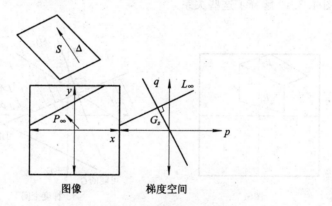

图 4.3.9　平面的收远线 $L_\infty$ 和表面梯度 $G_s$

因为 $L_\infty$ 仅仅取决于 $G_s$，平行的表面有同样的收远线，所以图像上的每一条线是平行表面的收远线。假定 $E$ 是图像中的一条直线，有一组平行的表面以它为收远线，这些表面都具有同样的梯度，可称为收远梯度，记为 $G_E^\infty$，设 $E$ 由方程 $1 = ax + by$ 定义。与式 (4.3-15) 比较，可知 $G_E^\infty = (a, b)$，因而对图像中的每条线 $E$ 都可确定有关的收远梯度 $G_E^\infty$。Mackworth 称通过 $E$ 和原点的表面为 $E$ 的解释平面，一条线的收远梯度因此也是其解释平面的梯度。

表面方向、收远线和收远梯度之间的内部关系，对由图像中的体视失真恢复表面方向来说，是一个有用的概念。大多数由于体视引起的图像特性都在收远线上给出限制，然而它们是低可靠的又是组合的，并不是直接去找收远线，而是用 Hough 变换技术产生可能收远梯度的直方图。有人已将这类方法用于收敛线的图像和纹理图像。另外，也可以用高斯球表示代替梯度空间去处理同样的问题。

**3. 两平面交线的投影**

已经讨论过，梯度空间有一个优良的性质，即描述了图像上的连接边缘的方向和景物中形成这条边缘的组成表面的梯度之间的关系。现在来看在体视投影下，由一条连接边缘可以获得什么限制。

假定一条三维边缘 $\Delta = (\Delta X, \Delta Y, \Delta Z)$ 是梯度矢量 $G_1$ 和 $G_2$ 的交线，则

$$G_1 \cdot G_\Delta = -1, \qquad G_2 \cdot G_\Delta = -1 \qquad (4.3-16)$$

现在也可假定 $\Delta$ 在图像中可见，如图 4.3.10 中的直线 $E$。由 $G_E^\infty$ 和式(4.3-15)有

$$G_E^\infty \cdot G_\Delta = -1 \qquad (4.3-17)$$

组合式(4.3-16)和(4.3-17)，有

$$0 = (G_1 \cdot G_\Delta) - (G_E^\infty \cdot G_\Delta) = (G - G_E^\infty)G_\Delta \qquad (4.3-18)$$

所以

$$(G_1 - G_E^\infty) \perp G_\Delta \qquad (4.3-19)$$

类似地

$$(G_2 - G_E^\infty) \perp G_\Delta \qquad (4.3-20)$$

因此矢量 $(G_1 - G_E^\infty)$ 和 $(G_2 - G_E^\infty)$ 在梯度空间中是平行的，即 $G_E^\infty G_1$ 和 $G_2$ 共线且在一条直线 $E$ 上。此外，在梯度空间中包含 $G_1 G_2$ 和 $G_E^\infty$ 的这条直线必定垂直于通过原点和 $G_\Delta$ 的直线，图 4.3.10 解释了这些关系。

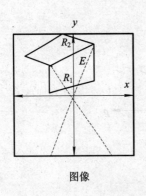
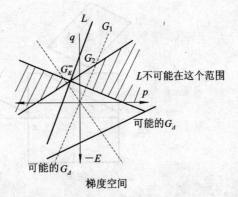

图像　　　　　　　　　　　　　　　　梯度空间

图 4.3.10　在体视变换下，连续边缘的规则

在直线 $L$ 位置上对其进行进一步限制：它必须通过 $G_E^\infty$ 而且完全由图像中边缘 $E$ 位置所决定，其斜率取决于梯度 $G_\Delta$。它必定落在线 $-E$ 上而不在相应边缘自身的那个部分。这就限制 $L$ 的方向，使得通过原点并垂直 $L$ 的直线不可能通过 $-E$ 的禁止部分。由此，图像中的一个边缘的位置和长度限制了景物中含有相关矢量的表面梯度。

这就是体视投影下的连接边缘关系，它是正交投影下规则的体视投影版本。因为对线 $L$ 上的 $G_1$ 和 $G_2$ 的相对位置，存在着依赖于边缘凸凹性的具体编序关系，所以要考虑体视投影下的视线，虽然这要比正交投影情况复杂得多。

# 本章参考文献

[1]　Kendall, D G. Shape manifolds, procrustean metrics, and complex projective spaces. Bulletin of the London Mathematical Society, 1984, 16: 81-121.

［2］　Papoulis, A. Probability, Random Variables, and Stochastic Processes. McGraw-Hill, New York, 1965.

［3］　Richard J Prokop, P Reeves. A survey of moment-based techniques for unoccluded object representation and recognition. CVGIP, 1992, 54(5)：438-460.

［4］　夏良正，罗庆姚. 一种新的基于投影的二维矩不变量快速算法. 东南大学学报：自然科学版，1993，23(1).

［5］　冈萨雷斯. 数字图像处理. 阮秋琦，阮宇智，等，译. 北京：电子工业出版社，2004.

［6］　章毓晋. 图像工程(上册)：图像处理和分析. 北京：清华大学出版社，1999.

# 练 习 题

4.1　利用 Matlab 编程计算图像的周长、面积、分散度、欧拉数和偏心度，说明这四种描述子对图题 4.1 中图(a)和图(b)的区分能力。

(a)　　　(b)

图题 4.1

4.2　用 Matlab 编程计算图题 4.2 中图像(a)～(d)的矩不变量，描述矩不变量的特点。

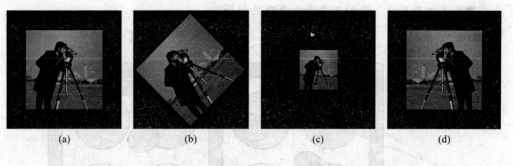

(a)　　　　　(b)　　　　　(c)　　　　　(d)

图题 4.2

4.3　结合高阶矩与低阶矩的物理和数学意义，分析图像经量化对图像矩特征的影响。

4.4　简述投影矩不变量的原理及特点。

4.5　参见图题 4.5，用 Matlab 编程实现借助傅里叶描述近似表达边界的算法，计算利用不同数量的傅里叶描绘子所得的计算结果。

4.6　用 Matlab 编程计算图题 4.6 的中轴变换骨架。

4.7　以深色点为起始点，计算图题 4.7 中图(a)和图(b)的链码和差分码，说明两者之间的关系。

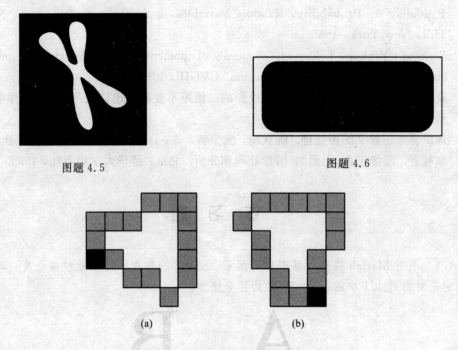

图题 4.5　　　　　　　　　　　　　图题 4.6

(a)　　　　　　　(b)

图题 4.7

4.8　简述三种多边形网格表示法各自的优缺点。

4.9　简述正交投影与体视投影的思想及相互间的区别。

4.10　食品生产工业中要设计一种检测食品中是否有异物的方法。假设食品包括圆形部分和矩形部分，食品中的异物是不规则形状的。食品包装后的示意图如图题 4.10 所示。图中的灰度反映了食品成像后不同区域的灰度。基于以上假设，请你给出一种解决方案，并清楚地表述所有可能对你的方案产生影响的假设。

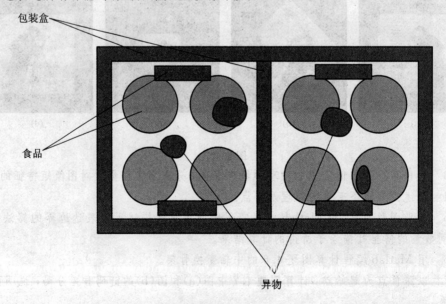

图题 4.10

# 第五章 数学形态学分析

形态学(Morphology)一词通常代表生物学的一个分支。它是研究动物和植物的形态与结构的学科。我们在这里使用同一词语表示数学形态学的内容，将数学形态学(Mathematical morphology)作为工具从图像中提取对于表达和描绘区域形状有用处的图像分量，比如边界、纹理等。我们对用于预处理或后处理的形态学技术同样感兴趣，比如形态学过滤、细化等。

数学形态学的语言是集合论。同样，形态学为大量的图像处理问题提供了一种一致的有力方法。数学形态学中的集合表示图像中的不同对象。例如，在二值图像中，所有黑色像素的集合是图像完整的形态学描述。在二值图像中，正被讨论的集合是二维整数空间($Z^2$)的元素，在这个二维整数空间中，集合的每个元素都是一个多元组(二维向量)，这些多元组的坐标是一个黑色(或白色，取决于事先的约定)像素在图像中的坐标$(x, y)$。灰度级数字图像可以表示为 $Z$ 空间($Z^3$)上分量的集合。在这种情况下，集合中每个元素的两个分量是像素的坐标，第 3 个分量对应于像素的离散灰度级值。更高维度空间中的集合可以包含图像的其它属性，比如颜色和随时间变化的分量，等等。

在下面的章节中，我们将建立并说明几个数学形态学中重要的概念。这里介绍的许多概念可在 $n$ 维欧几里得空间($E$ 的 $n$ 次方)中加以公式化。然而，我们的兴趣一开始是在二值图像上的，这种图像的各个分量是 $Z^2$ 的元素。我们在 5.6 节中将讨论范围扩展到灰度级图像。

从本章的材料开始，我们关注的焦点将有所转变。以前，我们关注的是纯粹的图像处理方法，这种方法的输入和输出都是图像。而以后，我们关注的处理方法将变为输入是图像，而输出为从这些图像中提取出来的属性。像形态学及与其相关的概念这类工具是实现从图像中提取"内涵"这一目的所需的数学基础的基石。

## 5.1 引 言

本节中，我们介绍几个集合论的基本概念集合，该理论是本章各小节的基础。

### 5.1.1 集合论的几个基本概念

令 $A$ 为一个 $Z$ 中的集合。如果 $a=(a_1, a_2)$ 是 $A$ 的元素，则我们将其写成

$$a \in A \tag{5.1-1}$$

同样，如果 $a$ 不是 $A$ 的元素，我们写成

$$a \notin A \tag{5.1-2}$$

不包含任何元素的集合称为空集，用符号 $\varnothing$ 表示。

集合由两个大括号之中的内容表示：$\{\cdot\}$。本章中我们关注的集合元素是图像中描述的对象或其它感兴趣特征的像素坐标。例如，当我们写出形如 $C=\{w \mid w=-d, d \in D\}$ 的表达式时，我们表达的意思是：集合 $C$ 是元素 $w$ 的集合，而 $w$ 是通过用 $-1$ 与集合 $D$ 中的所有元素的两个坐标相乘得到的。

如果集合 $A$ 的每个元素又是另一个集合 $B$ 的一个元素，则 $A$ 称为 $B$ 的子集，表示为

$$A \subseteq B \tag{5.1-3}$$

两个集合 $A$ 和 $B$ 的并集表示为

$$C = A \bigcup B \tag{5.1-4}$$

这个集合包含集合 $A$ 和 $B$ 的所有元素。同样，两个集合 $A$ 和 $B$ 的交集表示为

$$D = A \bigcap B \tag{5.1-5}$$

这个集合包含的元素同时属于集合 $A$ 和 $B$。

如果 $A$ 和 $B$ 两个集合没有共同元素，则称为不相容的或互斥的，即

$$A \bigcap B = \varnothing \tag{5.1-6}$$

集合 $A$ 的补集是不包含于集合 $A$ 的所有元素组成的集合：

$$A^c = \{w \mid w \notin A\} \tag{5.1-7}$$

集合 $A$ 和 $B$ 的差表示为 $A-B$，定义为

$$A - B = \{w \mid w \in A, w \notin B\} = A \bigcap B^c \tag{5.1-8}$$

我们看出这个集合中的元素属于 $A$ 而不属于 $B$。图 5.1.1 用图说明了上述概念。集合运算的结果在图中用灰色表示。

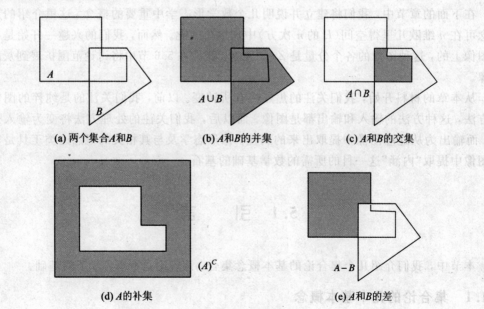

(a) 两个集合 $A$ 和 $B$　　(b) $A$ 和 $B$ 的并集　　(c) $A$ 和 $B$ 的交集

(d) $A$ 的补集　　(e) $A$ 和 $B$ 的差

图 5.1.1　集合的图形表示

我们还需要另外两个能广泛应用于形态学的附加定义（但通常在集合论的基本内容中无法找到）：集合 $B$ 的反射，表示为 $\hat{B}$，定义为

$$\hat{B} = \{w \mid w = -b, b \in B\} \qquad (5.1-9)$$

集合 $A$ 平移到点 $z = \{z_1, z_2\}$，表示为 $(A)_z$，定义为

$$(A)_z = \{c \mid c = a + z, a \in A\} \qquad (5.1-10)$$

图 5.1.2 用来自图 5.1.1 的集合说明了这两个定义，黑点标识了图中集合的原点。

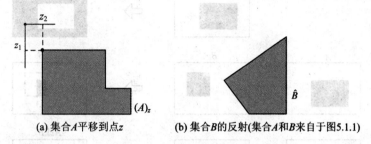

(a) 集合 $A$ 平移到点 $z$　　　　(b) 集合 $B$ 的反射(集合 $A$ 和 $B$ 来自于图5.1.1)

图 5.1.2　反射及平移

## 5.1.2　二值图像的逻辑运算

很多应用是以本章讨论的形态学概念为基础的，并涉及二值图像。逻辑运算尽管本质上很简单，但对于实现以形态学为基础的图像处理算法是一种有力的补充手段。与掩模有关的逻辑运算在以前介绍过。在下面的讨论中，我们关注的是涉及二值像素和图像的逻辑运算。

在图像处理中用到的主要逻辑运算是：与、或和非(求补)。表 5.1.1 中总结了这些运算的性质。这些运算在功能上是完善的，它们可以互相组合形成其它逻辑运算。

**表 5.1.1　三种基本的逻辑运算**

| $p$ | $q$ | $p$ 与 $q$ | $p$ 或 $q(p+q)$ | 非 $p(\bar{p})$ |
|-----|-----|-----------|-----------------|-----------------|
| 0 | 0 | 0 | 0 | 1 |
| 0 | 1 | 0 | 1 | 1 |
| 1 | 0 | 0 | 1 | 0 |
| 1 | 1 | 1 | 1 | 0 |

在两幅或多幅图像的对应像素间逐像素进行逻辑运算(除了"非"运算，此运算只对单一图像的像素进行)。比如只有两幅输入图像的对应像素均为 1 时，"与"运算后图像任何位置的结果才是 1。图 5.1.3 显示了涉及图像逻辑运算的不同例子。这里，黑色表示 1，而白色表示 0(在本章中，我们使用两种约定的说法，有时会颠倒暗色(黑色或灰色)和亮色(白色)二值的意义，取决于在给定情况下哪种表达更清楚)。使用表 5.1.1 中的定义构造其它的逻辑运算很容易。例如，异或运算是当两个像素的值不同时结果为 1，否则为 0。这种运算与"或"运算不同。"或"运算在两个像素有一个为 1 或两个均为 1 时结果为 1。同样，与非运算可选出在 $B$ 中而不在 $A$ 中的黑色像素。

注意到刚才讨论的逻辑运算与 5.1.1 节中讨论的集合运算有一一对应的关系，并且逻辑运算被限制只对二进制变量进行运算，而这通常不是集合运算所处理的情况。因此，比如集合论中的交集运算在运算对象为二进制变量时将归为"与"运算。像"相交"和"与"这类

术语（甚至它们的符号）经常在各种著述中交替地用于表示一般的或二进制值的集合运算。通常从讨论的上下文中可以清楚地知道它们的意义。

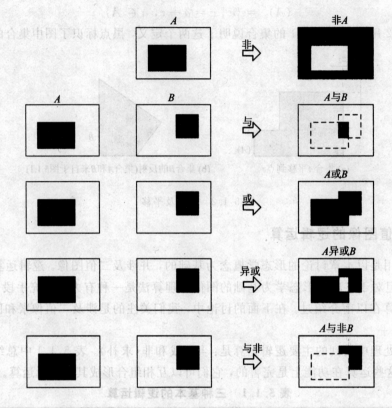

图 5.1.3　二值图像之间的一些逻辑运算（黑色表示二进制 1，白色表示二进制 0）

## 5.2　膨胀与腐蚀

我们通过详细探讨两类操作——膨胀（Dilate）和腐蚀（Erode）——开始我们对形态学中的操作的讨论。这两种操作是形态学处理的基础。实际上，本章讨论的许多形态学算法都是以这两种原始运算为基础的。

### 5.2.1　膨胀

由于 $A$ 和 $B$ 是 $Z^2$ 中的集合，$A$ 被 $B$ 膨胀定义为

$$A \oplus B = \{z \mid (\hat{B})_z \bigcap A \neq \varnothing\} \tag{5.2-1}$$

上式表明用 $B$ 膨胀 $A$ 的过程是，先对 $B$ 作关于原点的映射，再将其映射平移 $z$，这里 $A$ 与 $B$ 映象的交集不为空集。换句话说，用 $B$ 膨胀 $A$ 得到的集合是 $\hat{B}$ 的位移与 $A$ 至少有 1 个非零元素相交时 $B$ 的原点位置的集合　根据这种解释，式 (5.2.1) 可以重写为

$$A \oplus B = \{z \mid (\hat{B})_z \bigcap A \subseteq A\} \tag{5.2-2}$$

与在其它形态学运算中一样，集合 $B$ 通常叫做膨胀的结构元素（Structure element）。

在目前关于形态学方面的著述中，式 (5.2-1) 并不是膨胀的唯一定义形式。然而，当

把结构元素 $B$ 看做一个卷积模板时，式(5.2-1)的定义形式比起其它定义形式更为直观。这是它区别于其它定义形式的突出优点。尽管膨胀以集合运算为基础，而卷积以算术运算为基础，但相对于 $B$ 的原点对 $B$ 进行翻转，而后逐步移动 $B$ 以便 $B$ 能滑过集合(图像)$A$，这一基本过程与卷积过程是相似的。

图 5.2.1 给出了膨胀运算的一个示例，其中图(a)中的阴影部分为集合 $A$，图(b)中阴影部分为结构元素 $B$(标有"＋"处为原点)，它的映像显示于图(c)，而图(d)中的两种阴影部分(其中黑色为扩大的部分)合起来为集合 $A \oplus B$。由图可见，膨胀将图像区域扩张大了。

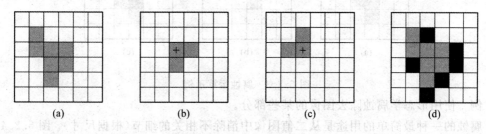

(a)　　　　　(b)　　　　　(c)　　　　　(d)

图 5.2.1　膨胀运算示例

**例**　将裂缝桥接起来的形态学膨胀的应用。

膨胀最简单的应用之一就是将裂缝桥接起来，图 5.2.2(a)中显示了一幅带有间断字符的图像，图(b)显示了能够修复这些间断的简单结构元素。图(c)为使用这个结构元素对原图进行膨胀后的结果，现在这些间断已被连接起来了。形态学方法优于低通滤波方法的一个直接优点就是，这种方法在一幅二值图像中直接得到结果，而低通滤波方法从二值图像开始并生成一幅灰度级图像，这幅灰度级图像需要用门限函数进行一次处理才能将它转变回二值图像。

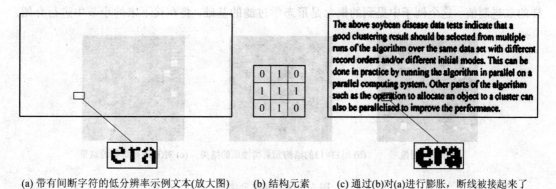

(a) 带有间断字符的低分辨率示例文本(放大图)　　(b) 结构元素　　(c) 通过(b)对(a)进行膨胀，断线被接起来了

图 5.2.2　将裂缝桥接起来示例

## 5.2.2　腐蚀

对 $Z$ 中的集合 $A$ 和 $B$，使用 $B$ 对 $A$ 进行腐蚀，用 $A \ominus B$ 表示，并定义为

$$A \ominus B = \{z \mid (B)_z \subseteq A\} \tag{5.2-3}$$

一句话，这个公式说明，使用 $B$ 对 $A$ 进行腐蚀的结果是所有点 $z$ 的集合，其中 $B$ 平移 $z$ 后仍然包含于 $A$ 中。换句话说，用 $B$ 对 $A$ 进行腐蚀得到的集合是 $B$ 完全包含在 $A$ 中时 $B$ 的原点位置的集合。同膨胀的情况一样，式(5.2-3)并不是腐蚀唯一的定义形式。然而，由

于与式(5.2-1)相同的原因，在形态学实际应用过程中人们偏爱使用式(5.2-3)。

图 5.2.3 显示了腐蚀运算的一个简单示例。其中图(a)中的集合 $A$ 和图(b)中的结构元素 $B$ 都与图 5.2.1 中相同，而图(c)中的深色阴影部分给出了 $A\ominus B$(浅色为原属于 $A$ 现腐蚀掉的部分)。由图可见腐蚀将图像区域缩小了。

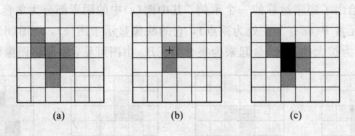

图 5.2.3　腐蚀运算示例

**例**　使用形态学腐蚀除去图像的某些部分。

腐蚀的一种最简单的用途是从二值图像中消除不相关的细节(根据尺寸)。图 5.2.4(a)显示的二值图像包含边长为 1、3、5、7、9 和 15 个像素的正方形。假设这里只留下最大的正方形而除去其它的正方形，我们可以通过用比我们要保留的对象稍小的结构元素进行腐蚀。在这个例子中我们选择 13×13 像素大小的结构元素。图 5.2.4(b)显示了用这个结构元素对原图像进行腐蚀后得到的结果。图中只有部分最大的正方形保留下来。如图 5.2.4(c)所示，我们可以通过使用用来腐蚀的结构元素对这 4 个正方形进行膨胀恢复它们原来 15×15 像素的尺寸(通常膨胀不能完全恢复被腐蚀的对象)。注意例子中所有 3 幅图像中的对象都用白色像素表示，而不是像前面的例子中用黑色表示。如我们前面提到的，两种表达方法在实际中均有使用。除非申明，否则我们令结构元素中起作用的元素与感兴趣对象有一样的二进制值。这个例子中提到的概念是形态学过滤的基础，将在接下来的小节中进行介绍。

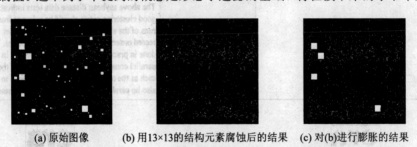

(a) 原始图像　　(b) 用13×13的结构元素腐蚀后的结果　　(c) 对(b)进行膨胀的结果

图 5.2.4　腐蚀示例

## 5.2.3　原点不包含在结构元素中时的膨胀和腐蚀

以上讨论时都假设原点包含在结构元素中(即原点属于结构元素)。此时对膨胀运算来说，总有 $A\subseteq A\oplus B$。对腐蚀运算来说，总有 $A\ominus B\subseteq A$。当原点不包含在结构元素中时(即原点不属于结构元素)，相应的结果会有所不同。对膨胀运算来说，如果原点不包含在结构元素中，只有 1 种可能，即 $A\not\subseteq A\oplus B$。但对腐蚀运算来说，如果原点不包含在结构元素中，则有 2 种可能，或者是 $A\ominus B\subseteq A$，或者是 $A\ominus B\not\subseteq A$。

**例**　原点不包含在结构元素中时的膨胀运算。

图 5.2.5 给出一个原点不包含在结构元素中时膨胀运算的示例，其中图（a）中的集合 $A$ 与图 5.2.1 中相同，图（b）中的结构元素 $B$ 与图 5.2.1 中不同之处是原点现在不属于 $B$，图（c）是图（b）的映像，图（d）中由阴影点给出膨胀结果（浅色点为原来 $A$ 中的点，深色点为膨胀出来的点）。注意图（d）中标有"?"的点原来属于 $A$，但现在并不属于膨胀结果，由此可见 $A \not\subseteq A \oplus B$。

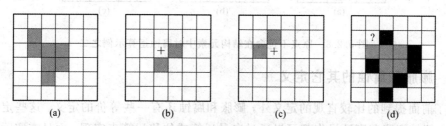

图 5.2.5  原点不包含在结构元素中时膨胀运算示例之一

图 5.2.6 给出另一个原点不包含在结构元素中时膨胀运算的示例，其中图（a）给出集合 $A$，图（b）中的结构元素 $B$ 与图 5.2.5 中的相同，图（c）是图（b）的映像，图（d）中深阴影点给出膨胀结果。注意原来属于 $A$ 的点（标有"?"）现都不属于膨胀结果，这说明不仅 $A \not\subseteq A \oplus B$，而且 $A$ 通过膨胀后自身完全消失了。

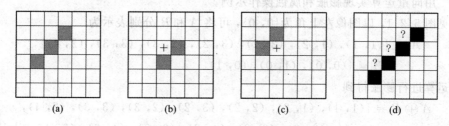

图 5.2.6  原点不包含在结构元素中时膨胀运算示例之二

**例**  原点不包含在结构元素中时的腐蚀运算。

图 5.2.7 给出一个原点不包含在结构元素中时腐蚀运算的示例，其中图（a）中的集合 $A$ 与图 5.2.1 中相同，图（b）中的结构元素 $B$ 与图 5.2.1 中不同之处是原点现在不属于 $B$，图（c）中浅色点给出腐蚀结果（深色点为腐蚀掉的点）。比较图（a）和图（c）可见，当原点不属于 $B$ 时，也有可能有 $A \ominus B \subseteq A$。

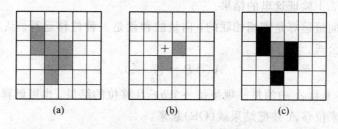

图 5.2.7  原点不包含在结构元素中时腐蚀运算示例之一

图 5.2.8 给出另一个原点不包含在结构元素中时腐蚀运算的示例，其中图（a）中的集合 $A$ 是将图 5.2.7（a）中的 $A$ 逆时针转 $90°$ 得到的，图（b）中的结构元素仍与图 5.2.7 中的相同，图（c）中浅色点给出腐蚀结果（深色点为腐蚀掉的点）。注意标有"?"的点原来不属于 $A$，但现在属于腐蚀结果。这给出当原点不包含在结构元素中时 $A \ominus B \not\subseteq A$ 的一个例子。

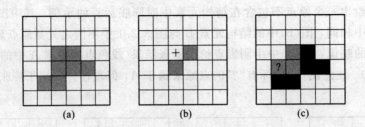

图 5.2.8　原点不包含在结构元素中时腐蚀运算示例之二

### 5.2.4　膨胀和腐蚀的其它定义

除了前面提到的比较直观的定义外，膨胀和腐蚀还有一些等价的定义。这些定义各有其特点，例如膨胀和腐蚀操作都可以通过向量运算或位移运算来实现，而且在实际用计算机完成膨胀和腐蚀运算时更为方便。

先看向量运算，将 $A$、$B$ 均看做向量，则膨胀和腐蚀可分别表示为

$$A \oplus B = \{x \mid x = a + b, \text{对某些 } a \in A \text{ 和 } b \in B\} \tag{5.2-4}$$

$$A \ominus B = \{x \mid (x + b) \in A, \text{对每一个 } b \in B\} \tag{5.2-5}$$

**例**　用向量运算实现膨胀和腐蚀操作示例。

参见图 5.2.1，以图像左上角为 $\{0, 0\}$，可将 $A$ 和 $B$ 分别表示为

$$A = \{(1, 1), (1, 2), (2, 2), (3, 2), (2, 3), (3, 3), (2, 4)\},$$
$$B = \{(0, 0), (1, 0), (0, 1)\}$$

用向量运算进行膨胀得到

$$\begin{aligned}
A \oplus B = \{&(1, 1), (1, 2), (2, 2), (3, 2), (2, 3), (3, 3), (2, 4), \\
&(2, 1), (2, 2), (3, 2), (4, 2), (3, 3), (4, 3), (3, 4), (1, 2), \\
&(1, 3), (2, 3), (3, 3), (2, 4), (3, 4), (2, 5)\} \\
= \{&(1, 1), (1, 2), (2, 1), (2, 2), (3, 2), (4, 2), (1, 3), \\
&(2, 3), (3, 3), (4, 3), (2, 4), (3, 4), (2, 5)\}
\end{aligned}$$

同理，用向量运算进行腐蚀得到

$$A \ominus B = \{(2, 2), (2, 3)\}$$

可对照图 5.2.1 验证这里的结果。

位移运算与向量运算是密切相联的，向量的和就是一种位移运算。从式(5.2-4)可得膨胀的位移运算公式：

$$A \oplus B = \bigcup_{b \in B} (A)_b \tag{5.2-6}$$

上式表明，$A \oplus B$ 是将 $A$ 中的每一项按每一个 $b \in B$ 移位的结果。也可解释成：用 $B$ 来膨胀 $A$ 就是按每个 $b$ 来位移 $A$ 并把结果或(OR)起来。

**例**　借助位移实现膨胀运算示例。

图 5.2.9 给出利用位移运算实现膨胀的一个示例，其中图(a)和图(h)与图 5.2.5 中相同，图(c)和(d)分别给出对 $A$ 以原点右边结构元素点和以原点下边结构元素点进行位移得到的结果，图(e)给出将图(c)和图(d)结果逻辑或起来的结果(即两种颜色之和)，可见它与图 5.2.5(d)相同。

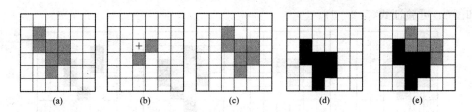

图 5.2.9 膨胀的位移运算示例

从式(5.2-5)可得腐蚀的位移运算公式:

$$A \ominus B = \bigcap_{b \in B} (A)_{-b} \qquad (5.2-7)$$

式(5.2-7)表明,$A \ominus B$ 的结果是 $A$ 以所有的 $b$ 进行负位移后得到的交集。也可解释成:用 $B$ 来腐蚀 $A$ 就是按每个 $b$ 来负位移 $A$ 并把结果并(AND)起来。

**例** 借助位移实现腐蚀。

图 5.2.10 给出腐蚀位移运算的一个例子,其中图(a)和图(b)与图 5.2.6 中相同,图(c)和图(d)分别给出对 $A$ 以原点右边结构元素点和以原点下边结构元素点反向位移的结果,图(e)中黑色点给出将图(c)和图(d)结果并起来的结果,它与图 5.2.7(c)相同。

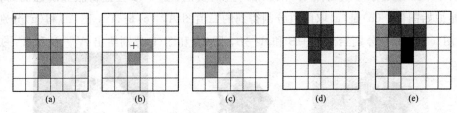

图 5.2.10 腐蚀的位移运算示例

## 5.2.5 膨胀和腐蚀的对偶性

膨胀和腐蚀这两种运算是紧密联系在一起的,一个运算对图像目标的操作相当于另一个运算对图像背景的操作。根据集合补集和映像的定义,可把膨胀和腐蚀运算的对偶性表示为

$$(A \oplus B)^C = A^C \ominus \hat{B} \qquad (5.2-8)$$

$$(A \ominus B)^C = A^C \oplus \hat{B} \qquad (5.2-9)$$

为了说明确定形态学表达式有效性的典型方法,我们对这个结果进行正规的证明。从腐蚀的定义开始,我们有:

$$(A \ominus B)^C = \{z \mid (B)_z \subseteq A\}^C \qquad (5.2-10)$$

如果集合 $(B)_z$ 包含于集合 $A$,则 $(B)_z \bigcap A^C = \varnothing$,此时前述公式变为

$$(A \ominus B)^C = \{z \mid (B)_z \bigcap A^C = \varnothing\}^C \qquad (5.2-11)$$

但满足 $(B)_z \bigcap A^C = \varnothing$ 的 $z$ 的集合的补集是满足 $(B)_z \bigcap A^C \neq \varnothing$ 的集合。因此:

$$(A \ominus B)^C = \{z \mid (B)_z \bigcap A^C \neq \varnothing\} = A^C \oplus \hat{B} \qquad (5.2-12)$$

从而证明了公式(5.2-9),同样可以证明公式(5.2-8)。

膨胀和腐蚀的对偶性可借助图 5.2.11 来说明。在图 5.2.11 中,图(a)和图(b)分别给出集合 $A$ 和结构元素 $B$,图(c)和图(d)分别给出 $A \oplus B$ 和 $A \ominus B$,图(e)和图(f)分别给出 $A^C$ 和 $\hat{B}$,图(g)和图(h)分别给出 $A^C \ominus \hat{B}$ 和 $A^C \oplus \hat{B}$(其中深色点在膨胀结果中代表膨胀出来的点,而在腐蚀结果中代表腐蚀掉的点)。比较图(c)和图(g)可验证式(5.2-8),比较图

（d）和图（h）可验证式（5.2-9）。

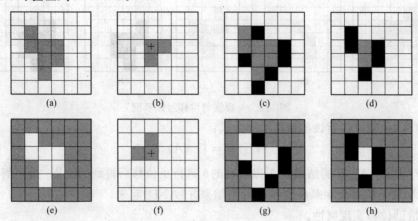

图 5.2.11　膨胀和腐蚀的对偶性示例

**例**　膨胀和腐蚀的对偶性验证实例。

图 5.2.12 给出了一组与图 5.2.11 相对应的实例，进一步验证膨胀和腐蚀的对偶性。图（a）是原始图像，（b）是（a）取阈值分割得到的二值图 $A$，（c）是 $A^c$，图（d）和（g）分别为 $B$ 和 $\hat{B}$，图（e）和（f）分别给出 $A \oplus B$ 和 $A \ominus B$，图（h）和（i）分别给出 $A^c \ominus \hat{B}$ 和 $A^c \oplus \hat{B}$。

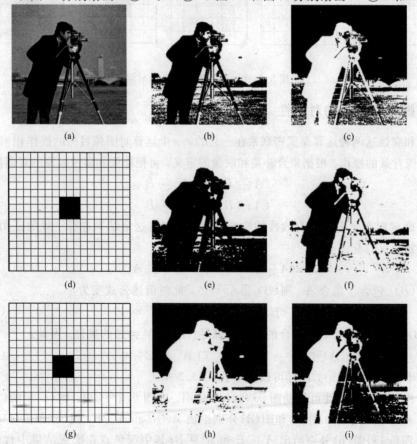

图 5.2.12　膨胀和腐蚀的对偶性验证实例

### 5.2.6 膨胀和腐蚀的性质

膨胀和腐蚀具有如下性质:

(1) 交换性:

$$A \oplus B = B \oplus A \qquad (5.2-13)$$

(2) 结合性:

$$A \oplus (B \oplus C) = (A \oplus B) \oplus C \qquad (5.2-14)$$

(3) 平移不变性:

$$A_z \oplus B = (A \oplus B)_z \qquad (5.2-15)$$

$$A_z \ominus B = (A \ominus B)_z \qquad (5.2-16)$$

$$A \ominus B_z = (A \ominus B)_z \qquad (5.2-17)$$

(4) 递增性:

$$A \subseteq B \Rightarrow A \oplus D \subseteq B \oplus D \qquad (5.2-18)$$

$$A \subseteq B \Rightarrow A \ominus D \subseteq B \ominus D \qquad (5.2-19)$$

(5) 分配性:

$$(A \cup B) \oplus C = (A \oplus C) \cup (B \oplus C) \qquad (5.2-20)$$

$$A \oplus (B \cup C) = (A \oplus B) \cup (A \oplus C) \qquad (5.2-21)$$

$$A \ominus (B \cup C) = (A \ominus B) \cap (A \ominus C) \qquad (5.2-22)$$

$$(A \cap B) \ominus C = (A \ominus C) \cap (B \ominus C) \qquad (5.2-23)$$

$$A \ominus (B \oplus C) = (A \ominus B) \ominus C \qquad (5.2-24)$$

# 5.3 开操作与闭操作

### 5.3.1 开操作与闭操作的定义

如我们所见到的,膨胀使图像扩大而腐蚀使图像缩小。本节中,我们讨论另外两个重要的形态学操作:开操作(Open)与闭操作(Close)。开操作一般使对象的轮廓变得光滑,断开狭窄的间断和消除细的突出物。闭操作同样使轮廓线更为光滑,但与开操作相反的是,它通常消弭狭窄的间断和长细的鸿沟,消除小的孔洞,并填补轮廓线中的断裂。

使用结构元素 $B$ 对集合 $A$ 进行开操作,表示为 $A \circ B$,定义为

$$A \circ B = (A \ominus B) \oplus B \qquad (5.3-1)$$

因此,用 $B$ 对 $A$ 进行开操作就是用 $B$ 对 $A$ 腐蚀,然后用 $B$ 对结果进行膨胀。

同样,使用结构元素 $B$ 对集合 $A$ 进行闭操作,表示为 $A \cdot B$,定义如下:

$$A \cdot B = (A \oplus B) \ominus B \qquad (5.3-2)$$

这个公式说明,使用结构元素 $B$ 对集合 $A$ 的闭操作就是用 $B$ 对 $A$ 进行膨胀,而后用 $B$ 对结果进行腐蚀。

开操作有一个简单的几何解释(见图 5.3.1)。假设我们将结构元素 $B$ 看做一个(扁平的)"转球"。$A \circ B$ 的边界通过 $B$ 中的点完成,即 $B$ 在 $A$ 的边界内转动时,$B$ 中的点所能到

达的 $A$ 的边界的最远点。这个开操作的几何拟合特性使我们得出了集合论的一个公式，这个公式说明用 $B$ 对 $A$ 进行开操作是通过求取 $B$ 在拟合 $A$ 时的平移的并集得到的。就是说，开操作可以表示为一个拟合操作：

$$A \circ B = \bigcup \{(B)_z \mid (B)_z \subseteq A\} \qquad (5.3-3)$$

这里 $\bigcup\{\cdot\}$ 表示大括号中所有集合的并集。

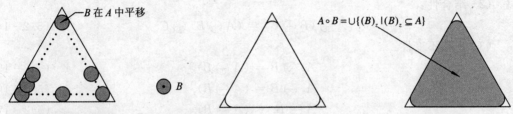

(a) 结构元素$B$沿着$A$的内部边界转动(点表示$B$的圆心)    (b) 结构元素$B$    (c) 粗线是开操作的外部边界    (d)完全开操作(阴影部分)

图 5.3.1    开操作的几何解释

闭操作有相似的几何解释，只是我们现在沿边界的外部转动 $B$(见图 5.3.2)。简而言之，开操作和闭操作是一对对偶操作，所以闭操作在边界外部转动球是预料之中的事。从几何上讲，当且仅当对包含 $w$ 的 $(B)_z$，进行的所有平移都满足 $(B)_z \bigcap A \neq \varnothing$ 时，点 $w$ 是 $A \cdot B$ 的一个元素。图 5.3.2 说明了闭操作这一基本的几何性质。

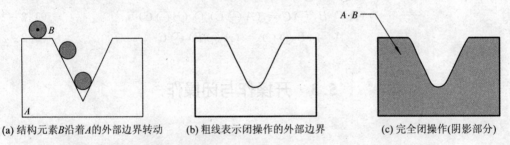

(a) 结构元素$B$沿着$A$的外部边界转动    (b) 粗线表示闭操作的外部边界    (c) 完全闭操作(阴影部分)

图 5.3.2    闭操作的几何解释

**例**    对形态学上的开操作和闭操作的简单说明。

图 5.3.3 进一步对开操作和闭操作进行了说明。图 5.3.3(a)显示了集合 $A$，图 5.3.3(b)显示了在腐蚀过程中的一块圆盘形结构元素的各种位置。当腐蚀完成时，得到图 5.3.3(c)中显示的连接图。注意，两个主要部分之间的桥接部分消失了。这部分的宽度与结构元素的直径相比要小；就是说，这部分集合不能完全包含结构元素，因此，无法满足式(5.2-3)的条件。对象最右边的两个部分也是如此，圆盘无法拟合的突出部分被消除掉了。在图 5.3.3(d)中显示了对腐蚀后的集合进行膨胀的操作，图 5.3.3(e)显示了开操作最后的结果。注意，方向向外的角变圆滑了，而方向向内的角没受影响。

同样，图 5.3.3(f)到(i)显示了使用同样的结构元素对 $A$ 进行闭操作的结果。我们注意到方向向内的拐角变得圆滑了，而方向向外的拐角没有变化。在 $A$ 的边界上，最左边的侵入部分在尺寸上明显地减小了。因为在这个位置上，圆盘无法拟合。同时也要注意在使用圆形结构元素对集合 $A$ 进行开操作和闭操作后，所得对象的各个部分得到了平滑处理。

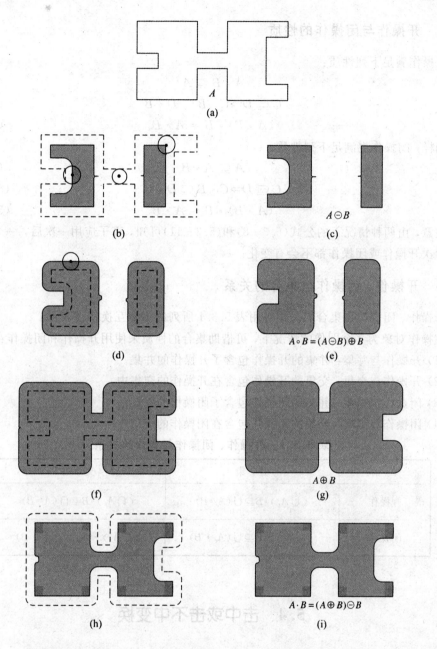

图 5.3.3　形态学开操作和闭操作(结构元素是图(b)中各部分显示的小圆,黑点是结构元素的中心)

## 5.3.2　开操作与闭操作的对偶性

开操作和闭操作也具有对偶性,它们的对偶性可表示为:

$$(A \circ B)^c = A^c \cdot \hat{B} \tag{5.3-4}$$

$$(A \cdot B)^c = A^c \circ \hat{B} \tag{5.3-5}$$

这个对偶性可根据由式(5.2-8)和式(5.2-9)表示的膨胀和腐蚀的对偶性得到。

### 5.3.3　开操作与闭操作的性质

开操作满足下列性质：

$$A \circ B \subseteq A \tag{5.3-6}$$

$$C \subseteq D \Rightarrow C \circ B \subseteq D \circ B \tag{5.3-7}$$

$$(A \circ B) \circ B = A \circ B \tag{5.3-8}$$

同样，闭操作也满足下列性质：

$$A \subseteq A \cdot B \tag{5.3-9}$$

$$C \subseteq D \Rightarrow C \cdot B \subseteq D \cdot B \tag{5.3-10}$$

$$(A \cdot B) \cdot B = A \cdot B \tag{5.3-11}$$

注意，由两种情况下的公式(5.3-8)和(5.3-11)可知，算子应用一次后，一个集合进行多少次开操作或闭操作都不会有变化。

### 5.3.4　开操作、闭操作与集合的关系

开操作、闭操作与集合的关系可用表5.3.1所列的4个互换特性表示。

在操作对象为多个图像的情况下，可借助集合的性质来使用开操作和闭操作：

(1) 开操作与并集：并集的开操作包含了开操作的并集。

(2) 开操作与交集：交集的开操作包含在开操作的交集中。

(3) 闭操作与并集：并集的闭操作包含了闭操作的并集。

(4) 闭操作与交集：交集的闭操作包含在闭操作的交集中。

**表 5.3.1　开操作、闭操作与集合的关系**

| 操　作 | 并　集 | 交　集 |
|---|---|---|
| 开操作 | $(\bigcup_{i=1}^{n} A_i) \circ B \supseteq \bigcup_{i=1}^{n} (A_i \circ B)$ | $(\bigcap_{i=1}^{n} A_i) \circ B \subseteq \bigcap_{i=1}^{n} (A_i \circ B)$ |
| 闭操作 | $(\bigcup_{i=1}^{n} A_i) \cdot B \supseteq \bigcup_{i=1}^{n} (A_i \cdot B)$ | $(\bigcap_{i=1}^{n} A_i) \cdot B \subseteq \bigcap_{i=1}^{n} (A_i \cdot B)$ |

# 5.4　击中或击不中变换

形态学上的击中或击不中变换(Hit-miss transform)是形状检测的基本工具。我们用图5.4.1来辅助介绍这个概念。图5.4.1显示了一个由3种形状(子集)组成的集合$A$，子集用$X$、$Y$和$Z$表示。图5.4.1(a)到(c)中的阴影部分指明了初始集合，而图5.4.1(d)到(e)中的阴影部分指出了进行形态学操作后的结果，目的是找到3种形状之一的位置，如$X$的位置。

令每种形状的重心为它的原点。设$X$被包围在一个小窗口$W$中。与$W$有关的$X$的局部背景定义为集合的差$W-X$，如图5.4.1(b)所示。图5.4.1(c)显示了$A$的补集，在后面将使用到它。图5.4.1(d)显示了由$X$对$A$进行腐蚀的结果(显示虚线作为参考)。用$X$对

$A$ 进行的腐蚀是 $X$ 原点位置的集合。这样，$X$ 就完全包含在 $A$ 中了。换一个角度解释，$A$
$\ominus X$ 从几何上可以被看做 $X$ 的原点所有位置的集合，在这些位置 $X$ 找到了在 $A$ 中的匹配
（击中）。请记住图 5.4.1 中 $A$ 只包含 3 种彼此不相连的集合 $X$、$Y$ 和 $Z$。

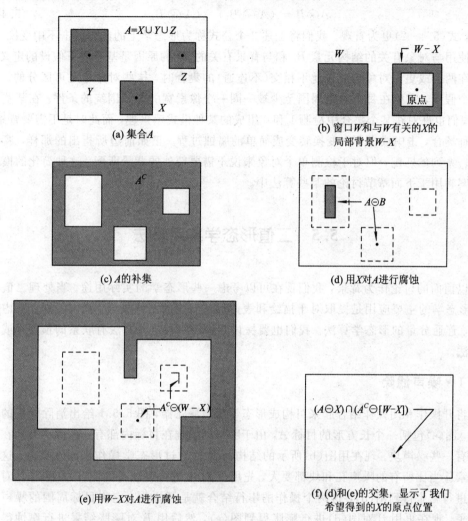

图 5.4.1　击中或击不中变换

图 5.4.1(e) 显示了由局部背景集合 $W-X$ 对集合 $A$ 的补集进行腐蚀的结果。图 5.4.1
(e) 的外圈阴影区域是腐蚀部分。我们根据图 5.4.1(d) 和 (e) 注意到，由 $X$ 对 $A$ 的腐蚀结
果与 $W-X$ 对 $A^C$ 的腐蚀结果之间的交集我们能得到 $X$ 在 $A$ 内的精确拟合的位置集合，
如图 5.4.1(f) 所示。这个交集正好是我们要找的位置。换句话说，如果 $B$ 表示由 $X$ 和 $X$ 的
背景构成的集合，则在 $A$ 中对 $B$ 进行的匹配（或匹配操作的集合）表示为 $A \circledast B$：

$$A \circledast B = (A \ominus X) \bigcap [A^C \ominus (W-X)] \qquad (5.4-1)$$

我们可以通过令 $B=(B_1, B_2)$ 对这种表示法稍微进行推广。这里 $B_1$ 是由与一个对象相联
系的 $B$ 元素构成的集合；$B_2$ 是与相应背景有关的 $B$ 元素的集合。根据前面的讨论，
$B_1=X$，$B_2=W-X$。用这个表示方法，式(5.4-1)变为

$$A \circledast B = (A \ominus B_1) \bigcap (A^C \ominus B_2) \qquad (5.4-2)$$

因此，集合 $A \circledast B$ 同时包含了所有的原点，$B_1$ 在 $A$ 内找到匹配，$B_2$ 在 $A^c$ 中找到匹配。通过应用式(5.1-8)给出的集合之差的定义和式(5.2-9)给出的腐蚀与膨胀间的对偶关系，我们可以将式(5.4-2)写成：

$$A \circledast B = (A \ominus B_1) - (A \oplus \hat{B}_2) \qquad (5.4-3)$$

然而，式(5.4-2)更为直观。我们将上述 3 个公式称为形态学上的击中或击不中变换。

使用与对象有关的结构元素 $B_1$ 和与背景有关的 $B_2$ 的原因是基于以下假设的定义，即只有在两个或更多对象构成彼此不相交(不连通)的集合时，这些对象才是可区分的。要保证这个假设，需要在每个对象周围至少被一圈一个像素宽的背景围绕的条件。在某些应用中，我们也许对在某个集合中检测 1 和 0 组成的某种模式感兴趣，而此时是不需要背景的。在这种场合，击中或击不中变换转变成简单的腐蚀过程。正如前边所指出的那样，腐蚀是进行一系列的匹配，但对于检测单个对象来说不需要额外的背景匹配。这种简化的模式检测方案将用于下面章节讨论的某些算法中。

# 5.5　二值形态学实用算法

以前面的讨论作为背景，我们现在可以考虑一些形态学的实际用途。当处理二值图像时，形态学的主要应用是提取对于描绘和表达形状有用的图像成分。我们特别要考虑提取边界、连通分量的形态学算法。我们也要探讨几种经常与这些算法有联系的预处理或后处理方法。

## 5.5.1　噪声滤除

将开操作和闭操作结合起来可构成形态学噪声滤除器，图 5.5.1 给出消除噪声的一个图例。图(a)包括一个长方形的目标 $A$，由于噪声的影响在目标内部有一些噪声孔而在目标周围有一些噪声块。现在用图(b)所示的结构元素 $B$ 通过形态学操作来滤除噪声。这里结构元素应当比所有的噪声孔和块都要大。先用 $B$ 对 $A$ 进行腐蚀得到图(c)，再用 $B$ 对腐蚀结果进行膨胀得到图(d)，这两个操作的串行结合就是开操作，它将目标周围的噪声块消除掉了。现在再用 $B$ 对图(d)进行膨胀得到图(e)，然后用 $B$ 对膨胀结果进行腐蚀得到图(f)，这两个操作的串行结合就是闭操作，它将目标内部的噪声孔消除掉了。整个过程是先开操作后闭操作，可以写为

$$\{[(A \ominus B) \oplus B] \oplus B\} \ominus B = (A \circ B) \cdot B \qquad (5.5-1)$$

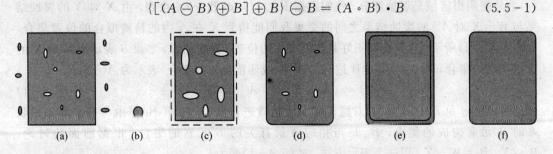

$$(a) \qquad (b) \qquad (c) \qquad (d) \qquad (e) \qquad (f)$$

图 5.5.1　噪声滤除示例

比较图 5.5.1(a)和(f)，可看出目标区域内外的噪声都消除掉了，而目标本身除原来的 4 个直角变为圆角外没有太大的变化。

## 5.5.2　边缘提取

设有一个集合 $A$，它的边缘记为 $\beta(A)$。通过先用一个结构元素 $B$ 腐蚀 $A$，再求取腐蚀结果和 $A$ 的差集就可得到 $\beta(A)$：

$$\beta(A) = A - (A \ominus B) \tag{5.5-2}$$

我们来看图 5.5.2，其中(a)给出了一个二值目标 $A$，图(b)给出了一个结构元素 $B$，图(c)是用 $B$ 腐蚀 $A$ 的结果 $A \ominus B$，图(d)是用图(a)减去图(c)最终得到的边缘 $\beta(A)$。尽管图(b)显示的结构元素是最常用的结构元素之一，但它绝对不是唯一的。例如，使用由 1 组 $5 \times 5$ 大小的结构元素将得到 2 到 3 个像素宽的边缘。注意，当 $B$ 的原点位于集合的边线上时，结构元素的一部分将处在图像的外面。对于这种情况的一般处理方法是假设处于图像边缘外部部分的值为 0。另外要注意，这里的结构元素是 8 方向连通的，而所得到的边缘是 4 方向连通的。

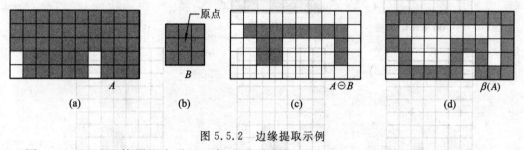

图 5.5.2　边缘提取示例

图 5.5.3 显示了使用形态学处理提取边缘的一个实例，显示于图(b)的边缘是一个像素宽的。

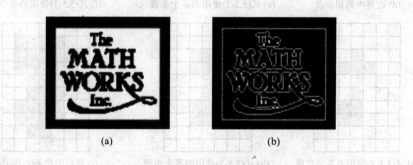

图 5.5.3　边缘提取实例

## 5.5.3　区域填充

接下来，我们探讨一个简单的用于区域填充的算法，它以集合的膨胀、求补和交集为基础。在图 5.5.4 中，$A$ 表示一个包含子集的集合，其子集的元素均是区域的 8 方向连通边界点，目的是从边界内的一个点开始，用 1 填充整个区域。

如果我们采用惯例：所有非边界(背景)点标记为 0，则以将 1 赋给 $p$ 点开始，下列过程将整个区域用 1 填充：

$$X_k = (X_{k-1} \oplus B) \bigcap A^C \qquad k = 1, 2, 3, \cdots \qquad (5.5-3)$$

这里 $X_0 = p$，$B$ 是显示于图 5.5.4(c)中的对称结构元素。如果 $X_k = X_{k-1}$，则算法在迭代的第 $k$ 步结束。$X_k$ 和 $A$ 的并集包含被填充的集合和它的边界。

　　如果对公式的左部不加限制，则式(5.5-3)的膨胀处理将填充整个区域，但在每一步中用 $A^C$ 的交集将得到的结果限制在感兴趣区域内。这是我们关于形态学处理如何达到所要求特性的第一个例子。在这个应用中，上述处理被称为条件膨胀。图 5.5.4 余下部分进一步说明了式(5.5-3)所应用的技巧。尽管这个例子仅有一个子集，但如果假设在每条边界内都有一个给定点，则用于有限个这样的子集的概念是很清楚的。

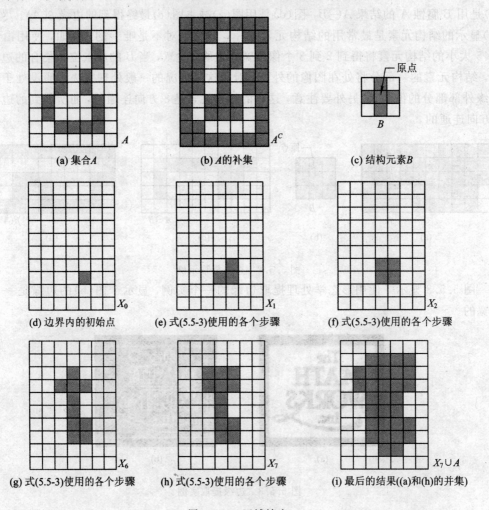

(a) 集合 $A$　　　　(b) $A$ 的补集　　　　(c) 结构元素 $B$

(d) 边界内的初始点　　　(e) 式(5.5-3)使用的各个步骤　　　(f) 式(5.5-3)使用的各个步骤

(g) 式(5.5-3)使用的各个步骤　　　(h) 式(5.5-3)使用的各个步骤　　　(i) 最后的结果((a)和(h)的并集)

图 5.5.4　区域填充

## 5.5.4　连通分量的提取

　　连通性和连通分量的概念在有关数字图像处理的书中都有介绍，它表示了像素间的一些基本关系。实际上，在二值图像中提取连通分量是许多自动图像分析应用中的核心任务。令 $Y$ 表示一个包含于集合 $A$ 中的连通分量，并假设 $Y$ 中的一个点 $p$ 是已知的，而后，用下列的迭代表达式生成 $Y$ 的所有元素：

$$X_k = (X_{k-1} \oplus B) \bigcap A \qquad k = 1, 2, 3, \cdots \qquad (5.5-4)$$

这里 $X_0 = p$，$B$ 是一个适当的结构元素，如图 5.5.5 所示。如果 $X_k = X_{k-1}$，算法收敛，并且我们令 $Y = X_k$。

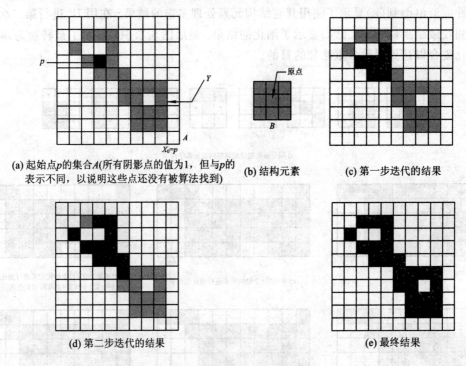

(a) 起始点 $p$ 的集合 $A$(所有阴影点的值为1，但与 $p$ 的表示不同，以说明这些点还没有被算法找到)　　(b) 结构元素　　(c) 第一步迭代的结果

(d) 第二步迭代的结果　　　　　　　(e) 最终结果

图 5.5.5　连通分量的提取

式(5.5-4)在形式上与式(5.5-3)相似。仅有的差别是使用 $A$ 代替了它的补集。此处的差别是由于寻找的所有元素(即连通分量的元素)都被标记为了1。

在每一步迭代操作中，与 $A$ 的交集消除了位于中心的标记为0的元素膨胀。图 5.5.5 说明了式(5.5-4)所使用的技巧。注意，结构元素的形状假定在像素间具有 8 方向连通性。正如在区域填充算法中那样，如果假设每个连通分量中一个点已知，则刚才讨论的结果适用于包含于 $A$ 中的任何有限连通分量的集合。

## 5.5.5　细化

集合 $A$ 使用结构元素 $B$ 进行细化用 $A \otimes B$ 表示，细化过程可以根据击中或击不中变换定义：

$$A \otimes B = A - (A \circledast B) = A \bigcap (A \circledast B)^c \qquad (5.5-5)$$

如在前一节那样，我们仅对结构元素进行模式匹配感兴趣，所以在击中或击不中变换中没有背景运算。相应的对于 $A$ 的细化更为有用的一种表达式是以结构元素序列为基础的：

$$\{B\} = \{B^1, B^2, B^3, \cdots, B^n\} \qquad (5.5-6)$$

这里 $B^i$ 是 $B^{i-1}$ 旋转后的形式。对于这个概念，我们现在用结构元素序列定义细化为

$$A \otimes \{B\} = ((\cdots(A \otimes B^1) \otimes B^2) \cdots \otimes B^n) \qquad (5.5-7)$$

这种处理通过使用 $B^1$ 经一遍处理对 $A$ 进行细化，然后使用 $B^2$ 经一遍处理得到的结果进行细化，如此进行下去，直到 $A$ 使用 $B^n$ 进行一次细化。整个过程不断重复直到得到的结

果不再发生变化。每遍独立的细化过程均使用式(5.5−7)执行。

图 5.5.6(a)显示了一组通常用于细化的结构元素，图 5.5.6(b)显示了使用刚才描述的细化过程进行处理的集合 $A$。图 5.5.6(c)显示了用 $B^1$ 对 $A$ 进行一遍扫描得到的细化结果。图 5.5.6(d)到(k)显示了使用其它结构元素处理多遍的结果。在用 $B^4$ 进行第二次处理后得到收敛结果，图 5.5.6(k)显示了细化的结果。最后图 5.5.6(l)显示了被转换为 $m$ 连通的细化集合以达到消除多重路径的目的。

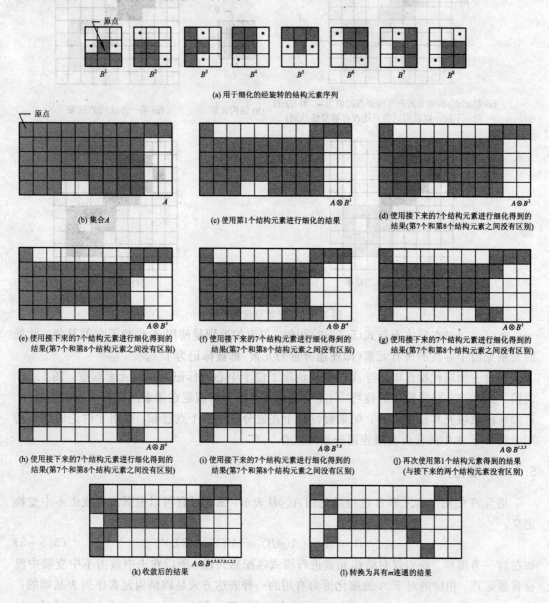

图 5.5.6　细化过程

图 5.5.7 给出了一个细化的实例，图(a)是原始图像，图(b)是经过细化后得到的图像，我们看到经细化处理后图像连通的边缘明显变细了。

(a) 原始图像

(b) 细化后得到的图像

图 5.5.7　细化算法的实例

## 5.5.6　粗化

粗化与细化(Thinning)在形态学上是对偶过程。它的定义如下:

$$A \odot \{B\} = A \bigcup (A \circledast B) \qquad (5.5-8)$$

这里 $B$ 是适合于粗化处理的结构元素。和对细化的定义一样,粗化处理可以定义为一系列操作:

$$A \odot \{B\} = (\cdots((A \odot B^1) \odot B^2) \cdots \odot B^n) \qquad (5.5-9)$$

如图 5.5.8(a)所示,用于粗化处理的结构元素和与细化处理有关的结构元素具有相同的形式,但所有 1 和 0 要互换。然而,粗化的分离算法在实际应用中很少使用,代之而来的经常是先对所讨论集合的背景进行细化,而后对结果求补集。换句话说,为了将集合 $A$ 进行粗化,我们令 $C = A^c$,而后对 $C$ 进行细化,然后再形成 $C^c$。图 5.5.8 对这一过程进行了说明。

根据 $A$ 的性质,这个过程可能产生某些断点,如图 5.5.8(d)所示。所以,使用这种方法粗化处理通常用简单的后处理消除断点。注意,根据图 5.5.8(c),经细化处理的背景构成了条边界以备粗化处理。

直接使用式(5.5-9)进行粗化处理不存在这种有用的特性。这是使用背景细化处理来实现粗化的主要原因之一。

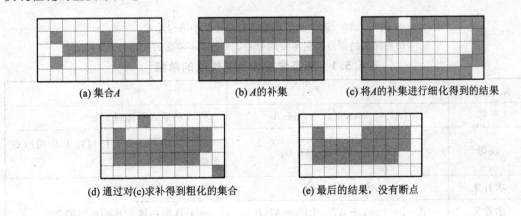

(a) 集合 $A$　　　　(b) $A$ 的补集　　　　(c) 将 $A$ 的补集进行细化得到的结果

(d) 通过对(c)求补得到粗化的集合　　　　(e) 最后的结果,没有断点

图 5.5.8　粗化过程

图 5.5.9 给出了一个粗化的实例,图(a)是原始图像,图(b)是经过粗化后得到的图像,

我们看到经粗化处理后图像连通的边缘明显变粗了。

(a) 原始图像　　　　　(b) 粗化后得到的图像

图 5.5.9　粗化算法的实例

### 5.5.7　小结

表 5.5.1 总结了前面章节中探讨的形态学上的成果。图 5.5.10 总结了迄今为止用于不同形态学处理的结构元素的基本类型。注意，表 5.5.1 中第 3 列的罗马数字是指图 5.5.10 中的结构元素。

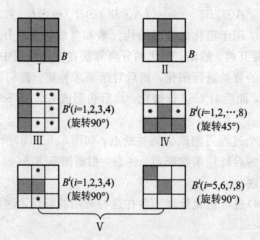

图 5.5.10　用于二值形态学的 5 种基本结构元素

（每种元素的原点是它本身的中心，* 表示不考虑的元素）

**表 5.5.1　形态学操作及其性质的总结**

| 操作类型 | 等　　式 | 注　　释 |
|---|---|---|
| 平移 | $(A)_z = \{w \mid w = a + z,\ a \in A\}$ | 将 $A$ 的原点平移到 $z$ 点 |
| 映射 | $\hat{B} = \{w \mid w = -b,\ b \in B\}$ | 将 $B$ 的所有元素进行相对于 $B$ 的原点的映射 |
| 求补集 | $A^c = \{w \mid w \notin A\}$ | 不属于 $A$ 的点的集合 |
| 求差集 | $A - B = \{w \mid w \in A,\ w \notin B\} = A \cap B^c$ | 属于 $A$ 但不属于 $B$ 的点的集合 |
| 膨胀 | $A \oplus B = \{z \mid (\hat{B})_z \cap A \neq \varnothing\}$ | "扩展" $A$ 的边界（Ⅰ） |

| 操作类型 | 等　式 | 注　释 |
|---|---|---|
| 腐蚀 | $A \ominus B = \{z | (B)_z \subseteq A\}$ | "收缩"A 的边界（Ⅰ） |
| 开操作 | $A \circ B = (A \ominus B) \oplus B$ | 平滑轮廓，切断狭区，消除小的"孤岛"和突刺（Ⅰ） |
| 闭操作 | $A \cdot B = (A \oplus B) \ominus B$ | 平滑轮廓，融和狭窄的间断和细长的"沟壑"，消除小的孔洞（Ⅰ） |
| 击中或击不中 | $A \circledast B = (A \ominus B_1) \bigcap (A^c \ominus B_2)$<br>$= (A \ominus B_1) - (A \oplus \hat{B}_2)$ | 点（坐标）的集合。在集合中的点的位置上能同时得到 $B_1$ 在 A 中的一个匹配（击中）以及 $B_2$ 在 $A^c$ 中的一个匹配 |
| 噪声去除 | $\{[(A \ominus B) \oplus B] \oplus B\} \ominus B = (A \circ B) \cdot B$ | 将给定区域中的噪声孔洞清除 |
| 边缘提取 | $\beta(A) = A - (A \ominus B)$ | 在集合 A 边界上的点的集合（Ⅰ） |
| 区域填充 | $X_k = (X_{k-1} \oplus B) \bigcap A^c$<br>$X_0 = p \quad k = 1, 2, 3, \cdots$ | 给定 A 中某个区域内的一个点 $p$，填充此区域（Ⅱ） |
| 连通分量 | $X_k = (X_{k-1} \oplus B) \bigcap A$<br>$X_0 = p \quad k = 1, 2, 3, \cdots$ | 给定 Y 内的一个点 $p$，寻找 A 中的连通分量 Y（Ⅰ） |
| 细化 | $A \otimes B = A - (A \circledast B) = A \bigcap (A \circledast B)^c$<br>$A \otimes \{B\} = ((\cdots (A \otimes B^1) \otimes B^2) \cdots \otimes B^n)$<br>$\{B\} = \{B^1, B^2, B^3, \cdots, B^n\}$ | 细化集合 A。前两个等式给出细化的基本定义，后两个等式表示用结构元素序列进行细化。在实际应用中通常使用这种方法（Ⅳ） |
| 粗化 | $A \odot B = A \bigcup (A \circledast B)$<br>$A \odot \{B\} = ((\cdots (A \odot B^1) \odot B^2) \cdots \odot B^n)$ | 粗化集合 A（见前面关于结构元素序列的评述），使用Ⅳ，0 和 1 位置互换即可 |

# 5.6　灰度形态学分析

　　在本节，我们把形态学处理扩展到灰度图像的基本操作，即膨胀、腐蚀、开操作和闭操作。然后，我们利用这些操作探讨几种基本的灰度级形态学算法，特别是要建立通过形态学梯度运算进行边界提取的算法，以及基于纹理内容的区域分割算法。同时，也将讨论平滑处理和尖锐化处理的算法，这些算法在预处理和后处理过程中非常有用。

通过下边的讨论，我们将处理形如 $f(x,y)$ 和 $b(x,y)$ 的数字图像函数，这里 $f(x,y)$ 是输入图像，而 $b(x,y)$ 是结构元素，$b(x,y)$ 本身是一个子图像函数。假设这些函数是离散函数，即：如果 **Z** 表示实整数集合，则假设 $(x,y)$ 是来自 **Z**×**Z** 的整数，且 $f$ 和 $b$ 是对每一个 $(x,y)$ 坐标赋以灰度值（来自实数集合 **R** 的实数）的函数。如果灰度级也是整数，则用 **Z** 代替 **R**。

## 5.6.1 膨胀

用 $b$ 对函数 $A$ 进行的灰度膨胀表示为 $f \oplus b$，定义为

$$(f \oplus b)(s,t) = \max\{f(s-x,t-y) + b(x,y) \mid (s-x),(t-y) \in D_f; (x,y) \in D_b\}$$
$$(5.6-1)$$

这里 $D_f$ 和 $D_b$ 分别是 $A$ 和 $b$ 的定义域。注意，$A$ 和 $b$ 是函数而不是二值形态学情况中的集合。

$s-x$ 和 $t-y$ 必须在 $f$ 的定义域内以及 $x$ 和 $y$ 必须在 $b$ 的定义域内的条件与膨胀的二值定义中的条件是相似的（这里两个集合的交集至少应有一个元素）。同时应该注意式 $(5.6-1)$ 的形式与二维卷积是相似的，并且用最大值运算代替卷积求和，用加法运算代替卷积乘积。

下面我们将用简单的一维函数说明式 $(5.6-1)$ 的表示法和运算原理。对单变量函数，式 $(5.6-1)$ 简化为表达式：

$$(f \oplus b)(s) = \max\{f(s-x) + b(x) \mid (s-x) \in D_f; x \in D_b\} \qquad (5.6-2)$$

回顾关于卷积的讨论：$f(-x)$ 是 $f(x)$ 关于 $x$ 轴原点的镜像。在卷积运算中，$s$ 为正时函数 $f(s-x)$ 向右移动，$s$ 为负则向左移动。条件是 $s-x$ 必须在 $f$ 的定义域内，$x$ 的值必须在 $b$ 定义域内，这意味着 $A$ 和 $b$ 是彼此交叠的。正如在上一段中提到的，这些条件与二值图像膨胀的条件（这两个集合的交集至少有一个元素）是相似的。最后，与二值图像的情况不同，被移动的是 $f$ 而不是 $b$，式 $(5.6-1)$ 可以被写成 $b$ 受到平移而不是 $f$。然而，如果 $D_b$ 比 $D_f$ 小（实际应用中经常是这样的），则式 $(5.6-1)$ 中给出形式的索引项可以进一步简化而取得相同的结果。从概念上讲，以 $b$ 滑过函数 $f$ 还是以 $f$ 滑过 $b$ 是没有区别的。事实上，尽管这个等式更容易实现，但如果以 $b$ 作为滑过 $f$ 的函数，则对灰度膨胀的实际原理在直观上更容易理解一些。

图 5.6.1 中显示了一个让 $b$ 反转平移进行灰度膨胀的例子。图 5.6.1(a) 和 (b) 分别给出了 $f$ 与 $b$，图 (c) 同时显示运算过程中的两种情况，而图 (d) 给出最终的膨胀结果。

注意，与 5.2.1 节中介绍二值膨胀时不同的是，在式 $(5.6-1)$ 和式 $(5.6-2)$ 里让 $f$ 而不是让 $b$ 反转平移，因为膨胀具有互换性，而腐蚀不具有互换性。为了让膨胀和腐蚀的表达形式互相对应，我们采用了式 $(5.6-1)$ 和式 $(5.6-2)$ 的表示。但由例 5.6.1 可看出，如果让 $b$ 反转平移进行膨胀，其结果也完全一样。

膨胀的计算是由结构元素确定的邻域中选取 $f+b$ 的最大值，所以对灰度图像的膨胀处理的结果是双重的：① 所有结构元素的值为正，则输出图像会趋向于比输入图像更亮；② 根据输入图像中暗细节的灰度值以及它们的形状相对于结构元素的关系，它们在膨胀中或被消减或被除掉。

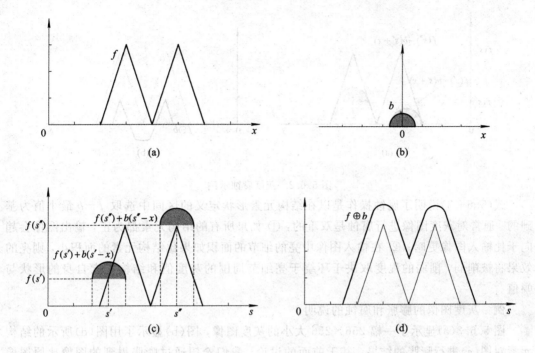

图 5.6.1 灰度膨胀示例

## 5.6.2 腐蚀

用结构元素 $b$ 对输入图像 $f$ 进行灰度腐蚀记为 $f \ominus b$，其定义为

$$(f \ominus b)(s, t) = \min\{f(s+x, t+y) - b(x, y) \mid (s+x), (t+y) \in D_f; (x, y) \in D_b\}$$
$$(5.6-3)$$

这里 $D_f$ 和 $D_b$ 分别是 $A$ 和 $b$ 的定义域。平移参数 $s+x$ 和 $t+y$ 必须在 $f$ 的定义域内，而且 $x$ 和 $y$ 必须在 $b$ 的定义域内，这与腐蚀的二值定义中的条件（这里结构元素必须完全包含在被腐蚀的集合内）相似。注意，式(5.6-3)在形式上与二维相关是相似的，并且用最小值运算代替了相关运算，用减法运算代替了相关的乘积。

我们通过对一个简单的一维函数进行腐蚀来说明式(5.6-3)的原理。对单变量函数，腐蚀的表达式简化为

$$(f \ominus b)(s) = \min\{f(s+x) - b(x) \mid (s+x) \in D_f; x \in D_b\} \qquad (5.6-4)$$

与相关运算一样，对正的 $s$，函数 $f(s+x)$ 向右移动；对负的 $s$，函数向左移动。对 $s+x \in D_f$ 和 $x \in D_b$ 的要求表明 $b$ 的取值范围完全包含在移动后的 $f$ 的范围之内。正如前一段提到的，这些要求与腐蚀的二值定义中的条件（这里结构元素必须完全包含在被腐蚀的集合之内）相似。

最后，与腐蚀的二值定义不同，移动的对象是 $f$ 而不是结构元素 $b$。式(5.6-3)可以写成 $b$ 是被平移的，但会导致表达式的下标索引变得更为复杂。因为 $f$ 在 $b$ 上滑动和 $b$ 在 $f$ 上滑动概念上是相同的，所以，由于在膨胀讨论的结尾处提到的原因使用了式(5.6-3)现在的形式。图 5.6.2 显示了使用图 5.6.1(b)的结构元素对图 5.6.1 (a)的函数进行腐蚀的结果。

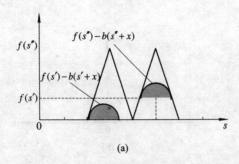
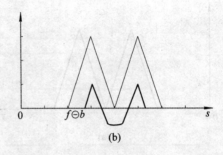

(a)　　　　　　　　　　　　　　　　(b)

图 5.6.2　灰度腐蚀示例

式(5.6-3)说明了腐蚀操作是以在结构元素形状定义的区间中选取 $f-b$ 最小值为基础的。通常对灰度图像进行腐蚀是双重的：① 如果所有的结构元素都为正，输出图像会趋向于比输入图像更暗；② 在输入图像中亮的细节的面积如果比结构元素的面积小，则亮的效果将被削弱，削弱的程度取决于环绕于亮细节周围的灰度值和结构元素自身的形状与幅值。

**例**　灰度图像的膨胀和腐蚀的说明。

图 5.6.3(a)显示了一幅 $256 \times 256$ 大小的灰度图像，图(b)显示了用图(d)所示的结构元素对图(a)进行膨胀的结果。基于前面的讨论，我们希望通过膨胀得到的图像比原图像更明亮并且减弱或消除小的、暗的细节部分。这些效果在图 5.6.3 中清晰可见。不仅得到的图像比原图像更明亮，而且黑色部分已经被减弱了，比如相机的黑色三角架有明显的减弱。图 5.6.3(c)显示了对原图像进行腐蚀的结果，有与膨胀相反的效果，被腐蚀的图像更暗了，并且尺寸小、明亮的部分(比如相机的快门线)被削弱了。图 5.6.3(d)是结构元素。

(a)　　　　　　　(b)　　　　　　　(c)　　　　　　　(d)

图 5.6.3　灰度图像膨胀和腐蚀实例

膨胀和腐蚀相对于函数的补(补函数)和映射也是对偶的，它们的对偶关系可写为

$$(f \oplus b)^c = (f^c \ominus \hat{b}) \tag{5.6-5}$$

$$(f \ominus b)^c = (f^c \oplus \hat{b}) \tag{5.6-6}$$

这里函数的补定义为 $f^c(x, y) = -f(x, y)$，而函数的映射定义为 $\hat{b}(x, y) = b(-x, -y)$。

## 5.6.3　开操作和闭操作

灰度数学形态学中关于开操作和闭操作的表达与它们在二值形态学中的对应运算是一致的。用 $b$ 对 $f$ 进行开操作记为 $f \circ b$，其定义为

$$f \circ b = (f \ominus b) \oplus b \qquad (5.6-7)$$

用 $b$ 对 $f$ 进行闭操作记为 $f \cdot b$，其定义为

$$f \cdot b = (f \oplus b) \ominus b \qquad (5.6-8)$$

开操作和闭操作相对于函数的补（补函数）和映射也是对偶的，它们的对偶关系可写为

$$(f \circ b)^c = (f^c \cdot \hat{b}) \qquad (5.6-9)$$

$$(f \cdot b)^c = (f^c \circ \hat{b}) \qquad (5.6-10)$$

因为 $f^c(x, y) = -f(x, y)$，所以式(5.6-9)和式(5.6-10)也可写为

$$-(f \circ b) = (-f \cdot \hat{b}) \qquad (5.6-11)$$

$$-(f \cdot b) = (-f \circ \hat{b}) \qquad (5.6-12)$$

灰度图像的开操作和闭操作也都可以有简单的几何解释，我们借助图5.6.4来讨论。在图(a)中，给出了一幅 $f(x, y)$ 在 $y$ 为常数时的一个剖面 $f(x)$，其形状为一连串的山峰和山谷。现设结构元素 $b$ 是球状的，投影到 $x$ 和 $f(x)$ 平面上是一个圆。我们分别讨论开操作和闭操作的情况。

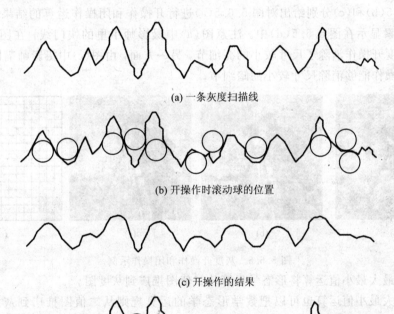

(a) 一条灰度扫描线

(b) 开操作时滚动球的位置

(c) 开操作的结果

(d) 闭操作时滚动球的位置

(e) 闭操作的结果

图 5.6.4　灰度开操作和闭操作示意

用 $b$ 对 $f$ 进行开操作，即 $f \circ b$，可以看做是将 $b$ 贴着 $f$ 的下沿从一端滚到另一端。图(b)给出了 $b$ 在开操作中的几个位置，图(c)给出了开操作的结果。从图(c)可看出，对所有

比 $b$ 的直径小的山峰其高度和尖锐度都减弱了。换句话说，当 $b$ 贴着 $f$ 的下沿滚动时，$f$ 中没有与 $b$ 接触的部位都落到与 $b$ 接触。实际中常用开操作消除与结构元素相比尺寸较小的亮细节，而保持图像整体灰度值和大的亮区域基本不受影响。具体就是第 1 步的腐蚀去除了小的亮细节并同时减弱了图像亮度，第 2 步的膨胀增加（基本恢复了）图像亮度但又不重新引入前面去除的细节。

用 $b$ 对 $f$ 进行闭操作，即 $f \cdot b$，可看做将 $b$ 贴着 $f$ 的上沿从一端滚到另一端。图(d)给出 $b$ 在闭操作中的几个位置，图(e)给出闭操作的结果。从图(e)可看出，山峰基本没有变化，而所有比 $b$ 的直径小的山谷得到了填充。换句话说，当 $b$ 贴着 $f$ 的上沿滚动时，$f$ 中没有与 $b$ 接触的部位都填充到与 $b$ 接触。实际中常用闭操作消除与结构元素相比尺寸较小的暗细节，而保持图像整体灰度值和大的暗区域基本不受影响。具体说来，第 1 步的膨胀去除了小的暗细节并同时增强了图像亮度，第 2 步的腐蚀减弱（基本恢复）了图像亮度但又不重新引入前面去除的细节。

**例** 灰度开操作和闭操作实例。

图 5.6.5(b)和(c)分别给出对图 5.6.5(a)进行开操作和闭操作运算的结果，这里所用灰度结构元素显示在图 5.6.5(d)中。注意图(a)中摄影师手里的快门线，在图(b)中消失了，可见灰度开操作消除了尺寸较小的亮细节。另一方面，由图(c)中摄影师嘴巴的模糊可知，灰度闭操作能够消除尺寸较小的暗细节。

   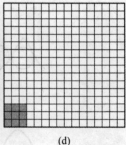

(a)　　　　　　　　(b)　　　　　　　　(c)　　　　　　　　(d)

图 5.6.5　灰度开操作和闭操作示例

**例** 用最大最小值运算将形态学运算从二值图推广到灰度图。

利用最大最小值运算也可以把数学形态学的运算规则从二值图推广到灰度图像。为此，下面引入集合的顶面（Top surface of a set，简写为 $T$）和阴影（Umbra of a surface，简写为 $U$）的概念。

为易于表达，先考虑在空间平面 $XY$ 上的一个区域 $A$，如图 5.6.6 所示。把 $A$ 向 $X$ 轴投影，可得 $x_{min}$ 和 $x_{max}$。对属于 $A$ 的每个点 $(x, y)$ 来说，都有 $y = f(x)$ 成立。对 $A$ 来说它在平面 $XY$ 上有一条顶线 $T(A)$，也就是 $A$ 的上边缘 $T(A)$，它可以表示为

$$T(A) = \{(x_t, y_t) \mid x_{min} \leqslant x_t \leqslant x_{max}, \ y_t = \max_{(x_t, y_t) \in A} f(x_t)\} \qquad (5.6-13)$$

把 $T(A)$ 向 $X$ 轴投影得到 $F$。在 $T(A)$ 与 $F$ 之间的就是阴影 $U(A)$，阴影 $U(A)$ 也包含区域 $A$。以上讨论可以方便地推广到空间 $XYZ$ 中去。一个二维灰度图像对应在 $XYZ$ 上的一个体 $V$，它有一个顶面 $T(V)$，也就是 $V$ 的上曲面。类似于公式(5.6-13)，这个顶面会写为

$$T(V) = \{(x_t, y_t, z_t) \mid x_{min} \leqslant x_t \leqslant x_{max}, \ y_{min} \leqslant y_t \leqslant y_{max}, \ z_t = \max_{(x_t, y_t, z_t) \in V} f(x_t, y_t)\}$$

$$(5.6-14)$$

　　根据灰度图的顶面和阴影的定义，如果我们把 $U(V)$ 以内当作"黑"区，$U(V)$ 以外当作"白"区，就可以把二值图中的几个形态学运算符加以引伸用到灰度图中。

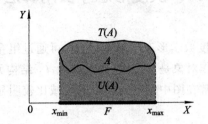

图 5.6.6　顶线和阴影

　　如用 $f$ 表示灰度图，用 $b$ 表示灰度结构元素，则用 $b$ 对 $f$ 的膨胀和腐蚀可以分别定义为

$$f \oplus b = T\{U(f) \oplus U(b)\} \tag{5.6-15}$$

$$f \ominus b = T\{U(f) \ominus U(b)\} \tag{5.6-16}$$

最后所引进的两个新运算符 $T$ 和 $U$ 满足：

$$T\{U(f)\} = f \tag{5.6-17}$$

即顶面运算是阴影运算的逆运算。

### 5.6.4　基本运算性质

　　前述灰度膨胀、腐蚀、开操作和闭操作 4 种基本运算的一些性质列于表 5.6.1 中。表中 $u \hookleftarrow v$ 代表 $u$ 的定义域是 $v$ 的定义域的一个子集，且对在 $u$ 的定义域中的任意 $(x, y)$ 有 $u(x, y) \leqslant v(x, y)$。

表 5.6.1　灰度数学形态学 4 种基本运算的性质

| 运算 / 性质 | 膨　胀 | 腐　蚀 | 开操作 | 闭操作 |
|---|---|---|---|---|
| 互换性 | $f \oplus b = b \oplus f$ | | | |
| 组合性 | $(f \oplus b) \oplus c$ $= f \oplus (b \oplus c)$ | $(f \ominus b) \ominus c$ $= f \ominus (b \oplus c)$ | | |
| 增长性 | $f_1 \hookleftarrow f_2 \Rightarrow$ $f_1 \oplus b \subseteq f_2 \oplus b$ | $f_1 \hookleftarrow f_2 \Rightarrow$ $f_1 \ominus b \subseteq f_2 \ominus b$ | $f_1 \hookleftarrow f_2 \Rightarrow$ $f_1 \circ b \subseteq f_2 \circ b$ | $f_1 \hookleftarrow f_2 \Rightarrow$ $f_1 \cdot b \subseteq f_2 \cdot b$ |
| 同前性 | | | $(f \circ b) \circ b = f \circ b$ | $(f \cdot b) \cdot b = f \cdot b$ |
| 外延性 | $f \hookleftarrow (f \oplus b)$ | | | $f \hookleftarrow (f \cdot b)$ |
| 非外延性 | | $(f \ominus b) \hookleftarrow f$ | $(f \circ b) \hookleftarrow f$ | |

# 5.7　灰度形态学实用算法

利用上面介绍的几种灰度数学形态学基本运算,可通过组合得到一系列灰度数学形态学实用算法。因为这里的操作对象是灰度图(输入图像 $f$,结构元素 $b$),所以处理结果仍是灰度图像。一般处理的效果常在图中较亮或较暗的区域比较明显。

## 5.7.1　形态学梯度

膨胀和腐蚀常结合使用以计算形态学梯度。一幅图像的形态学梯度记为 $g$:

$$g = (f \oplus b) - (f \ominus b) \tag{5.7-1}$$

形态学梯度能加强图像中比较尖锐的灰度过渡区。与各种空间梯度算子不同的是,用对称的结构元素得到的形态学梯度受边缘方向的影响较小,但一般而言,计算形态学梯度所需的计算量要大些。

**例**　形态学梯度计算实例。

图 5.7.1(a)和(d)分别给出两幅原始图像,图(b)和(e)分别是对图(a)和(d)进行形态学梯度计算的结果,为方便比较,图(c)和(f)给出对图(a)和(d)用 Sobel 梯度算子得到的梯度图。

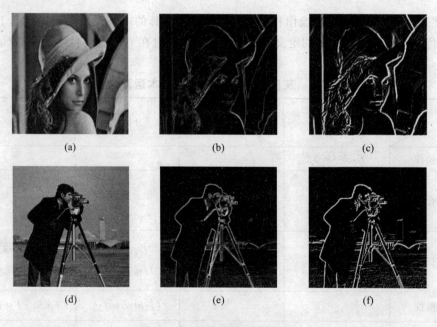

图 5.7.1　形态学梯度计算实例

## 5.7.2　形态学平滑

先对图像进行开操作,然后进行闭操作就是一种对图像进行平滑的方法。这两种操作的综合效果是去除或减弱亮区和暗区的各类噪声。

**例** 形态学平滑实例。

图 5.7.2 给出了用图 5.6.5(d)所示的灰度结构元素对图 5.7.2(a)进行形态学平滑的结果。

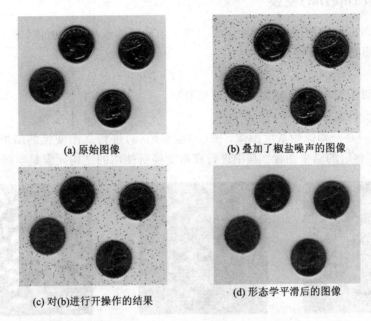

(a) 原始图像　　　　　　　　　(b) 叠加了椒盐噪声的图像

(c) 对(b)进行开操作的结果　　　(d) 形态学平滑后的图像

图 5.7.2　形态学平滑实例

### 5.7.3　纹理分割

因为对灰度图像进行闭操作能去除图像中的暗细节，对灰度图像进行开操作能够去除图像中的亮细节，所以它们结合起来可用于分割某些纹理图像。我们以图 5.7.3 为例来说明。

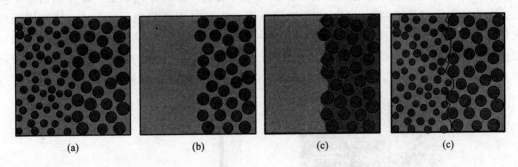

(a)　　　　　　(b)　　　　　　(c)　　　　　　(c)

图 5.7.3　纹理分割实例

图 5.7.3(a)里有两个带有纹理的区域，纹理都是由较暗的圆组合形成的，但两个区域中圆的半径不同。要分割开这两个区域可先用一系列逐步增大的圆形结构元素依次对原始图像进行闭操作，当结构元素的尺寸与小圆的尺寸相当时，这些小圆就在闭操作中被从图像中除去，在它们原来的位置只剩下区域中较亮的背景。对整幅图像来说，只剩下如图(b)所示大的圆和全图背景。这时再选用一个比大圆之间的间隙要大的结构元素进行一次开操作，将大圆间的亮间隙除去并使整个大圆所在区域变暗(见图(c)的结果)。对整幅图像来

说，原小圆所在区域相对较亮而大圆所在区域相对较暗。对这种图用简单的灰度取阈值算法就可将两个(纹理)区域分开(图(d)中叠加在原图上的区域分界线给出分割边界)。

### 5.7.4 高帽(Top-Hat)变换

这个变换名称的来源是由于它使用了上部平坦的柱体或平行六面体(像一顶高帽)作为结构元素。一幅图像的高帽变换记为 $h$：

$$h = f - (f \circ b) \qquad\qquad (5.7 - 2)$$

这个变换对增强图像中阴影(暗区)的细节很有用。

**例** 高帽变换实例。

图 5.7.4(a)是一幅原始灰度图像，图(b)是对图(a)进行高帽变换的结果，图(c)是图(b)经过灰度调整后的结果图像。其中进行高帽变换所使用的结构元素是半径为 12 的圆。

(a) 一幅原始灰度图像　　(b) 对图(a)进行高帽变换的结果　　(c) 图(b)经过灰度调整后的结果图像

图 5.7.4　高帽变换实例

### 5.7.5 粒度测定

粒度测定所处理的主要领域是判断图像中颗粒的尺寸分布问题。图 5.7.5(a)显示了三种不同尺寸亮目标组成的图像。这些目标不仅相互交叠，而且排列散乱，难以识别单个颗粒。因为颗粒比背景稍微亮一些，下面的形态学方法可以用于检测尺寸分布。使用逐渐增大尺寸的结构元素对原图进行开操作。当每一次使用不同尺寸的结构元素处理之后，初始图像和经过开操作处理的图像之间的差异可以计算出来。在处理的最后阶段，将这些计算的差异进行归一化处理，然后建立颗粒尺寸分布的直方图。这种处理方法基于下面的思

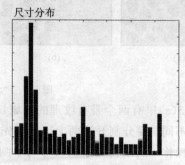

(a) 三种不同尺寸亮目标组成的图像　　(b) 图(a)的尺寸分布直方图

图 5.7.5　粒度测定实例

想：以某一特定尺寸对含有相近尺寸颗粒的图像区域进行开操作，对输入图像得到的处理效果最好。因此，通过计算输入和输出图像之间的差异可以对相近尺寸颗粒的相对数量进行测算。图 5.7.5(b)显示了在这种情况下得到的尺寸分布。直方图表明在输入图像中存在三种主要尺寸的颗粒。这种处理对于检测带有某一主要的类似颗粒状特征的区域是很有用处的。

## 本章参考文献

[1]  R C 冈萨雷斯，P 温茨. 数字图像处理. 阮秋琦，阮宇智，等，译. 北京：电子工业出版社，2003.

[2]  夏良正. 数字图像处理. 南京：东南大学出版社，1999.

[3]  田捷，沙飞，张新生. 实用图像分析与处理技术. 北京：电子工业出版社，1995.

[4]  章毓晋. 图像工程（下册）：图像处理和分析. 北京：清华大学出版社，1999.

[5]  Serra J. Image Analysis and Mathematical Morphology, Vol. 2 Academic Press, New York, 1988.

[6]  Goutsias J, Vincent L, Bloomberg D S. Mathematical Morphology and Its Applications to Image and Signal Processing, Kluwer Academic Publishers, Boston, Mass, 2000.

[7]  Marchand-Maillet S, Sharaiha Y M. Binary Digital Image Processing：A Discrete Approach, Academic Press, New York, 2000.

[8]  Ritter G X, Wilson J N. Handbook of Computer Vision Algorithms in Image Algebra, GRC Press, Boca Raton, Fla, 2001.

[9]  朱秀昌，刘峰，胡栋. 数字图像处理与图像通信. 北京：北京邮电大学出版社，2004.

[10]  唐常青，吕宏伯. 数学形态学及其应用. 北京：科学出版社，1990.

## 练 习 题

5.1  图题 5.1 中 A、B 和 C 分别表示三个集合，请写出图中阴影部分对应的表达式。

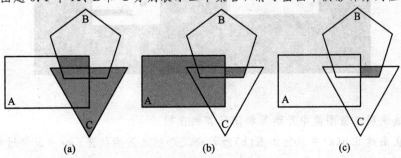

(a)　　　　　　(b)　　　　　　(c)

图题 5.1

5.2 画出用图题 5.2(a)的结构元素对图(b)进行膨胀和腐蚀的结果。

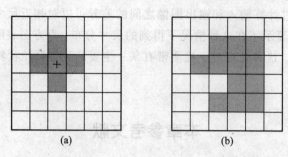

图题 5.2

5.3 对图题 5.3(a)中的正方形(二值图像)采用结构元素(图(b))进行腐蚀操作,其中结构元素的大小为 3×3,所得图形的面积比原来正方形面积少了 100 个像素,请计算原来正方形的面积。

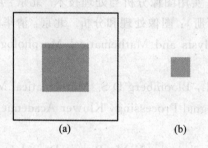

图题 5.3

5.4 用 20×20 的正方形结构元素对图题 5.4(二值图像)进行开运算和闭运算操作,并显示运算结果(用 Matlab 编程实现)。

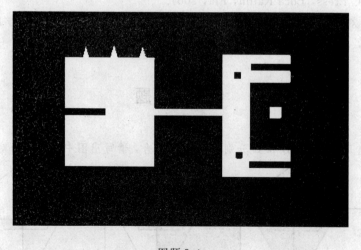

图题 5.4

5.5 试说明二值图像中开运算和闭运算的区别。

5.6 在图题 5.6(a)中识别如图(b)所示交叉形状像素的位置,给出识别过程。

```
0 0 0 0 0 0 0 0 0 0 0 0 0 0 0 0
0 0 1 0 0 0 0 0 0 0 0 0 0 0 0 0
0 0 1 0 0 0 1 1 1 1 0 0 0 0 0 0
0 1 1 1 0 0 0 0 0 0 0 1 1 0 0 0
0 0 1 0 0 0 0 0 0 0 0 1 1 1 0 0
0 0 0 0 0 1 0 0 0 0 0 0 1 0 0 0
0 0 0 0 1 1 1 0 0 0 0 0 0 0 0 0
0 0 0 0 0 1 0 0 0 0 0 0 0 0 0 0
0 0 0 0 0 0 0 0 0 0 0 0 0 0 0 0
```

```
0 1 0
1 1 1
0 1 0
```

(a)　　　　　　　　　　　　　　　　　　(b)

图题 5.6

5.7　利用图题 5.7(a) 中的实心圆（二值图像）和形态学运算编程画出图(b)中的同心圆（二值图像），并简述其思想。

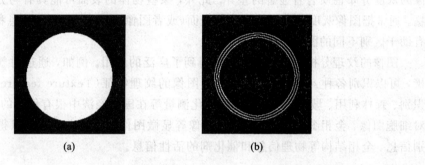

(a)　　　　　　　　　　　　　　　　　　(b)

图题 5.7

5.8　编程实现对 Lena 灰度图像的膨胀和腐蚀操作及其形态学梯度，并显示运算结果（采用 5×5 的正方形结构元素）。

5.9　试简述灰度图像的膨胀和腐蚀操作的特点。

5.10　某工厂生产一种球形钢珠，标准钢珠的直径已知，请设计一种算法可以对钢珠的尺寸大小是否达标进行判断，试简述其算法思想。（钢珠照片类似于图题 5.10。）

图题 5.10

# 第六章　纹理图像分析

　　纹理是图像中一个重要而又难以描述的特性，关于图像纹理至今还没有公认的严格定义。但图像纹理对我们来说是很熟悉的，它反映了物体表面颜色和灰度的某种变化，而这些变化又与物体本身的属性相关。例如在遥感图像中，沙漠图像的灰度分布性质与森林图像的灰度分布性质有着显著的差异。此外，某些物体的表面可能具有与方向相关的纹理信息。通常把图像灰度分布性质或物体表面（或者图像）呈现出的方向信息称为纹理结构，它有助于区别不同的图像区域。

　　图像的纹理分析已经在诸多领域得到了广泛的应用。例如，通过对气象云图的纹理分析，可以识别各种云类；分析卫星遥感图像的纹理特征（Texture feature），可以进行区域识别、森林利用、城市发展、土地荒漠化测量等在国民经济中很有价值的宏观研究及应用；对细胞图像、金相图像、催化剂表面图像等显微图像的纹理分析，可以得到细胞性质的鉴别信息、金相结构等物理信息和催化剂的活性信息。

## 6.1　纹　理　特　征

　　虽然图像纹理尚无公认的定义，但字典中对纹理的定义是"由紧密的交织在一起的单元组成的某种结构"，这种说法还是较为恰当的。观察图 6.1.1 的几幅图像，不难发现这些图像在局部区域内呈现了不规则性，而在整体上表现出某种规律性。习惯上，把图像中这种局部不规则的，而宏观有规律的特性称之为纹理。因此，纹理是由一个具有一定的不变性的视觉基元，通称纹理基元（Texture primitive），在给定区域内的不同位置上，以不同的形变及不同的方向重复地出现的一种图纹。显然只有采用有效描述纹理特性的方法去分析纹理区域与纹理图像，才能真正描述与理解它们。

　　为了定量描述纹理，需要研究纹理本身可能具有的特征，即根据某种能够描述纹理空间分布的模型，给出纹理特征的定量估计。目前纹理算法大体可以分为两大类：一类是从图像有关属性的统计分析出发的统计分析方法；另一类是力求找出纹理基元，再从结构组成上探索纹理的规律或直接去探求纹理构成的结构规律的结构分析方法。目前常用的方法是统计分析方法，如最简单的研究纹理区域中的统计特性；研究像素邻域内的灰度或属性的一阶统计特性；研究一对像素或多像素及其邻域灰度或属性的二阶或高阶统计特性；研究用模型来描述纹理，如 Markov 模型等。本章中主要讨论几种常用的纹理统计分析方法，最后简单介绍一下纹理结构分析方法。

图 6.1.1 纹理图像示例

# 6.2 纹理图像的统计方法描述

统计方法又分空间域方法和变换域方法两种。下面我们分别作介绍。

## 6.2.1 空间域方法

### 1. 直方图统计特征

前面说过，纹理是像素灰度级变化具有空间规律性的视觉表现。这使我们想到，有纹理的区域像素的灰度级分布应有一定的规律。通过研究区域中像素的灰度级分布，如直方图或像素的其它性质的分布，从而建立直方图与纹理基元之间对应关系的方法，称为直方图统计特征法。但应注意，这种对应关系是多对一的，即同一个直方图可能对应多个不同的图像。在下面的讨论中我们将看到这一点。

1）窗口直方图法

直方图是图像窗口中多种不同灰度的像素分布的概率统计。视觉系统所观察到的图像窗口中的纹理基元必然对应于一定的概率分布的直方图，其间存在着一定的对应关系。根据这个特点，可以让计算机来进行两个适当大小的图像窗口的纹理基元的计算和分析。若已知两个图像窗口中的一个窗口里的纹理基元，且两个窗口的直方图相同或相似，则说明第二个窗口中可能具有类似第一个窗口的纹理基元。若将连续的图像窗口的直方图的相似性进行比较，就可以发现及鉴别纹理基元排列的周期性及紧密性等。

具体步骤如下：

① 选择合适的邻域大小。

② 对每一个像素，计算出其邻域中的灰度直方图。

③ 比较求出的直方图与已知的各种纹理基元或含有纹理基元的邻域的直方图间的相似性。若相似,则说明图像中可能存在已知的纹理基元。

④ 比较不同像素所对应的直方图间的相似性,从中可发现纹理基元排列的周期性,或疏密等特性。

上述分析中,最重要的是如何衡量直方图间的相似性,常用的方法如下。

(1) 直方图的均值。设 $h_1(z)$ 和 $h_2(z)$ 分别为两个区域的灰度直方图,其中 $L$ 是灰度级数。

定义:

$$m_1 = \frac{\sum\limits_{z=0}^{L-1} zh_1(z)}{\sum\limits_{z=0}^{L-1} h_1(z)}, \qquad m_2 = \frac{\sum\limits_{z=0}^{L-1} zh_2(z)}{\sum\limits_{z=0}^{L-1} h_2(z)} \tag{6.2-1}$$

若 $m_1$ 和 $m_2$ 充分接近,则说明 $h_1(z)$ 和 $h_2(z)$ 是相似的。

(2) 直方图的方差。

定义:

$$\sigma_1^2 = \frac{\sum\limits_{z=0}^{L-1} (z-m_1)^2 h_1(z)}{\sum\limits_{z=0}^{L-1} h_1(z)}, \qquad \sigma_2^2 = \frac{\sum\limits_{z=0}^{L-1} (z-m_2)^2 h_2(z)}{\sum\limits_{z=0}^{L-1} h_2(z)} \tag{6.2-2}$$

若 $m_1$ 和 $m_2$ 充分接近,并且 $\sigma_1^2$ 与 $\sigma_2^2$ 充分接近,则称 $h_1(z)$ 和 $h_2(z)$ 是相似的。

(3) Kolmogorov-Smirnov 检测。

定义:

$$H(z) = \int_0^z h(x)\mathrm{d}x \tag{6.2-3}$$

则 Kolmogorov-Smirnov 检测量定义为

$$\mathrm{KS} = \max_z |H_1(z) - H_2(z)| \tag{6.2-4}$$

Smoothed-Difference 检测量定义为

$$\mathrm{SD} = \sum_{z=0}^{L-1} |h_1(z) - h_2(z)| \tag{6.2-5}$$

若 $|\mathrm{KS} - \mathrm{SD}|$ 在一定的区间内,就认为 $h_1(z)$ 和 $h_2(z)$ 是相似的。

根据上面的分析,可以看出基于灰度级的直方图特征不能建立特征与纹理基元的一一对应关系。这是因为直方图是一维信息,不能反映纹理的二维灰度变化。例如对图 6.2.1 所示的两种纹理,灰度直方图就是一样的。另一个造成多对一对应关系的因素在于进行直方图相似性度量时,即使是不一样或不相似的直方图,也完全可能具有相同的数字特征,如均值或方差。所以在运用直方图进行纹理基元的分析和比较时,还要加上基元的其它特征。

2) 边缘方向直方图

鉴于灰度级直方图不能反映图像的二维灰度变化,一个可行的方案是利用边缘方向、大小等的统计性质。所谓图像边缘,指的是图像中感兴趣的景物或区域与其余部分的分界,因而,图像边缘往往包含有大量的二维信息。例如,先微分图像从而求得边缘,然后得

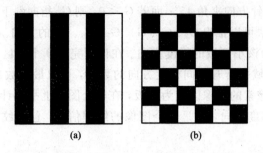

(a)　　　　　　(b)

图 6.2.1　灰度直方图相同的两种纹理

出关于边缘的大小和方向的直方图，再对这些直方图的相似性进行度量。另外，单纯地分析边缘方向的直方图（即不进行相似性度量）亦可得到有关纹理的一些信息。例如，如果关于边缘方向的直方图在某个范围内具有尖峰，那么就可以知道纹理所具有的对应于这个尖峰的方向性。利用这种方向性，就可以容易地识别图 6.2.1 中的两种纹理。下面我们介绍一种边缘方向直方图（Edge orientation histograms）方法，即构造图像灰度梯度方向矩阵。

### 2. 图像灰度梯度方向矩阵

如果在一个小的图像区域内确定其方向，并将若干个小区域的方向加以综合，就可以找出该区域的纹理基元或纹理走向。如果选择 16 个图像像素为一个图像区域，那么每 4 个像素组成一个小区域，如图 6.2.2 所示。

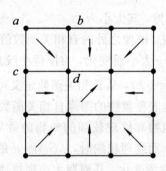

图 6.2.2　图像灰度区域

下面的问题是计算小区域的灰度梯度，找出其方向。图中 $abcd$ 代表四个像素组成的小区域，计算出 8 个可能方向的灰度梯度的差分值为

$$
\begin{cases}
G_0 = f(a) + f(b) - [f(c) + f(d)] \\
G_1 = \sqrt{2}[f(b) - f(c)] \\
G_2 = f(b) + f(d) - [f(a) + f(c)] \\
G_3 = \sqrt{2}[f(d) - f(a)] \\
G_4 = -G_0 \\
G_5 = -G_1 \\
G_6 = -G_2 \\
G_7 = -G_3
\end{cases}
\tag{6.2-6}
$$

若 $G_0 > 0$，则 $G_0$ 指向上方；而若 $G_0 < 0$，则 $G_0$ 指向下方。同理，若 $G_1 > 0$，则 $G_1$ 指向

斜上方，与横轴沿顺时针方向夹角 $45°$；而若 $G_1 < 0$，则 $G_1$ 指向斜下方，与横轴沿逆时针方向夹角 $45°$。同样的方法可以推出 $G_2$、$G_3$、$G_4$、$G_5$、$G_6$、$G_7$ 的方向。对于这 8 个小方向，取其中最大值的方向作为该小区域的梯度方向。在计算完这 9 个小区域的方向后，就可计算这个 16 像素的图像区域中所有不同梯度方向的数目，可取最大数目的梯度方向为该图像区域的方向。用此 16 像素的图像区域为模板，在整个图像上平移计算，并进行分类，就可得出整个图像的灰度梯度方向，就是整个图像的纹理信息，包括纹理走向、纹理形状、纹理疏密等。

**3. 纹理分析的自相关函数方法**

从遥感航片或卫星图像上观察地球表面，地块的纹理特征非常突出，不同类型的地块具有不同的纹理特征。有一位名叫凯泽的遥感科学家在北极航空照片中取出七类不同的地表覆盖物的图像进行自相关函数的纹理分析，利用计算机识别，与目测比较，正确率达到 $99\%$。

什么是自相关函数（Autocorrelation function）呢？若有一个图像 $f(i, j)$，$i$、$j$ 分别为 $0, 1, 2, 3, \cdots, N-1$，其自相关函数定义为

$$p(x, y) = \frac{\sum_{i=0}^{N-1} \sum_{j=0}^{N-1} f(i, j) f(i+x, j+y)}{\sum_{i=0}^{N-1} \sum_{j=0}^{N-1} f^2(i, j)} \qquad x \geqslant 0, \ y \geqslant 0 \qquad (6.2-7)$$

$p(x, y)$ 也可以看做一幅图像，其大小为 $N \times N$。若 $i+x > N-1$ 或 $j+y > N-1$，那么 $f(i+x, j+y) = 0$，也就是说，图像之外的自相关函数值为零。

自相关函数 $p(x, y)$ 随 $x$、$y$ 大小而变化，与图像中纹理粗细的变化有着对应的关系。定义 $d = \sqrt{x^2 + y^2}$，当 $x = 0$、$y = 0$ 时，从自相关函数定义可以看出，$p(x, y) = 1$，为最大值。凯泽通过计算 7 种不同的地表覆盖物的图像自相关函数发现，随着 $d$ 的增加，$p(d)$ 呈下降状态。但对于纹理较粗的地物和纹理较细的地物的效果是不一样的：当纹理较粗时，$p(d)$ 随 $d$ 的增加下降速度较慢；而纹理较细时，$p(d)$ 随 $d$ 的增加下降较快。随着 $d$ 的继续增加，$p(d)$ 则会呈现某种周期性的变化，其周期大小则描述了纹理基元分布的稠密和稀疏程度。凯泽从北极航空照片中取出 7 类地表覆盖物的纹理图像，计算出的 $p(d)$ 与 $d$ 的变化关系曲线如图 6.2.3 所示。

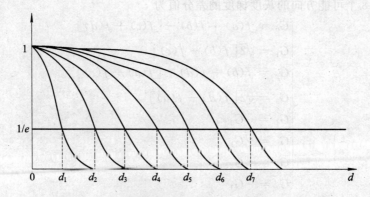

图 6.2.3　凯泽试验的 7 种纹理的自相关纹理分析曲线

从图 6.2.3 所示的曲线可以看出，凯泽试验的效果是：对于较细的纹理，$p(d)$ 下降速度快；对于较粗的纹理，$p(d)$ 下降速度慢。所以从第 1 个样本到第 7 个样本，是由细纹理到粗纹理的。对应于 $p(d)$ 的同一个值 $1/e$，7 条曲线的值分别为 $d_1$、$d_2$、$d_3$、$d_4$、$d_5$、$d_6$ 和 $d_7$。凯泽请来 20 个观测者，按纹理粗细进行目视判别，将 7 张纹理图像按纹理粗细进行排列，发现结果与计算基本一致。

### 4. 纹理的灰度共生矩阵特征分析

任何图像都可以看做三维空间中的一个曲面，直方图研究单个像素在这个三维空间中的统计分布规律，但不能很好地反映像素之间的灰度级空间相关性的规律。在三维空间中，相邻某一间隔长度的两个像素，它们具有相同的灰度级，或者具有不同的灰度级，若能找出这样两个像素的联合分布的统计形式，对于图像的纹理分析将是很有意义的。人们找到描述这个关系的基础，图像中的某个像素点灰度为 $i$，同时与该点距离为 $(D_x, D_y)$ 的另一个像素点的灰度为 $j$，定义这两个灰度在整个图像中发生的概率，或称为频度，其数学表示为

$$P(i, j, \delta, \theta) = 集合\{(x, y) \mid f(x, y) = i, f(x + D_x, y + D_y) = j;$$
$$x, y = 0, 1, 2, \cdots, N-1\} \tag{6.2-8}$$

式中 $i, j = 0, 1, 2, \cdots, L-1$；$x$、$y$ 是图像中的像素坐标；$L$ 为灰度级的数目。

这样，两个像素灰度级同时发生的概率就将 $(x, y)$ 的空间坐标转换为 $(i, j)$ 的"灰度对"的描述，它们形成的矩阵称为灰度共生矩阵（Gray-level co-occurrence matrix）。灰度共生矩阵可以理解为像素对或灰度级对的直方图。这里所说的像素对和灰度级对是有特定含义的，一是像素对的距离不变，二是像素灰度差不变。距离 $\delta$ 由 $(D_x, D_y)$ 构成，如图 6.2.4 所示。

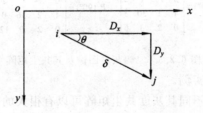

图 6.2.4 共生矩阵的像素对

很明显，若 $D_x = 1$，$D_y = 0$，则 $\theta = 0°$；若 $D_x = 1$，$D_y = -1$，则 $\theta = 45°$；若 $D_x = 0$，$D_y = -1$，则 $\theta = 90°$；若 $D_x = -1$，$D_y = -1$，则 $\theta = 135°$。根据上述定义，所构成的灰度共生矩阵是一个集合，集合中的一个元素 $[p(i, j, \delta, \theta)]$ 为第 $i$ 行、第 $j$ 列矩阵元素，表示所有在 $\theta$ 方向上、相邻间隔为 $\delta$ 的像素，一个为灰度 $i$ 值，另一个为灰度 $j$ 值的相邻点对数。这里所说的 $\theta$ 方向，一般取值 $0°$、$45°$、$90°$ 和 $135°$ 等 4 个方向。可以看出，灰度共生矩阵反映了图像灰度关于方向、相邻间隔、变化幅度的综合信息，它确实可以作为分析图像基元和排列结构的信息。目前一幅图像的灰度级数目一般是 256，这样计算出来的灰度共生矩阵太大。为了解决这一问题，常常在求灰度共生矩阵之前，根据直方图提供的方法，变换为 16 级的灰度图像。如图 6.2.5 所示的两幅灰度图像，从直觉观察可知，它们的纹理具有不同的模式。

图 6.2.5 显示出 0°、45°、90°和135°等 4 个方向的共生矩阵。从两幅图像的 8 个共生矩阵可以看出一个重要的特点，所有 8 个矩阵均是以主对角线为对称轴，两边对称。从共生矩阵 $P_A(0°)$ 可以看出，其主对角线上元素全部为 0，这说明水平方向上灰度变化的频度高，纹理较细。然而，共生矩阵 $P_B(0°)$ 则是主对角线上的元素值很大，表明水平方向上灰度变化的频度较低，说明纹理粗糙。再看 $P_A(135°)$ 的共生矩阵，主对角线上的元素值很大，其余元素为 0，说明该图像沿 135°方向无灰度变化。但是图像 $B$ 沿 135°方向，偏离主对角线的元素值较大，说明纹理较粗。

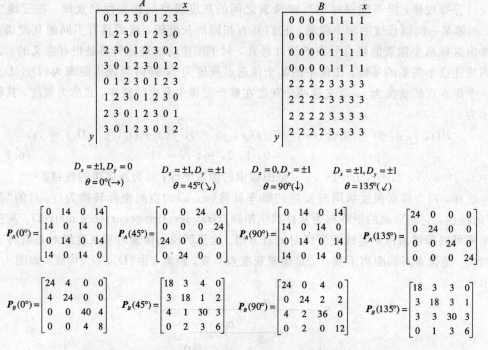

图 6.2.5  二幅灰度图像及其共生矩阵

**例**  图像及其共生矩阵实例。

不同图像由于纹理尺寸不同其灰度共生矩阵可以有很大的差别。图 6.2.6 给出了一个对比实例。图(a)和图(b)分别给出了一幅有较多细节的图像及其共生矩阵。图(c)和图(d)分别给出了一幅相似区域较大的图像及其共生矩阵图。两相比较可以看出，共生矩阵确实可以反映不同像素相对位置的空间信息。

图 6.2.6  二幅灰度图像及其共生矩阵实例

为了利用灰度共生矩阵所提供的图像灰度方向、间隔和变化幅度的信息，在共生矩阵的基础上抽取出其纹理特征，称为二次统计量（Second-order statistic）。为使二次统计量的表达式清晰简单，取 $D_x = 1$，$\theta = 0°$，并作正规化处理如下：

$$\hat{P}(i, j) = \frac{p(i, j)}{R} \tag{6.2-9}$$

式中，$R$ 为正规化常数。

$R$ 的含义是相邻点对的组合数，若 $D_x = 0$，$\theta = 0°$，每行邻对的可能的组合数为 $2(N-1)$，图像共 $N$ 行，则 $P(i, j)$ 的元素之和为 $2N(N-1)$。正规化处理后，其元素之和为 1。经过正规化处理的灰度共生矩阵是抽取二次统计量纹理特征系数的基础。这些纹理特征系数可以应用于纹理识别、分类等方面。在具体使用这些纹理系数时，可以应用到整幅图像，也可以用到图像中的局部窗口，即图像中的某个区域。

从灰度共生矩阵抽取出的纹理特征系数有以下几种：

（1）角二阶矩（能量）。角二阶矩（Angular second moment）是图像灰度分布均匀性的度量，由于是灰度共生矩阵元素值的平方和，所以也称为能量。当灰度共生矩阵中的元素分布较集中于主对角线时，说明从局部区域观察图像的灰度分布是较均匀的。从图像整体来观察，纹理较粗，此时 $E(d, \theta)$ 较大，即粗纹理含有较多的能量；反之，细纹理的 $E(d, \theta)$ 较小。角二阶矩的计算式为

$$E(d, \theta) = \sum_{i=0}^{L-1} \sum_{j=0}^{L-1} \left[ p(i, j, d, \theta) \right]^2 \tag{6.2-10}$$

（2）惯性矩（Moment of inertia）。图像的对比度可以理解为图像的清晰度，即纹理清晰程度。在图像中，纹理的沟纹越深则其对比度 $I(d, \theta)$ 越大，图像的视觉效果越是清晰。惯性矩的计算式为

$$I(d, \theta) = \sum_{k=0}^{L-1} k^2 \left[ \sum_{i=0}^{L-1} \sum_{j=0}^{L-1} p(i, j, d, \theta) \right] \quad k = |i - j| \tag{6.2-11}$$

（3）相关性。相关性用来衡量灰度共生矩阵的元素在行或列方向的相似程度。例如，某图像具有水平方向的纹理，则图像在 $\theta = 0°$ 的灰度共生矩阵的相关值 $C(d, 0°)$ 往往大于 $\theta = 45°$，$90°$，$135°$ 的灰度共生矩阵的相关值 $C(d, 45°)$，$C(d, 90°)$，$C(d, 135°)$。相关性的计算式为

$$C(d, \theta) = \frac{\sum_{i=0}^{L-1} \sum_{j=0}^{L-1} ij\, p(i, j, d, \theta) - \mu_x \mu_y}{\sigma_x^2 \sigma_y^2} \tag{6.2-12}$$

式中：

$$\mu_x = \sum_{i=0}^{L-1} i \sum_{j=0}^{L-1} p(i, j, d, \theta), \quad \mu_y = \sum_{j=0}^{L-1} j \sum_{i=0}^{L-1} p(i, j, d, \theta)$$

$$\sigma_x^2 = \sum_{i=0}^{L-1} (i - \mu_x)^2 \sum_{j=0}^{L-1} p(i, j, d, \theta), \quad \sigma_y^2 = \sum_{j=0}^{L-1} (j - \mu_y)^2 \sum_{i=0}^{L-1} p(i, j, d, \theta)$$

（4）熵。熵是图像所具有的信息量的度量，纹理信息也属图像的信息。若图像没有任何纹理，则灰度共生矩阵几乎为零阵，其熵值 $H(d, \theta)$ 接近为零；若图像充满着细纹理，则 $p(i, j, d, \theta)$ 的数值近似相等，该图像的熵值 $H(d, \theta)$ 最大；若图像中分布着较少的纹理，$p(i, j, d, \theta)$ 的数值差别较大，则该图像的熵值 $H(d, \theta)$ 较小。熵的计算式如下：

$$H(d,\theta) = -\sum_{j=0}^{L-1}\sum_{i=0}^{L-1} p(i,j,d,\theta)\log p(i,j,d,\theta) \qquad (6.2-13)$$

上述 4 个统计参数是利用灰度共生矩阵进行纹理分析的主要参数，可以组合起来成为纹理分析的特征参数使用。

还有一些从灰度共生矩阵引导出来的参数可供纹理分析使用，其物理意义可自行理解，现列举如下：

（5）方差：

$$F(d,\theta) = \sum_{i=0}^{L-1}\sum_{j=0}^{L-1} (i-\mu)^2 p(i,j,d,\theta) \qquad (6.2-14)$$

其中：$\mu$ 为 $p(i,j,d,\theta)$ 的均值。

（6）局部均匀性（逆差矩）：

$$L(d,\theta) = \sum_{i=0}^{L-1}\sum_{j=0}^{L-1} \frac{1}{1+(i-j)^2} p(i,j,d,\theta) \qquad (6.2-15)$$

（7）和平均：

$$S(d,\theta) = \sum_{k=0}^{2L-2}\sum_{i=0}^{L-1}\sum_{j=0}^{L-1} p(i,j,d,\theta) \qquad k=i+j \qquad (6.2-16)$$

（8）和方差：

$$F(d,\theta) = \sum_{k=0}^{2L-2}\sum_{i=0}^{L-1}\sum_{j=0}^{L-1} (i-S(d,\theta))p(i,j,d,\theta) \qquad k=i+j \qquad (6.2-17)$$

（9）和熵：

$$H_S(d,\theta) = -\sum_{k=0}^{2L-2}\sum_{i=0}^{L-1}\sum_{j=0}^{L-1} p(i,j,d,\theta)\log\sum_{i=0}^{L-1}\sum_{j=0}^{L-1} p(i,j,d,\theta) \qquad k=i+j$$

$$(6.2-18)$$

（10）差平均：

$$D(d,\theta) = \sum_{k=0}^{L-1}\sum_{i=0}^{L-1}\sum_{j=0}^{L-1} p(i,j,d,\theta) \qquad k=|i-j| \qquad (6.2-19)$$

（11）差方差：

$$F(d,\theta) = \sum_{k=0}^{L-1}(k-D(d,\theta))\sum_{i=0}^{L-1}\sum_{j=0}^{L-1} p(i,j,d,\theta) \qquad k=|i-j| \qquad (6.2-20)$$

（12）差熵：

$$H_D(d,\theta) = \sum_{k=0}^{L-1}\sum_{i=0}^{L-1}\sum_{j=0}^{L-1} p(i,j,d,\theta)\sum_{i=0}^{L-1} p(i,j,d,\theta) \qquad k=|i-j| \qquad (6.2-21)$$

**例** 纹理图像示例和纹理特征计算。

图 6.2.7 给出了 5 幅不同的纹理图像，它们的纹理二阶矩、熵、对比度和相关性的数值见表 6.2.1。

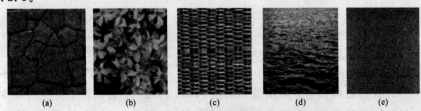

（a）　　　　　（b）　　　　　（c）　　　　　（d）　　　　　（e）

图 6.2.7　纹理图像示例

### 表 6.2.1　纹理图像特征取值示例

| 特征系数 | (a) | (b) | (c) | (d) | (e) |
|---|---|---|---|---|---|
| 二阶矩 | 0.0006 | 0.0002 | 9.8481E−5 | 1.1355E−4 | 0.0004 |
| 熵 | 7.8641 | 8.9267 | 9.3206 | 9.2094 | 7.9907 |
| 对比度 | 294.8441 | 686.5788 | 3255 | 1588.4 | 364.5857 |
| 相关性 | 0.0016 | 0.0004 | 1.3420E−4 | 2.8258E−4 | 0.0008 |

　　图像的灰度直方图是图像灰度在图像中分布的最基本的统计信息。图像的梯度信息的获得是通过使用各种微分算子，它检出了图像中灰度跳变的部分，如图像中景物的边缘、纹沟及其它尖锐的部分。若将图像的梯度信息加进灰度共生矩阵，则使得共生矩阵更能包含图像的纹理基元及其排列的信息。

　　上述灰度共生矩阵法提取的纹理特征度量是属于整个图像区域的，常用于对整个区域或整幅图像的分析或分类。在实际应用中，往往先将图像灰度在不影响纹理特征的前提下压缩到较小的范围，以便减小共生矩阵的尺寸。根据实际应用的要求，选择几个距离 $d$ 和角度 $\theta$，对每一组 $d$ 和 $\theta$，算出共生矩阵，进而计算出特征系数，把所有组 $d$ 和 $\theta$ 的特征系数排列起来组成所分析图像或图像区域的纹理特征矢量，作为统计分类器的输入。

　　Conner 等人提出用灰度共生矩阵作纹理测量，进而分割一幅都市的航空照片。对这样一幅纹理图像，采用由上至下的分开分割方法比较合适。这是因为：① 纹理特性是区域性特征，在大范围内计算可以获得更可靠的结果；② 纹理本身也有层次，它们分别在不同尺度的区域内才能呈现。例如，住宅区、商业区等是一些占据大区域范围的纹理类，建筑、车辆区、道路等则是从属一些大纹理类的、占有较小区域的纹理类，因此用层次结构描述纹理并用于分割，将有助于快速找到具体的、待识别的目标。图 6.2.8 解释了这种分析方法，其中图(a)为所用的层次结构，图(b)是分割过程形成的区域，图(c)是相应的树。根据训练样本集，可以确定分割过程中每层研究区域的尺寸和需要进行的纹理测量。分割过程中通过一组假设检验研究每个区域是否一致，以决定给该区域作标记类别还是继续作分割。

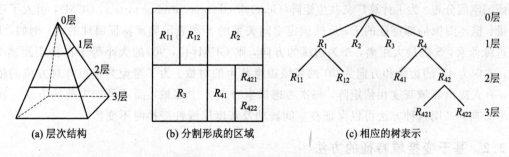

图 6.2.8　用层次结构分析纹理图像

　　Conner 等人又定义了两种高阶矩参数，即集群荫（Cluster shade）$A(i, j, d, \theta)$ 和集群突出（Cluster prominence）$B(i, j, d, \theta)$，其定义为

$$A(i, j, d, \theta) = \sum_{i}^{L_g-1} \sum_{j}^{L_s-1} (i+j-\mu_i-\mu_j)^3 P(i, j, d, \theta) \qquad (6.2-22)$$

$$B(i, j, d, \theta) = \sum_{i}^{L_g-1} \sum_{j}^{L_s-1} (i + j - \mu_i - \mu_j)^4 P(i, j, d, \theta) \qquad (6.2-23)$$

式中的 $\mu_i$ 和 $\mu_j$ 如前定义。最初 $\theta$ 值取 6 种：0°，19°，75°，90°，109°和 165°；$d$ 值取 8 种：1，2，4，6，8，12，16 和 20。这样 $(d, \theta)$ 共有 48 种。当对具体区域作分类以及作是否要再分割的决策时不必考虑所有的 $(d, \theta)$ 参数，而是依据训练样本集确定的 $\theta$、$d$ 和所选的测量参数进行计算。例如考虑住宅和车库区决策时，$d$ 只要选 16 和 20，测量参数也只有三种。

现在说明用一组假设检验作决策的过程。如果假定只存在 $\omega_0$ 和 $\omega_1$ 两类情况。已知区域 $R$ 可能属于下列三种情形之一：① 该区域完全由 $\omega_0$ 类或 $\omega_1$ 类组成；② 该区域为 $\omega_0$ 类和 $\omega_1$ 类混合形成的边界区域，③ 该区域属于未知类别。现作四种假设：

$H_0$——该区域为完全由 $\omega_0$ 类组成的一致区域；

$H_1$——该区域为完全由 $\omega_1$ 类组成的一致区域；

$H_2$——该区域为完全由 $\omega_0$ 和 $\omega_1$ 类组成的边界区域；

$H_3$——该区域属于未知类别。

再定义三个实验以作决策：

$T_1$——区域一致性实验：在 $H_0$ 和 $H_3$ 中证实假设 $H_0$，或在 $H_1$ 和 $H_3$ 中证实假设 $H_1$；

$T_2$——区分一致性区域和边界区域的实验：在 $H_0$ 和 $H_2$ 中证实假设 $H_0$，或在 $H_1$ 和 $H_2$ 中证实假设 $H_1$；

$T_3$——标记已知类别实验：在 $H_0$ 和 $H_1$ 中证实假设 $H_0$，并标以 $\omega_0$ 类，反之标 $\omega_1$ 类。

通过实验，对认定是边界区域或未知类别的区域作进一步分割。

用上述方法对美国加利福尼亚州 Sunnyvale 图像作分割实验。假设图像中包含九类地区：住宅区、车库区、停车区、停机区、公路、水、干地、多车道公路和商业/工业区等。通过选择与研究样本集，并以此指导具体分割过程，获得了 83% 的正确分类概率。

灰度共生矩阵方法已有了较长的研究历史，但对其的研究仍在继续。例如有人探索从共生矩阵中提取纹理结构信息等。除此，也出现了一些别的共生矩阵方法。广义共生矩阵法是一般共生矩阵方法的推广，它不研究灰度的空间分布，而是研究诸如边缘、线段这类局部特征的空间分布。为了计算广义共生矩阵(Generalized co-occurrence matrix, GCM)，引入了三个量：描述图像局部特征的 $P$、反映预定空间关系的 $S$ 和表示局部特征属性的 $A$。例如，$P$ 为边缘像素，$S$ 为最大距离，$A$ 为边缘的方向，则 GCM(45, 90) 的大小等于在预定距离 $S$ 内，方向为 45° 的边缘和方向为 90° 的邻域边缘共生的对数。为了避免共生矩阵对方位的依赖，有人提出邻域灰度相依矩阵，每次考虑像素及其 8 个邻域，而不是如先前的方法一次一个方向，采用这种方法可以保证在空间转动及灰度层线性变换时不变。

## 6.2.2  基于变换域特征的方法

本节首先介绍基于频域变换的 Fourier 分析法，分析揭示了时域与频域之间内在的联系，反映了信号在整个时间范围内的全部频谱成分，但不具有时间局部化能力。和 Fourier 变换(Fourier transform)相比，余弦变换是实图像到实图像的变换，不会丢失相位信息。余弦变换的变换基矢量非常接近一阶 Markov 模型的自相关矩阵的特征向量，因此反映了图像的空间相关性。Gabor 变换能同时用时间和频率表述，具有多分辨率的特征。

### 1. Fourier 分析法

在纹理分析中使用 Fourier 变换的原因主要是因为图像 Fourier 变换的能量谱能在一定程度上反映某些纹理特征。图像 $f(x, y)$ 的 Fourier 变换定义为

$$F(u, v) = \iint_{-\infty}^{\infty} f(x, y)\exp[-\mathrm{j}2\pi(ux + vy)\mathrm{d}x\mathrm{d}y] \tag{6.2-24}$$

通常 $F(u, v)$ 是一个复数，其二维傅里叶变换的功率谱可写成

$$|F(u, v)|^2 = F(u, v)F^*(u, v) \tag{6.2-25}$$

其中：$F^*$ 是 $F$ 的共轭复数；$|F(u, v)|^2$ 是一实数，它反映了有关图像的全局性信息。功率谱 $|F(u, v)|^2$ 径向分布与图像 $f(x, y)$ 空间域中纹理的粗细度有关。对于"稠密"的细纹理，$|F(u, v)|^2$ 沿径向的分布比较分散，往往呈现远离原点的分布；对于"稀疏"的粗纹理，$|F(i, v)|^2$ 往往比较集中分布于原点附近；而对于有方向性的纹理，$|F(u, v)|^2$ 的分布将偏置于与纹理垂直的方向上，例如，空间域中的水平条纹纹理反映在功率谱分布上将产生垂直的条纹分布。图 6.2.9(a)～(d) 分别是四张纹理图像及其相应的功率谱分布图。

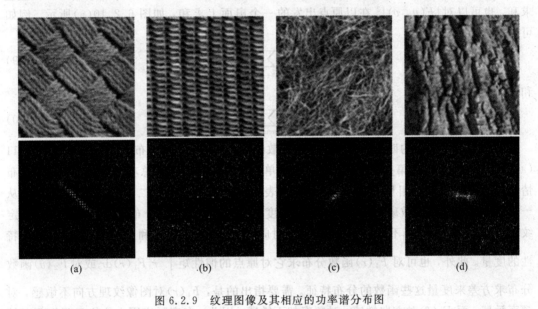

图 6.2.9 纹理图像及其相应的功率谱分布图

将式(6.2-25)用极坐标形式 $F(r, \theta)$ 表示，则可对 $\theta$ 和 $r$ 分别求 $|F(u, v)|^2$ 的积分，即计算

$$F_1(r) = \int_0^{2\pi} |F(r, \theta)|^2 \mathrm{d}\theta \tag{6.2-26}$$

和

$$F_2(\theta) = \int_0^{\infty} |F(r, \theta)|^2 \mathrm{d}r \tag{6.2-27}$$

如果不考虑纹理取向，用式(6.2-26)可表示纹理粗糙性的度量：

$$t(r) = \int_0^{2\pi} |F(r, \theta)|^2 \mathrm{d}\theta \tag{6.2-28}$$

对式(6.2-28)取不同的 $r$ 值，可得到区域 $R$ 的一组纹理结构特性，如图 6.2.10(b)所示。图中曲线 $A$ 表明能量多集中在原点附近范围内，说明纹理较粗。曲线 $B$ 表明能量多集中在

离原点较远的范围内，说明纹理较细。

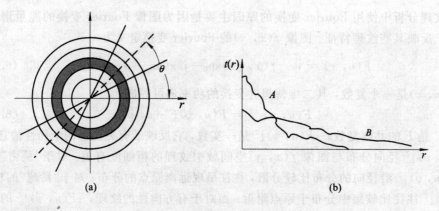

图 6.2.10　纹理图像的功率谱分析

对于离散情况可用求和代替积分，即可以对 $|F(u, v)|^2$ 在以原点为圆心的一个环面上求和，也可以对 $|F(u, v)|^2$ 在以原点出发的一个扇面上求和，如图 6.2.10(a)所示。例如可计算

$$F_1(r_1, r_2) = \sum_{r_1^2 \leqslant u^2 + v^2 \leqslant r_2^2} |F(u, v)|^2 \qquad (6.2-29)$$

和

$$F_2(\theta_1, \theta_2) = \sum_{\theta_1 \leqslant \arctan \leqslant \theta_2} |F(u, v)|^2 \qquad (6.2-30)$$

对于图 6.2.9 中的四张纹理图像，其离散的 $F_1(r)$ 和 $F_2(\theta)$ 分布图分别示于图 6.2.11(a)~(d)。图 6.2.11 第一列的 $F_1(r)$ 图表示单位宽的离散环面上总功能谱随半径 $r$ 的分布情况，其散布程度可用原点峰的下降率来表示。图 6.2.11 第二列的 $F_2(\theta)$ 图表示从 $-90°$ 始、180°宽的离散扇面内总功率谱随角度 $\theta$ 的分布情况。从分布中的峰的位置可确定纹理的方向性。当选择不同的 $r$ 和 $\theta$ 值时，对应求得的一组 $F_1(r)$ 和 $F_2(\theta)$ 值可作为纹理特性的度量。此外，也可对 $F_1(r)$ 函数分布求它对原点的惯性矩 $\int_0^\infty r^2 F_1(r) \mathrm{d}r$ 或对 $F_2(\theta)$ 函数分布求方差来度量这些函数的分布特征。需要指出的是，$F_1(r)$ 对图像纹理方向不敏感，对频率敏感；而 $F_2(\theta)$ 对方向敏感，对频率却不敏感。因此，在实际应用中往往需要将两者结合起来。

### 2. 余弦变换法

和 Fourier 变换相比，余弦变换（Cosine transform）是实图像到实图像的变换，因此不会像上面介绍的 Fourier 变换法，只考虑幅度图像而丢失了相位信息。余弦变换的物理含义亦是非常清晰的，它的变换基矢量非常接近一阶 Markov 模型的自相关矩阵的特征向量，因此反映了空间相关性。对于平坦且完全无纹理的区域，其余弦变换 $F(u, v)$ 只有 $(0, 0)$ 分量即平均灰度。对于纹理粗糙的区域，由于图像具有跨跃距离较大的空间相关性，在低频分量即小的 $\sqrt{u^2 + v^2}$ 处 $|F(u, v)|^2$ 有较大的值；对于纹理细腻的区域，由于图像具有跨跃距离较小的空间相关性，在高频分量即大的 $\sqrt{u^2 + v^2}$ 处 $|F(u, v)|^2$ 有较大的值。同样也可分析纹理的朝向与 $F(u, v)$ 的关系。据此可给出由 $F(u, v)$ 导出的纹理特征度量。

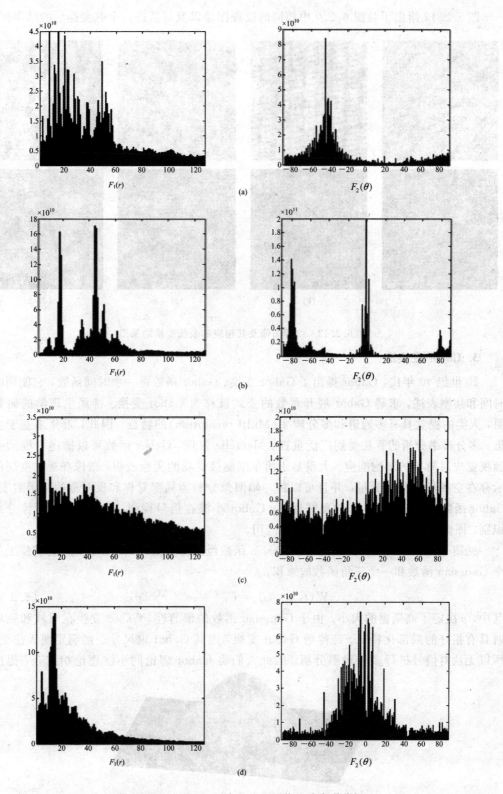

图 6.2.11 图 6.2.9 中的纹理图像的功率谱分析

图 6.2.12 给出了与图 6.2.9 中相同的纹理图像以及对其进行余弦变换后的结果图。

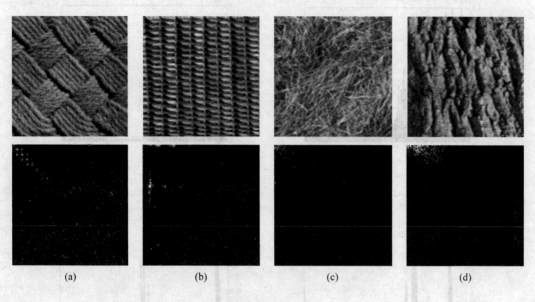

(a)　　　　　　(b)　　　　　　(c)　　　　　　(d)

图 6.2.12　纹理图像及其相应的余弦变换结果图

### 3. Gabor 变换法

20 世纪 40 年代，Gabor 提出了 Gabor 变换。Gabor 函数是一个时间函数，它能同时用时间和频率表述。求解 Gabor 展开系数的公式被称为 Gabor 变换。神经生理学的研究表明，人类的视觉具有多通道和多分辨率(Multi-resolution)的特征。因此，近年来基于多通道、多分辨率分析的算法受到广泛重视。Marcelja 发现，Gabor 函数可以描述脊椎动物大脑视觉皮层简单的细胞响应。大量基于简单细胞接受场的实验表明，图像在视觉皮层的表示存在空域和空频域分量，并且可以将一幅图像分解为局部对称和反对称的基函数表示，Gabor 函数正是这种基信号的良好近似。Gabor 小波在信号检测、纹理分析、图像分割和识别、图像压缩等领域都得到了广泛的应用。

见图 6.2.13，Gabor 函数是由 Gaussian 函数经过复正弦调制后生成的，它实质上是一个 Gaussian 函数和一个三角函数的乘积：

$$W(t, t_0, \omega) = e^{-\sigma(t-t_0)^2} e^{i\omega(t-t_0)} \tag{6.2-31}$$

其中，$\sigma$ 决定了高斯窗的大小。由于 Gaussian 函数的带通性，Gabor 变换在时域和频域同时具有很好的局部化特征。纯粹的 Gabor 变换，因其 Gabor 窗尺寸一经确定便无法更改，所以无法对信号进行多分辨率分析。因此人们将 Gabor 理论同小波理论相结合，提出了

图 6.2.13　Gaussian 函数

Gabor 小波。Gabor 小波具有 Gabor 函数本身所具有的局域性和方向性，同时还具有小波变换的多分辨率特性。

信号 $x(t)$ 在频率为 $\omega$、时间为 $t_0$ 时刻，由式（6.2-31），其 Gabor 小波变换可以定义为

$$C(x(t))(t_0, \omega) = \int_{-\infty}^{\infty} x(t)W(t, t_0, \omega)\mathrm{d}t \tag{6.2-32}$$

将式（6.2-31）代入式（6.2-32），得到：

$$C(x(t))(t_0, \omega) = \int_{-\infty}^{\infty} x(t)\mathrm{e}^{-\sigma(t-t_0)^2}\mathrm{e}^{\mathrm{i}\omega(t-t_0)}\mathrm{d}t \tag{6.2-33}$$

将式（6.2-33）展开就可得到：

$$C(x(t))(t_0, \omega) = \int_{-\infty}^{\infty} x(t)\mathrm{e}^{-\sigma(t-t_0)^2}\cos(\omega(t-t_0))\mathrm{d}t + \mathrm{i}\int_{-\infty}^{\infty} x(t)\mathrm{e}^{-\sigma(t-t_0)^2}\sin(\omega(t-t_0))\mathrm{d}t$$
$$\tag{6.2-34}$$

由式（6.2-33）得到信号 $x(t)$ 在频率为 $\omega$、时间为 $t_0$ 时刻频率信息的复数表示形式 $C(x(t))(t_0, \omega)$，当然这个复数也可以表示成实部与虚部和的形式：

$$C(x(t))(t_0, \omega) = a_{\mathrm{real}} + \mathrm{i}a_{\mathrm{imag}} \tag{6.2-35}$$

如果用极坐标形式来表示：若幅度为 $a$，相角为 $\varphi$，则

$$a = \sqrt{a_{\mathrm{real}}^2 + \mathrm{i}a_{\mathrm{imag}}^2} \tag{6.2-36}$$

$$\varphi = \arctan\left(\frac{a_{\mathrm{imag}}}{a_{\mathrm{real}}}\right) \tag{6.2-37}$$

将一维 Gabor 小波的维度增加，即得到了二维 Gabor 小波，其表达式为

$$W(x, y, \theta, \lambda, \varphi, \sigma, \gamma) = \mathrm{e}^{-\frac{(x')^2+\gamma^2(y')^2}{2\sigma^2}}\cos\left(2\pi\frac{x'}{\lambda} + \varphi\right) \tag{6.2-38}$$

其中，$x' = x\cos\theta + y\sin\theta$，$y' = -x\sin\theta + y\cos\theta$，$\theta$ 为二维 Gabor 的方向，波长 $\lambda$ 规定了二维 Gabor 的频率，$\varphi$ 为相位（$\varphi$ 为 0 时代表实部，$\varphi$ 为 $\pi/2$ 时代表虚部），高斯函数的半径 $\sigma$ 规定了二维 Gabor 的尺寸，$\gamma$ 为长宽比。Gabor 小波的三维图如图 6.2.14 所示。

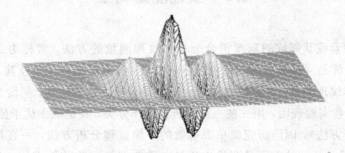

图 6.2.14　Gabor 小波三维图

在低频部分对信号进行采样时，由于低频信号包含的频率多，但是信号随时间的变化小，需要采用较高的频率分辨率和较低的时间分辨率，因此需频域窗口窄，时域窗口宽；在高频部分对信号进行采样时，由于频率成分本身包含了很多瞬态变化的特征，相对频率的改变量对信号的影响不大，需要采用较高的时间分辨率和较低的频率分辨率，因此需频域窗口宽，时域窗口窄。Gabor 小波继承了小波变换多分辨率分析的特点，它的时间窗和频率窗可以根据信号的具体形态动态调整。因此，小波在时域和频域都有表征信号局部特

征的能力。

使用 Gabor 滤波器组可以提取图像不同频率尺度和纹理方向的信息，获得一组有关纹理图像在不同尺度和方向下规范的测量量。每个滤波器具有各自的频率选择性和方向选择性，这样不同的方向和尺度的滤波器就可以覆盖整个频域。Gabor 小波是由一个相同的核函数（Kernel function）根据不同尺度和方向参数展开得到的。由 5 个尺度及 8 个方向得到的 40 个 Gabor 小波函数如图 6.2.15 所示。

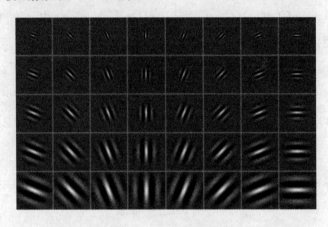

图 6.2.15　Gabor 小波函数实部

在利用 Gabor 变换进行特征提取时，$Y(x, y)$ 代表 $m \times n$ 的图像在同质性特征空间 $(x, y)$ 点的特征值，定义 $(x_s, y_s)$ 为采样点，则该采样点的 Gabor 特征可表示如下：

$$g(x_s, y_s) = \left| \sum_{x=0}^{m-1} \sum_{y=0}^{n-1} Y(x, y) \Delta_k(x - x_s, y - y_s) \right| \qquad (6.2-39)$$

# 6.3　纹理能量测量

根据一对像素或其邻域的灰度组合分布作纹理测量的方法，常称为二阶统计分析方法。灰度共生矩阵是一种典型的二阶统计分析方法。若只依据单像素及其邻域的灰度分布或某种属性去作纹理测量，其方法就称为一阶统计分析方法。显然，一阶方法比二阶方法简单。最近的一些实验表明，用一些一阶分析方法作分类，其正确率优于使用二阶方法（例如灰度共生矩阵方法），因而研究简单而有效的一阶纹理分析方法，一直是人们感兴趣的研究课题之一。Laws 的纹理能量测量方法是一种典型的一阶分析方法，在纹理分析领域中有一定影响。

纹理是图像局部不规则而全局又呈现某种规律的物理现象，人们对纹理的认识还与它们各自的文化修养和经验有关。Laws 纹理测量的基本思想是设置两个窗口：一个是微窗口，可能为 $3 \times 3$、$5 \times 5$ 或 $7 \times 7$，常取 $5 \times 5$，用来测量以像素为中心的小区域内灰度的不规则性，以形成属性，称之为微窗口滤波；二是宏窗口，可以为 $15 \times 15$ 或 $32 \times 32$，用来在更大的窗口上求属性量的一阶统计特性，常为均值或标准偏差，称之为能量变换。整个纹理分析系统要将 12 个或 15 个属性获得的能量进行组合。图 6.3.1 画出了纹理能量测量的方框图。

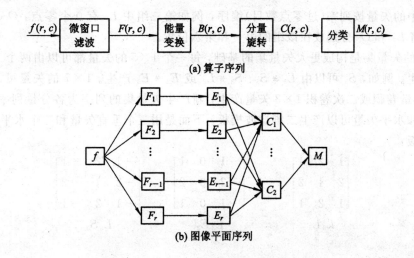

图 6.3.1 纹理能量测量方块图

Laws 深入研究了如何选定滤波模板。首先定义了一维滤波模板，然后通过卷积可以形成多种一维、二维滤波模板，以检测和度量存在于纹理中的不同的结构信息。他选定的三组一维滤波模板是：

$$\begin{cases} L_3 = \begin{bmatrix} 1 & 2 & 1 \end{bmatrix} \\ E_3 = \begin{bmatrix} -1 & 0 & 1 \end{bmatrix} \\ S_3 = \begin{bmatrix} -1 & 2 & -1 \end{bmatrix} \end{cases} \qquad (6.3-1)$$

$$\begin{cases} L_5 = \begin{bmatrix} 1 & 4 & 6 & 4 & 2 \end{bmatrix} \\ E_5 = \begin{bmatrix} -1 & -2 & 0 & 2 & 1 \end{bmatrix} \\ S_5 = \begin{bmatrix} -1 & 0 & 2 & 0 & -1 \end{bmatrix} \\ W_5 = \begin{bmatrix} -1 & 2 & 0 & -2 & 1 \end{bmatrix} \\ R_5 = \begin{bmatrix} 1 & -4 & 6 & -4 & 1 \end{bmatrix} \end{cases} \qquad (6.3-2)$$

$$\begin{cases} L_7 = \begin{bmatrix} 1 & 6 & 15 & 20 & 15 & 6 & 1 \end{bmatrix} \\ E_7 = \begin{bmatrix} -1 & -4 & -5 & 0 & 5 & 4 & 1 \end{bmatrix} \\ S_7 = \begin{bmatrix} -1 & -2 & 1 & 4 & 1 & -2 & -1 \end{bmatrix} \\ W_7 = \begin{bmatrix} -1 & 0 & 3 & 0 & -3 & 0 & 1 \end{bmatrix} \\ R_7 = \begin{bmatrix} 1 & -2 & -1 & 4 & -1 & -2 & 1 \end{bmatrix} \\ O_7 = \begin{bmatrix} -1 & 6 & -15 & 20 & -15 & 6 & -1 \end{bmatrix} \end{cases} \qquad (6.3-3)$$

它们被分别称为阶数为 3、5、7 的网格波形集，矢量的名称含义为：

$L$——灰度层（Level）；

$E$——边缘（Edge）；

$S$——点（Spot）；

$W$——波（Wave）；

$R$——涟漪（Ripple）；

$O$——振荡（Oscillation）。

每组中的矢量按列率(过零点数目)编序,例如第三组中 $L_7$ 有 0 个零点,$O_7$ 有 6 个过零点,则将 $L_7$ 和 $O_7$ 分别放在该组的第一和第六位置。

$1 \times 3$ 的矢量集是构成更大矢量集的基础,每一个 $1 \times 5$ 的矢量都可以由两个 $1 \times 3$ 矢量的卷积产生。例如,$S_5$ 可以由 $L_3 * S_3$、$S_3 * L_3$ 或 $E_3 * E_3$ 产生。$1 \times 7$ 的矢量可以由 $1 \times 3$ 与 $1 \times 5$ 矢量卷积或二次卷积 $1 \times 3$ 矢量产生,新产生矢量集的列率为各分量列率之和。用垂直矢量和水平矢量可以产生二维滤波模板。下面是用三个垂直矢量和三个水平矢量产生的几个模板:

$$\begin{bmatrix} 1 & 2 & 1 \\ 2 & 4 & 2 \\ 1 & 2 & 1 \end{bmatrix} \qquad \begin{bmatrix} -1 & 0 & 1 \\ -2 & 0 & 2 \\ -1 & 0 & 1 \end{bmatrix} \qquad \begin{bmatrix} -1 & 2 & -1 \\ -2 & 4 & -2 \\ -1 & 2 & -1 \end{bmatrix}$$
$$L_3 L_3 \qquad\qquad L_3 E_3 \qquad\qquad L_3 S_3$$

$$\begin{bmatrix} -1 & -2 & -1 \\ 2 & 4 & 2 \\ 1 & 2 & 1 \end{bmatrix} \qquad \begin{bmatrix} 1 & 0 & -1 \\ 0 & 0 & 0 \\ -1 & 0 & 1 \end{bmatrix} \qquad \begin{bmatrix} 1 & -2 & 1 \\ 0 & 0 & 0 \\ -1 & 2 & -1 \end{bmatrix}$$
$$E_3 L_3 \qquad\qquad E_3 E_3 \qquad\qquad E_3 S_3$$

$$\begin{bmatrix} -1 & -2 & -1 \\ 2 & 4 & 2 \\ -1 & -2 & -1 \end{bmatrix} \qquad \begin{bmatrix} 1 & 0 & -1 \\ -2 & 0 & 2 \\ 1 & 0 & -1 \end{bmatrix} \qquad \begin{bmatrix} 1 & -2 & 1 \\ -2 & 4 & -2 \\ 1 & -2 & 1 \end{bmatrix}$$
$$S_3 L_3 \qquad\qquad S_3 E_3 \qquad\qquad S_3 S_3$$

它们可以认为是矢量互积。由于这些滤波模板与图像卷积,可以检测出不同的纹理能量信息,所以 Laws 一般选用 12~15 个 $5 \times 5$ 的纹理能量测量,其中四个有最强的性能,即

$$\begin{bmatrix} -1 & -4 & -6 & -4 & -1 \\ -1 & -8 & -12 & -8 & -2 \\ 0 & 0 & 0 & 0 & 0 \\ 2 & 8 & 12 & 8 & 2 \\ 1 & 4 & 6 & 4 & 1 \end{bmatrix} \qquad \begin{bmatrix} 1 & -4 & 6 & -4 & 1 \\ -4 & 16 & -24 & 16 & -4 \\ 6 & -24 & 36 & -24 & 6 \\ -4 & 16 & -24 & 16 & -4 \\ 1 & -4 & 6 & -4 & 1 \end{bmatrix}$$
$$E_5 L_5 \qquad\qquad\qquad\qquad R_5 R_5$$

$$\begin{bmatrix} -1 & 0 & 2 & 0 & -1 \\ -2 & 0 & 4 & 0 & -2 \\ 0 & 0 & 0 & 0 & 0 \\ 2 & 0 & -4 & 0 & 2 \\ 1 & 0 & -2 & 0 & 1 \end{bmatrix} \qquad \begin{bmatrix} -1 & 0 & 2 & 0 & -1 \\ -4 & 0 & 8 & 0 & -4 \\ -6 & 0 & 12 & 0 & -6 \\ -4 & 0 & 8 & 0 & -4 \\ -1 & 0 & 2 & 0 & -1 \end{bmatrix}$$
$$E_5 S_5 \qquad\qquad\qquad\qquad L_5 S_5$$

它们分别可以滤出水平边缘、高频点、V 形状和垂直边缘的属性。

Laws 将 Brodatz 的 8 种纹理图像拼在一起,形成了图 6.3.2(a)所示的图像。对此图像作纹理能量变换,将每个像元指定为 8 个可能类中的一个,就可得图 6.3.2(b)所表示的结果,正确率达 87%。

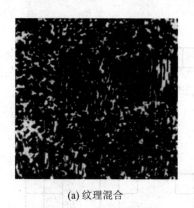 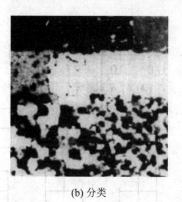

(a) 纹理混合        (b) 分类

图 6.3.2 纹理图像分类

实际上，用更一般、更简洁的属性测量去替换这里的模板，可能获得更好的或类似的结果。

## 6.4 用马尔可夫随机场模型分析纹理

马尔可夫(Markov)随机场模型是用于表征图像数据的空间相关性的模型，其显著特点是将结构信息引入到适当定义的邻域系和相应的连通系上的能量函数中。

马尔可夫随机场(Markov random field, MRF)模型用于分析纹理时，假设纹理场为随机、平稳和条件独立的。为了讲述马尔可夫场的概念，我们先从一维马尔可夫过程的定义出发。

若对于任意的 $n=1, 2, \cdots$ 和任意的 $t_0, t_1, \cdots, t_n \in T$（其中 $t_0 < t_1 < \cdots < t_n$），以及任意实数 $x, y$，下面等式对所有的 $\xi(t_{n-1}), \cdots, \xi(t_0)$ 成立，则称 $\{\xi(t), t \in T\}$ 为马尔可夫过程：

$$P\{\xi(t_n) \leqslant y \mid \xi(t_{n-1}) = x_{n-1}, \xi(t_{n-2}) = x_{n-2}, \cdots, \xi(t_0) = x_0\}$$
$$= P\{\xi(t_n) \leqslant y \mid \xi(t_{n-1}) = x\} \tag{6.4-1}$$

对于定义在二维空间上的图像函数，也可以将它看做一个二维随机场，自然也存在二维马尔可夫场。此时必须考虑空间的关系，为此给出如下邻域系和连通系的定义。

对给定的指标集 $\lambda$，设 $N = \{N_{ij} : N_{ij} \subset \lambda \times \lambda, (i, j) \in \lambda\}$ 是一集簇。如果 $N$ 满足以下条件：

(1) $(i, j) \notin N_{ij}$；

(2) 如 $(i_1, j_1) \in N_{i_2 j_2}$，则 $(i_2, j_2) \in N_{i_1 j_1}$，称 $N$ 为 $\lambda \times \lambda$ 的一个邻域系，$N_{ij}$ 称为 $(i, j)$ 的邻域。在图像中，最常用的对称邻域系形式是：设 $Z$ 为图像 $\Omega$ 平面上的格点，即 $Z = \{(i, j) \mid i, j$ 为整数，且 $1 \leqslant i, j \leqslant N\}$，则 $N_{ij} = \{(K, L) \mid (K, L) \in Z,$ 且 $0 < (K-i)^2 + (L-j)^2 \leqslant C\}$。

当 $C = 1$ 时，$N_{ij}^{(1)} = \{(i-1, j), (i+1, j), (i, j-1), (i, j+1)\}$；

当 $C = 2$ 时，$N_{ij}^{(2)} = \{(i-1, j-1), (i, j-1), (i+1, j-1), (i-1, j), (i+1, j), (i-1, j+1), (i, j+1), (i+1, j+1)\}$。

邻域系统结构和相应的集簇如图 6.4.1 所示。

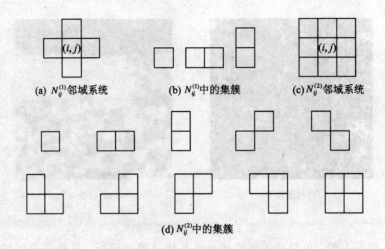

(a) $N_{ij}^{(1)}$邻域系统　　(b) $N_{ij}^{(1)}$中的集簇　　(c) $N_{ij}^{(2)}$邻域系统

(d) $N_{ij}^{(2)}$中的集簇

图 6.4.1　邻域系统结构和相应的集簇

设 $N=\{N_{ij}:(i,j)\in\lambda\}$ 为一邻域系，称集簇 $C=\{C_a:a\in\lambda\}$ 是关于 $N$ 的连通系，满足：

(1) $C_a\subset\lambda\times\lambda$；

(2) 对一切 $(i_1,j_1)$，$(i_2,j_2)\in C_a$，都有 $(i_1,j_1)\in N_{i_2j_2}$。

这样，我们在 $N$ 邻域系上定义二维马尔可夫随机场：

设 $X=\{X_{ij},(i,j)\in\lambda\}$ 是随机场，$N=\{N_{ij}:(i,j)\in\lambda\}$ 是一种邻域系，则如果对一切 $(i,j)\in\lambda\times\lambda$，都有

$$P\{X_{ij}=x_{ij}\mid X_{i'j'}=x_{i'j'},(i',j')\neq(i,j)\}=P\{X_{ij}=x_{ij}\mid X_{i'j'}=x_{i'j'},(i',j')\in N_{ij}\}$$

$$(6.4-2)$$

就称 $X$ 是关于邻域系 $N$ 的马尔可夫随机场。上述条件概率称为马尔可夫随机场的局部特征。

马尔可夫随机场定义的直观意义是，如果把 $(i,j)$ 看做"将来"，而把 $N_{ij}$ 看做"现在"，把所有其它的 $(i',j')$ 看做"过去"，则"现在"将"过去"和"将来"分开，对预测或计算"将来"的状态的概率而言，知道"过去"和"现在"等价于只知道"现在"，"过去"不起作用。换个角度来讲，$(i,j)$ 只受到其周围点即 $N_{ij}$ 的影响，而与其它的点无关。

下面的定理给出了规定一个马尔可夫随机场的更简单方法。

**定理**　设 $X=\{X_{ij},(i,j)\in\lambda\}$ 是关于邻域系 $N$ 的马尔可夫随机场，$C=\{C_a:a\in\lambda\}$ 是关于 $N$ 的连通系。若对任何 $x=\{x_{ij},(i,j)\in\lambda\}$，有 $P(X=x)=P(X_{ij}=x_{ij},(i,j)\in\lambda)>0$，则 $X$ 的联合密度具有下列形式：

$$P(X=x)=\left(\frac{1}{K}\right)e^{-U(x)/T}\qquad(6.4-3)$$

其中 $K$、$T$ 为常数，$U(x)$ 称为能量函数，且有如下表示：

$$U(x)=\sum_{a\in\lambda}V_{C_a}(x)\qquad(6.4-4)$$

$V_{C_a}$ 为与集簇有关的势函数，且只依赖于 $x=(x_{ij},(i,j)\in\lambda)$ 中 $C_a$ 中有关的那些 $(i',j')$ 的 $x_{i'j'}$ 的值。反之，如 $N$ 为一邻域系，$C$ 是 $N$ 的连通系，且随机场 $X=(x_{ij},(i,j)\in\lambda)$ 有上述形式的联合分布，则 $X$ 是关于 $N$ 的马尔可夫随机场。这种形式的分布称为 $C$ 上的吉布斯

(Gibbs)分布，因此定理也可以简单地表述为：$X = \{X_{ij}\}$是关于 $N$ 的马尔可夫随机场的充要条件是它的联合分布为 $C$ 上的吉布斯分布，其中 $C$ 是 $N$ 的连通系。Gibbs 分布基本上是一个指数分布。通过合适地选择集簇的势函数，可以形成广阔类别的 Gibbs 分布随机场。著名的 Hammersley-Clifford 定理确定了 MRF 和 GRF(Gibbs random field)之间的对应关系如下：

设 $N$ 为邻域系统，随机场 $X$ 是关于 $N$ 的 Markov 随机场，当且仅当它的组合分布是与 $N$ 有关的集簇的 Gibbs 分布，而 MRF 的局部特性可以从 Gibbs 组合分布中获得：

$$P\{X_{ij} = x_{ij} \mid X_{i'j'} = x_{i'j'}, (i', j') \neq (i, j)\}$$

$$= \frac{\exp\left[-\sum_{a \in \lambda} V_{C_a}(x)\right]}{\sum_{x_{ij}} \exp\left[-\sum_{a \in \lambda} V_{C_a}(x)\right]}$$

$$= P\{X_{ij} = x_{ij} \mid X_{i'j'} = x_{i'j'}, (i', j') \in N_{ij}\}$$

$$(6.4-5)$$

由此可知，在邻域系统确定后，知道了集簇的势函数也就知道了相应纹理的统计特性，所以纹理 MRF 模型变成集簇势函数的参数模型。各个集簇的势函数一般并不复杂。表 6.4.1 是二阶邻域系统的各集簇的势函数，其中 $\alpha$、$\beta$、$\gamma$、$\xi$ 为非负常数。

**表 6.4.1　二阶邻域系统集簇的势函数**

| 序号 | 集簇结构 | 势函数 |
|------|----------|--------|
| 1 | | $V_{C_a}(x) = \alpha m$　若灰度为 $m$ |
| 2 | | $V_{C_a}(x) = \begin{cases} \beta_1 & \text{若灰度相等} \\ -\beta_1 & \text{其它} \end{cases}$ |
| 3 | | $V_{C_a}(x) = \begin{cases} \beta_2 & \text{若灰度相等} \\ -\beta_2 & \text{其它} \end{cases}$ |
| 4 | | $V_{C_a}(x) = \begin{cases} \beta_3 & \text{若灰度相等} \\ -\beta_3 & \text{其它} \end{cases}$ |
| 5 | | $V_{C_a}(x) = \begin{cases} \beta_4 & \text{若灰度相等} \\ -\beta_4 & \text{其它} \end{cases}$ |
| 6 | | $V_{C_a}(x) = \begin{cases} \gamma_1 & \text{若灰度相等} \\ -\gamma_1 & \text{其它} \end{cases}$ |
| 7 | | $V_{C_a}(x) = \begin{cases} \gamma_2 & \text{若灰度相等} \\ -\gamma_2 & \text{其它} \end{cases}$ |

| 序号 | 集簇结构 | 势函数 |
|---|---|---|
| 8 | 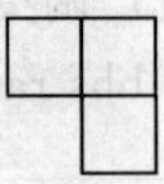 | $V_{C_a}(x) = \begin{cases} \gamma_3 & \text{若灰度相等} \\ -\gamma_3 & \text{其它} \end{cases}$ |
| 9 | 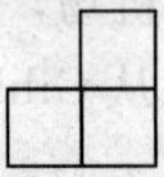 | $V_{C_a}(x) = \begin{cases} \gamma_4 & \text{若灰度相等} \\ -\gamma_4 & \text{其它} \end{cases}$ |
| 10 |  | $V_{C_a}(x) = \begin{cases} \xi_1 & \text{若灰度相等} \\ -\xi_1 & \text{其它} \end{cases}$ |

要用 MRF 模型作纹理分析，主要的问题是从图像数据中估计 MRF 参数。Besag 提出了编码方法，现简要介绍其原理。现在考虑一阶 MRF 模型，其参数为 $\{a, b_1, b_2\}$，若以 $x$、$t$、$t'$、$u$、$u'$ 代替 $x(i,j)$、$x(i-1,j)$、$x(i+1,j)$、$x(i,j-1)$ 和 $x(i,j+1)$，一阶 MRF 的条件概率可写为

$$p(x \mid t, t', u, u') = \frac{\exp[x\{a + b_1(t+t') + b_2(u+u')\}]}{1 + \exp[a + b_1(t+t') + b_2(u+u')]} \qquad (6.4-6)$$

图 6.4.2 表示了 MRF 编码原理，其中"·"表示已知的随机变量，"×"表示此条件下的随机变量，它们是互相独立的，那么有条件似然函数：

$$L = \prod P(x \mid t, t', u, u') \qquad (6.4-7)$$

在所有标有"×"的像素上作此乘积。在图 6.4.2 中将编码方案移动一个单元，就可以获得在标有"×"像素条件下，标有"·"像素的似然函数，组合这些最大似然估计可以提供一组估计出的 MRF 参数。

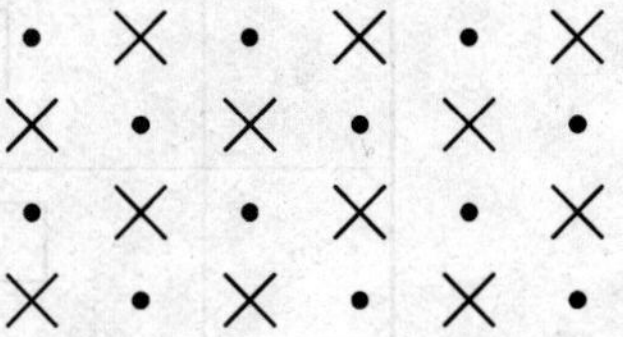

图 6.4.2　一阶 MRF 编码方法

编码方法提供了上述的似然函数，可以由它们构成一个似然比实验，以研究对 MRF 模型的拟合程度。现在有一个未知 $X$ 的实现，在一阶邻域系统下，用可能性表的形式表示其数据。$X$ 是一个二值数据；$x(i,j)$ 表示中心像素，$y(i,j)$ 表示其邻域取值为 0 或 1 的个数。表 6.4.2 是相应的可能性表。

**表 6.4.2　可能性表**

| | | \multicolumn{6}{c}{$y(i,j) = x(i-1,j) + x(i+1,j) + x(i,j-1) + x(i,j+1)$} |
|---|---|---|---|---|---|---|---|
| | | 0 | 1 | 2 | 3 | 4 | |
| $x(i,j)$ | 0 | $l_0$ | $l_1$ | $l_2$ | $l_3$ | $l_4$ | $l$ |
| | 1 | $m_0$ | $m_1$ | $m_2$ | $m_3$ | $m_4$ | $m$ |
| | | $n_0$ | $n_1$ | $n_2$ | $n_3$ | $n_4$ | $n$ |

通过最大似然估计（Maximum likelihood estimation），可从可能性表获得一阶 MRF 参

数，再用这些估计去计算一阶 MRF 的条件概率。通过假设试验可检验对 MRF 模型的拟合程度。参数估计是 MRF 模型的主要内容，在这方面有较多的研究。

知道 MRF 参数可以用纹理综合的方法产生纹理图像。如果参数是从一幅图像中估计出来的，可以再用这些参数综合一张新图像，并与原图像作比较。MRF 模型可以较好地描述纹理，图 6.4.3 和图 6.4.4 就是这样的例子，具体参数见表 6.4.3，有的参数较接近真实图像，有的尚有距离。

(a) 真实图像　　　　　　　　　　　　(b) 综合纹理的图像

图 6.4.3　利用 MRF 模型产生纹理图像示例一

(a) 真实图像　　　　　　　　　　　　(b) 综合纹理的图像

图 6.4.4　利用 MRF 模型产生纹理图像示例二

**表 6.4.3　真实与估计参数的比较**

| 图像类型 | $\beta_1$ | $\beta_2$ | $\beta_3$ | $\beta_4$ |
|---|---|---|---|---|
| 真实图像 | 0.300 | 0.300 | 0.300 | 0.300 |
| 估计的图像 | 0.326 | 0.308 | 0.307 | 0.265 |
| 真实图像 | 2.000 | 2.000 | $-1.000$ | $-1.000$ |
| 估计的图像 | 1.453 | 1.492 | $-0.717$ | $-0.715$ |

利用 MRF 模型可以作图像分类、分割等，分类问题比较明确，分割问题要复杂一些。我们不展开讨论利用 MRF 模型作分割的问题，只是列出用这个模型作分割的例子，见图 6.4.5，其中图(a)、图(c)为原纹理图像，图(b)与图(d)为各自相应的分割图像。

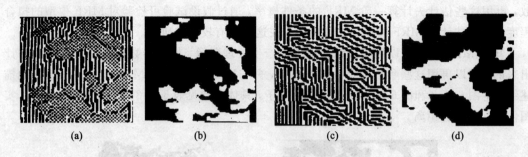

(a)　　　　　　(b)　　　　　　(c)　　　　　　(d)

图 6.4.5　利用 MRF 模型的分割示例

# 6.5　用分形和分维理论描述纹理

自然界存在许多规则的形体，它们可以用欧氏几何分析处理。这些几何对象具有整数维数。零维的点、一维的线、二维的面以及三维的立体都是人们熟知的例子。然而自然界存在更多的不规则形体，它们是不可能用欧氏几何描述的。Mandlbrot 经过多年研究提出了分形几何学(Fractal geometry)以描述自然界不规则的、具有自相似特性的物体，这类物体称为分形(Fractal)。分形具有不必为整数的维数，即分维(Fractal dimension)。分形和分维的提出，引起了自然科学各领域的广泛注意。在物理、化学，特别是计算机图形学方面有了显著的应用。自 Mandlbrot 开始，计算机可以利用分形和分维理论产生许多优美的纹理图像，参见图 6.5.1。从图像分析和理解的观点看，人们更乐于用这个理论建立纹理描述模型，Pentland 等人在这方面作了开创性的工作。由于分形和分维是一个全新的理论，这里介绍其基本概念，然后再讨论利用这种理论的两个典型的分析方法。

图 6.5.1　用分形理论产生的逼真的二维图像

## 6.5.1　分形和分维的基本概念

事物都有它自己的特征长度，要用恰当的尺度来度量才有意义。例如用尺去量万里长城，或用寸去测微生物都是不合适的。特征长度、特征时间等特征尺度是有用的概念，可以借此推理，简便地得出普遍性结论。在建立和求解数学模型、试图定量描述自然现象时，抓住特征尺度是十分关键的环节。然而，也有不存在特征尺度的情况，如物理学中的相交和湍流等，这时就必须同时考虑由小到大的许多尺度(或称"标度")，这就是以"无标度性"

为特点的问题。

已知维数是几何对象的一个重要特征量，直观地说，维数就是为了确定几何对象中一个点的位置所需要的独立坐标的数目，或独立方向的数目。在平直的欧氏空间中，地图和立方体分别是二维和三维的几何对象。对于更抽象或更复杂的对象，只要在每个局部可以与欧氏空间对应，也将容易确定出维数。即使把这样的几何对象连续地拉伸、压缩、扭曲，维数也不会改变，这就是拓扑维数，用 $d$ 表示。

维数和测量有密切关系。为测量一块平面图形的面积，若用一个边长为 $l$、面积为 $l^2$ 的"标准"方块去覆盖它。所得的方块数是有限数，这就是面积。而若用标准长度去测面积，其结果是无穷大；若用标准立方体去测没有体积的平面，结果为零。这表明，用 $n$ 维的标准体 $l^n$ 去测量某个几何对象时，只有 $n$ 与拓扑维 $d$ 一致时，才能获得有限的结果。如果 $n$ 小于 $d$，结果为∞；如果 $n$ 大于 $d$，则结果为零。现在从测量单元来考虑，把一个正方形每边边长增加为原来的 3 倍，则新的大正方形正好等于 $3^2 = 9$ 个原来的正方形。推广之，一个 $d$ 维几何对象的每个独立方向都增加为原来的 $l$ 倍，结果新的几何对象正好等于 $N$ 个原几何对象的 $d$、$l$ 和 $N$ 三者之间的关系是 $l^d = N$，或写为

$$d = \frac{\ln N}{\ln l} \tag{6.5-1}$$

对于不规则的形体作测量会出现新的问题，Mandlbrot 提出的"英国海岸有多长？"就难以明确回答。因为结论依赖于测量时所用的尺度，采用一种尺度并不能准确反映它。水陆分界线实质上是具有各种层次的、不规则的、十分复杂的几何对象。作为一个实际事物，海岸线在大小两方面都有自然的限制。取英伦三岛外缘上几个突出点作多边形近似，可以获得海岸线长度的一种下界。用比它们更长的线段去测量将没有意义。另一方面，海边砂石的最小尺度莫过于原子分子的大小，使用再小的尺度单位也没有意义。在这两个自然限度之间，存在可以变化的许多数量级的"无标度"区。在无标度区，长度显然不是海岸线的很好的定量特征。

结合式(6.5-1)考虑海岸线测量。为了测得精确些，可不将原尺寸放大到原来的 $l$ 倍，而是将测量单位缩小为原来的 $\varepsilon$ 倍，即使 $l = 1/\varepsilon$。只有不断缩小 $\varepsilon$，才能使结果精益求精，测得的长度 $N(\varepsilon)$ 也随 $\varepsilon$ 减小而增大。如果 $\varepsilon$ 缩小时，下式极限存在：

$$C = \lim_{\varepsilon \to 0} \frac{N(\varepsilon)}{\ln(1/\varepsilon)} \tag{6.5-2}$$

则可能存在一个特征尺度。这里 $C$ 称为科尔莫戈罗夫容量。为使其成为维数，还需要仿照前面用长度、面积、体积覆盖平面图形，分别得到∞、有限数和 0 的办法，把 $C$ 的数值上下作一番调整。如果存在一个数 $D_0$，当 $C < D_0$ 时，$N(\varepsilon)\varepsilon^C$ 趋近无穷大；$C > D_0$ 时，$N(\varepsilon)\varepsilon^C$ 趋于零；$C = D_0$ 时，$N(\varepsilon)\varepsilon^C$ 趋向有限数。这样的 $D_0$ 才是相应"奇怪集合"的分维。因为这基本上就是 Hausdorff 在 1919 年提出的维数定义，故又称 Hausdorff 级数。在多数实际问题中，可以不管容量和 Hausdorff 维数的细致差别，一律称之为分维。

可以证明，拓扑维数 $d$ 和分维 $D_0$ 满足不等式：

$$d \leqslant D_0 \tag{6.5-3}$$

等号只对普通的规整几何对象成立。Mandlbrot 最初就把分形定义成不等式

$$d < D_0 \tag{6.5-4}$$

图 6.5.2 给出了寇赫岛的例子，寇赫岛是一个分形对象，它具有自相似的无穷层次，遵从比较简单的构造规则，可计算出其海岸线分维是 1.613147。

图 6.5.2　分形对象冠赫岛，其海岸线分维是 1.613147

## 6.5.2　分形布朗模型用于图像分析

Pentland 在研究基于分形描述自然景物时，讨论了如何用分形描述诸如山峰、树、云这类自然形体和如何从图像数据计算各自描述的问题，这对于将分形与分维理论推广至图像分析起了积极的推动作用。他采用了分形布朗模型(Fractal Brown model)来研究问题。

实际上，在自然界遇到的分形有两个附加的性质：① 每一部分在统计上都相似于所有其它各部分；② 它们在放宽的尺度变化范围内统计上保持不变。处于布朗运动条件下的质子运动就是这种分形的一个典型的例子。现在来看分形布朗函数的定义。

一个随机函数 $B(x)$ 是分形布朗函数的条件是，它必须对所有 $x$ 和 $\Delta x$ 满足：

$$P_r\left[\frac{B(x+\Delta x)-B(x)}{|\Delta x|^H}<y\right]=F(y) \tag{6.5-5}$$

这里 $F(y)$ 为累积分布函数，由 $B(x)$ 描述图的分维 $D$ 是

$$D=2-H \tag{6.5-6}$$

若 $H$ 为 $1/2$，$F(y)$ 是有单位方差的零均值的高斯分布，则 $B(x)$ 是典型的布朗函数。这个定义明显可以推广至二维或更高的拓扑维。因为分形布朗函数的谱密度比例于 $f^{-2H-1}$，可以由傅氏功率谱测量出分形布朗函数的分维。因为 $\Delta x$ 与 $H$ 和 $F(y)$ 无关，一个表面的分维不随尺度变化而改变，分维也不随数据的线性变换而改变，所以它在平稳单调变换中保持稳定。

仿真实验表明，物理表面的分维决定了图像灰度表面的分维，这表现为图像的分维是表面分维的对数函数。若假定表面是各向同性的，则可通过测图像数据的分维来估计表面的分维。若表面不是各向同性的，仍可通过图像表面轮廓和边界轮廓推断表面的分维。

分形表面模型指的是图像灰度表面自身是分形的。这是因为图像灰度主要是表面法向量与入射光之间夹角的函数，因此若图像灰度满足方程(6.5-5)，那么表面法向量与入射光之间的夹角也将满足式(6.5-5)。我们发现三维空间表面上是各向同分形的。

为将分形布朗模型用于图像分析，可将式(6.5-5)改写为图像变化的二阶统计特性与

尺度的关系：

$$E(|dI_{\Delta x}|)\|\Delta x\|^{-H}=E(|dI_1|) \tag{6.5-7}$$

这里 $E(|dI_{\Delta x}|)$ 为在 $\Delta x$ 距离上灰度变化的期望值。这个方程是图像灰度间的假定的关系，是一个我们可做统计试验的假设。如果发现图像灰度表面在一个各向同性的图像区域内满足式(6.5-7)，那么所观察的表面必定是三维空间中的分形布朗表面，对具体的图像数据可以用分形模型近似。分形模型将可以为许多自然景物和它们的图像提供有用的描述。因此，很自然地可以将分形用于图像分割、纹理分类、由纹理推断形状和三维粗糙度的估计。

作为图像分割的一个例子，图 6.5.3(a)显示了旧金山海湾的航空照片。这张照片经数字化后，在每个 8×8 的像素块上用傅氏技术计算分维，即通过对在像素块功率谱上的傅氏域分形定义的最小均方回归，估计参数 $H$，方位信息没有加入局部分维的测量。图 6.5.3(b)是在整个图像上计算出的分维直方图；图(c)是用图(b)中箭头所指的门限值分割图像的结果。分割的结果是满意的。可知，应用分维作分割应当对尺度变换是稳定的。现在将原 512×512 图像平均值缩小至 256×256 和 128×128，而后再分别计算分维，图 6.5.3(d)与图(e)为用同样门限各自的分割结果。这些结果证明，当尺度在 4∶1 的范围内变化时，分维测量是稳定的。

(a) 旧金山海湾航空照片 　　　　　　　　　　　(b) 分形参数直方图

(c) 用(b)箭头所指门限分割 　　(d) 用同样门限对缩小至256×256的 　　(e) 用同样门限对缩小至128×128的
　　512×512原图的结果 　　　　　　图像进行分割的结果 　　　　　　　图像进行分割的结果

图 6.5.3　利用分形参数作图像分割

## 6.5.3　双毯求表面面积确定分形参量

分形目标的一个重要性质是它们的表面面积。对图像来说，可以在不同尺度上测量灰度层表面的面积。随所用尺度的改变，测量出的灰度层表面面积也发生变化，并可导出反映纹理性质的分形参量。Peleg 正是出于这种考虑，提出了双毯求表面面积确定分形参量的方法。

设图像的灰度函数为 $f(x,y)$，若令 $Z=f_0(x,y)$，则灰度函数是三维空间$(x,y,z)$

中的一个表面，它在一定尺度范围内是分形的。现在选定一个尺度，可以建立两个分别从上和下覆盖这个表面的毯子，毯子与这表面相隔一个尺度的距离。由上、下两个毯子所包围的体积可求出该表面的面积。随尺度变化，所测表面面积也在变化。开始时，上、下毯与该表面重合，即

$$f(i, j) = u_0(i, j) = b_0(i, j) \tag{6.5-8}$$

其中$(i, j)$为图像上坐标值，$u_0(i, j)$、$b_0(i, j)$分别为对应$(i, j)$位置的上毯和下毯的值。对尺度$\varepsilon = 1, 2, \cdots$，两毯的值可定义为

$$u_\varepsilon(i, j) = \max\{u_{\varepsilon-1}(i, j) + 1, \max_{|(m, n)-(i, j)| \leqslant 1} u_{\varepsilon-1}(i, j)\} \tag{6.5-9}$$

$$b_\varepsilon(i, j) = \min\{b_{\varepsilon-1}(i, j) + 1, \min_{|(m, n)-(i, j)| \leqslant 1} b_{\varepsilon-1}(i, j)\} \tag{6.5-10}$$

图像点$(m, n)$是与$(i, j)$相距小于等于1的四邻域点，考虑这些点的灰度值可以确保上下毯能覆盖住待测的表面。

由$u_\varepsilon$和$b_\varepsilon$可以计算出双毯形成的体积：

$$V_\varepsilon = \sum_{i, j} [u_\varepsilon(i, j) - b_\varepsilon(i, j)] \tag{6.5-11}$$

可以用一维函数$g$为例来说明，因为待测的是一维曲线，双毯求出的将是曲线的长度。图6.5.4显示了这个例子，图(a)是待测曲线，图(b)和图(c)分别是用$\varepsilon = 1, 2$形成的覆盖双毯（现为两条曲线），所测出的体积（此处为面积）为$V(1) = 47$，$V(2) = 78$，由此推出长度$L(1) = (47-0)/2 = 23.5$，$L(2) = (78-47)/2 = 15.5$。对于二维曲面，当尺度由$\varepsilon - 1$增至$\varepsilon$时，所测量面积的增量为

$$A(\varepsilon) = \frac{V_\varepsilon - V_{\varepsilon-1}}{2} \tag{6.5-12}$$

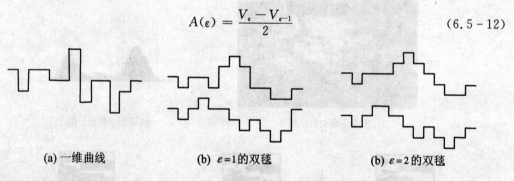

(a) 一维曲线　　　　(b) $\varepsilon = 1$的双毯　　　　(b) $\varepsilon = 2$的双毯

图 6.5.4　一维曲线与它的双毯

因为纯分形的表面，其面积变化独立于尺度，而且由任意两个不同尺度所作的测量都可以提供同样的分维，上式可以合适地测量出分形与非分形表面。分形表面的面积可表示为

$$A(\varepsilon) = F\varepsilon^{2-D} \tag{6.5-13}$$

用双对数坐标来画$A(\varepsilon)$，可以获得斜率为$2-D$的直线。对于非分形表面，将得不到直线。在双数坐标画的$A(\varepsilon)$中，找三个点$(\log(\varepsilon-1), \log(A(\varepsilon-1)))$、$(\log(\varepsilon), \log(A(\varepsilon)))$、$(\log(\varepsilon+1), \log(A(\varepsilon+1)))$，求经过这三点的最佳拟合直线的斜率，可计算出在尺度$\varepsilon$上的表面的分形量$S(\varepsilon)$。若表面为分形的，对所有$\varepsilon$，$S(\varepsilon)$应当都等于$2-D$。

图6.5.5给出了利用这种方法对四类纹理图像所作的计算结果。每类给出两幅图像样本，两条曲线中上一条为双对数坐标上的$A(\varepsilon)$，下一条为计算出的相应的分形参数$S(\varepsilon)$。可以根据分形参数的差值，比较不同的纹理作分类。

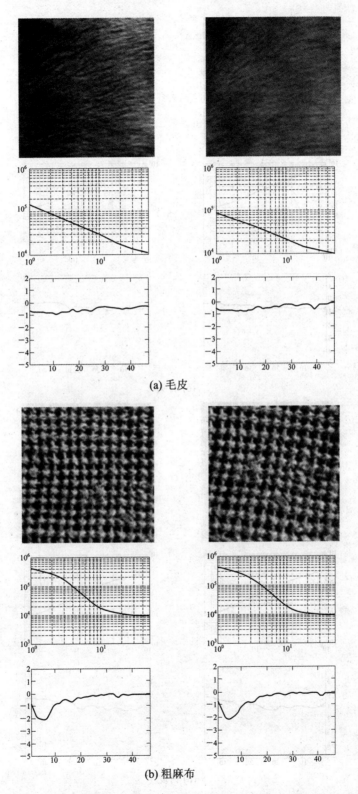

(a) 毛皮

(b) 粗麻布

图 6.5.5　一对同样纹理样本及其在对数坐标上的面积 $A(\varepsilon)$ 和分形参数 $S(\varepsilon)$ 的曲线(1)

现代图像分析

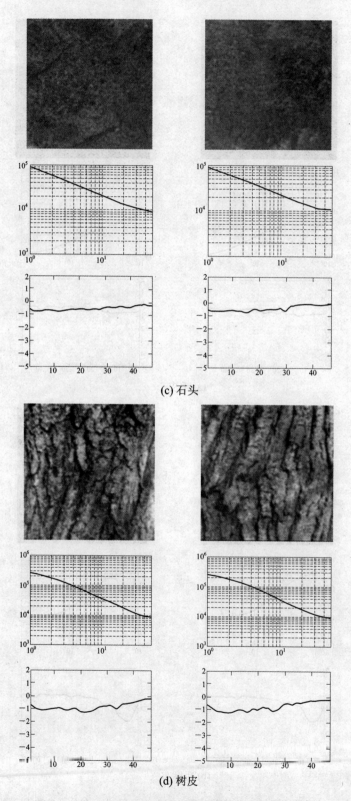

(c) 石头

(d) 树皮

图 6.5.5　一对同样纹理样本及其在对数坐标上的面积 $A(\varepsilon)$ 和分形参数 $S(\varepsilon)$ 的曲线(2)

设有两张纹理图像 $i$ 和 $j$，它们的分形参数分别为 $S_i$ 和 $S_j$，用下式计算它们之间的距离：

$$D(i, j) = \sum_\varepsilon \left[ S_i(\varepsilon) - S_j(\varepsilon) \right]^2 \log \left| \frac{\varepsilon + \dfrac{1}{2}}{\varepsilon - \dfrac{1}{2}} \right| \qquad (6.5-14)$$

公式后面对数项是因双对数坐标上非等间隔取点而设置的权因子。现在取 $\varepsilon = 2, \cdots, 49$，将图 6.5.5 中所有图像对之间的距离计算出来，列于表 6.5.1 中，并将每一列除零以外的最小值以黑体字标出。可以看出，除去实现一个分类错误（$p2$ 和 $p1$）外，其它所有同类样本之间都有最小距离，具有很好的分类效果。

**表 6.5.1　四种纹理图像对之间的距离**

|      | s1 | s2 | b1 | b2 | r1 | r2 | m1 | m2 |
|------|--------|--------|--------|--------|--------|--------|--------|--------|
| s1   | 0.0000 | **0.0610** | 2.2924 | 2.1973 | 0.0548 | 0.1068 | 0.3479 | 0.3120 |
| s2   | **0.0610** | 0.0000 | 2.5512 | 2.4380 | 0.0290 | 0.0506 | 0.6182 | 0.5542 |
| b1   | 2.2924 | 2.5512 | 0.0000 | **0.1074** | 2.5698 | 2.6761 | 1.7848 | 1.7184 |
| b2   | 2.1973 | 2.4380 | **0.1074** | 0.0000 | 2.4920 | 2.5965 | 1.7072 | 1.5411 |
| p1   | 1.0815 | 1.3317 | 0.4291 | 0.3563 | 1.3708 | 1.4591 | 0.7709 | 0.6485 |
| p2   | 0.9302 | 1.2022 | 0.4631 | 0.4195 | 1.2038 | 1.3099 | 0.6010 | 0.5472 |
| m1   | 0.3479 | 0.6182 | 1.7848 | 1.7072 | 0.5419 | 0.6236 | 0.0000 | **0.0939** |
| m2   | 0.3120 | 0.5542 | 1.7184 | 1.5411 | 0.4977 | 0.5674 | **0.0939** | 0.0000 |

表中：$s$ —毛皮；$b$ —粗麻布；$r$ —石头；$m$ —树皮；1、2—两张同类的不同图像。

# 6.6　纹理的结构分析方法和纹理梯度

在这一节中，我们简要讨论纹理的结构分析方法和纹理梯度。

## 6.6.1　纹理的结构分析方法

纹理的统计分析方法是基于像素（或包括其邻域）或某个区域，通过研究支配灰度或属性的统计规律去描述纹理，而结构分析的方法认为纹理是由许多纹理基元组成的某种"重复性"的分布规则。因此在纹理的结构分析中，不仅要确定与提取基本的纹理基元，而且还要研究存在于纹理基元之间的"重复性"的结构关系。

纹理基元可能是明确的、直观的，也可能是需要根据情况人为设定的。无论怎样确定纹理基元，都需要通过图像的区域分割成边缘，线的抽取来提取纹理基元；对于存在于纹理基元之间的结构关系，可以有不同的分析途径。最简单的方法是分析纹理基元之间存在的相位、距离、尺寸等统计特性，也可以考虑用复杂的方法分析，如利用模型或句法等。具体方法的选择依赖于纹理分析任务的要求。

下面以椭圆族作为纹理基元去描述纹理图像，以此为例看看简单结构分析的过程。图6.6.1(a)表示稻草纹理图像，图(b)为该图像的区域边界图，图(c)为近似表示稻草纹理的各种尺寸的椭圆。每个椭圆有四个参数：原点坐标、长轴长度、短轴长度和椭圆的方向。

(a) 稻草纹理图像　　　(b) 在图(a)基础上提出的区域边界图　　　(c) 用一组大小不等的椭圆表示该纹理

图 6.6.1　利用纹理基元表示纹理

基于这些参数我们可算出一些平均的统计特性，例如椭圆的平均尺寸距离和椭圆的平均偏心度等，这些量都可以用来描述纹理。可以用同样方法处理其它纹理图像，也可获得各自的纹理描述。图 6.6.2 给出了泡沫、纤维、草地等十种纹理图像的平均椭圆参数。由图可见，利用这些特性可以区分纹理。当然还可以计算其它参数，更好地反映存在于纹理基元之间的结构关系。

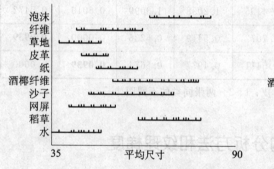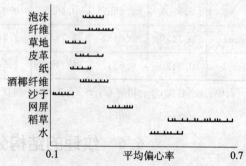

图 6.6.2　描述纹理图像的平均椭圆参数(纵坐标表示纹理图像的名称)

## 6.6.2　纹理梯度

纹理基本上是区域特性，图像中的区域对应景物中的表面，纹理基元在尺寸和方向上的变化可以反映出景物中表面相对于照相机的转动倾斜。通常将利用纹理基元的变化去确定表面法线方向的技术称为纹理梯度技术，也就是常说的从纹理到形状的研究。

为简单起见，我们假定景物中的表面为平面，现在来研究这个平面上的纹理，看看如何由图像上的纹理梯度来确定这个表面(平面)的方向，有下列几种方法。

第一种方法，如图 6.6.3(a)所示，纹理图像被分割为纹理基元。这些基元投影尺寸的变化速率决定了这个平面的方向。投影基元尺寸变化量快的方向是纹理梯度的方向，这个方向可以确定该表面相对于相机转动了多少。如果给出了照相机的几何特性，利用纹理梯度的幅度还可帮助确定表面到底倾斜了多少。

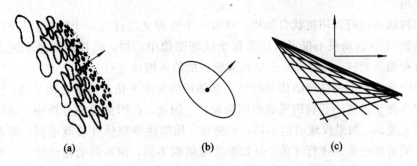

图 6.6.3　由纹理计算表面方向的几个例子

第二种分析方法如图 6.6.3(b)所示，此时要了解纹理基元自身的形状。由圆作纹理基元时，在成像过程中以椭圆形式出现。椭圆的主轴方向决定了椭圆所在表面相对于相机的转动，而短轴与长轴之比则反映了椭圆所在表面的倾斜程度。

第三种分析方法如图 6.6.3(c)所示。此时假设纹理是纹理基元的规则格网，纹理基元是平面上的小线段，小线段的方向是景物中平面上的两个正交方向。根据投影几何，景物中同一平面上有相同方向的直线，在投影成像平面上将会聚成点，这些点称为收远点，图 6.6.3(c)所示的纹理图像有两个收远点。这两个收远点的连线提供了图像所在平面的方向，而平面对 $Z$ 轴的垂直位置（即连接收远点直线与 $x=0$ 的交点）确定了这平面的倾斜。

纹理结构的句法分析方法是把纹理定义为结构基元按某种规则重复分布所构成的模式。为了分析纹理结构，首先要描述结构基元的分析规则，通常从输入图像中提取结构基元，并描述其特性和分布规则，如图 6.6.4 所示。用树方法描述纹理图像时可按如下步骤：

（1）把图像分割成固定大小的若干窗口，窗口内的纹理基元可以是一个像素，也可以是 4 个或 9 个灰度比较一致的像素集合。

（2）把窗口内的纹理基元用某种树结构表示。纹理的表达可以是多层次的。如图 6.6.4(a)所示，它可以从像素或小块纹理一层一层向上合并，这样就组成一个多层的树状结构。图 6.6.4(b)给出了图像基元的一种标记方法。

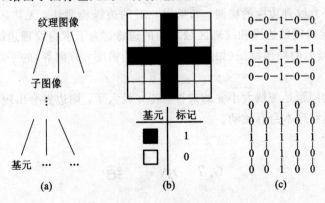

图 6.6.4　纹理结构的树状描述及排列

纹理的树状安排可有多种方法。如将树根安排在中间，树枝向两边伸出，每个树枝有一定的长度。当窗口中的像点数为奇数时用这种排列比较方便，此时，每个分枝的长度相同。另一种方法可将树根安排在一侧，分枝都向另一侧伸展。这种排列对奇数像点和偶数像点都适用。

识别树状结构可以用树状自动机。对每一个纹理文法建立一个"结构保存的误差修正树状自动机"。该自动机不仅可以接受每个纹理图像中的树，而且能用最小距离判据辨识类似的含有噪声的树，并对每一个分割成窗口的输入图像进行分类。

图像中某个局部的纹理结构是与该局部邻域的灰度变化规律密切相关的，纹理特征的度量必然依赖于以这一邻域组成的子图像窗口。因此，在图像纹理分析中，窗口的选取方式是至关重要的。如果纹理结构不同，平滑性、周期性等整体性质就不同，那么子图像要相当大才能对这些差别进行评价。但如果纹理结构不同，如不同的粗糙度、边缘和像素灰度直方图的局部性质有明显差异，那么子图像可以适当地缩小。

### 6.6.3　纹理区域的分割

上面所叙述的方法，是从具有同样的纹理特征的区域计算其特征的方法。在图像内存在着若干个不同的纹理区域，为了利用这样的方法提取纹理区域，可以把图像分成 $n \times n$ 的小矩形区域，在各矩形区域内计算纹理特性。但是为了计算纹理特征，需要具有某种大小的小区域，所以用这种方法不能有效地产生细微的区域边界。

为了提取点密度不同的纹理区域，最好先计算以各点为中心的 $n \times n$ 区域内的点的密度，并求出密度直方图的峰。但是如果画面内存在多个结构区域的话，则不能用这种方法顺利地进行区域分割。为解决这一问题，在各点周围设置 5 个邻域，把在最一致邻域中的点密度作为该点输出值，再根据直方图进行分割，据此，应该可以提取出细微的区域边界。

以上是把点密度作为纹理特征来使用。一般情况下，进行某种适当的滤波（例如把图像微分）之后，把各点的中心局部区域中的边缘平均值的大小和方向作为该点的纹理特征，就能够应用上述的方法。

### 6.6.4　纹理边缘的检测

如同对于局部特征有边缘检测和区域分割两种方法一样，对于纹理特征，除了纹理区域的分割之外，还有纹理边缘的检测。如果用一般的边缘检测法，无法区别出依靠纹理区域内灰度变化图案所得的边缘和纹理区域之间的边缘。为了求得纹理边缘，可以分别求出 $(i, j)$ 的 $n \times n$ 邻域内的局部特征（如灰度、边缘点的密度、方向等）的平均值，用它们的差来定义边缘的值。

此时，最大的问题是邻域大小 $n$ 的选择。若 $n$ 设大了，则边界会出现模糊；相反，若 $n$ 设小了，则反映出纹理本身有波动。

## 6.7　小　　结

本章讨论了纹理分析中的主要问题和几种主要的测量方法。利用纹理特征作图像分析有其鲜明的特点。例如，由于纹理是区域型属性，当检测纹理边缘时，要比检测一般灰度边缘需要更大的窗口尺寸。又如利用纹理特征作区域分割时，消除区域之间的模糊区显得更为突出，这需要用专门的技术或结合别的测量方法加以改进。

　　纹理分析方法可大致分为两大类：统计的和结构的。在典型的方法上出现了重要的改进，然而大多数新技术是建立在统计纹理模型基础上的，例如自回归模型、Markov 随机场、分形模型和基于人类视觉的模型等。结果，纹理综合与纹理分析正在合并成关于纹理的一个理论。长时间来，纹理综合是基于模型的，而纹理分析则是基于启发式的。过去的纹理分析常常依据某些测量，这些测量必须捕捉诸如粗糙度（Roughness）和方向性这类特性，而且为了应用方便，必须限制测量的数目。现在的几种趋势都比较注重模型。一种趋势是纹理分类似乎涉及到直接由模型指引整个图像分类，或者分类至少建立在一个较大的诸如完整的共生矩阵特征集上；另一种趋势是分形模型，它提供了极低维数的特征集。由于纹理自身表现了多尺度的特性，部分研究工作试图在层次结构中实现纹理分析。纹理梯度是三维形状的重要信息源之一，也受到广泛的关注。

# 本章参考文献

[1]　R C 冈萨雷斯，P 温茨. 数字图像处理. 阮秋琦，阮宇智，等，译. 北京：电子工业出版社，2003.

[2]　夏良正. 数字图像处理. 南京：东南大学出版社，1999.

[3]　田捷，沙飞，张新生. 实用图像分析与处理技术. 北京：电子工业出版社，1995.

[4]　章毓晋. 图像工程（下册）：图像处理和分析. 北京：清华大学出版社，1999.

[5]　杨帆. 数字图像处理与分析. 北京：北京航空航天大学出版社，2007.

[6]　张弘. 数字图像处理与分析. 北京：机械工业出版社，2008.

# 练　习　题

　　6.1　假设 16 个图像像素为一个图像区域，试利用图像灰度梯度法确定图题 6.1 给出的图像区域的方向。

　　6.2　对于题图 6.2 给出的图像矩阵，求其自相关函数矩阵。

　　6.3　试求图题 6.3 给出的图像在 $d=1$，$\theta$ 分别取 $0°$、$45°$、$90°$ 和 $135°$ 时的灰度共生矩阵。

| 0 | 1 | 2 | 3 |
|---|---|---|---|
| 0 | 1 | 2 | 3 |
| 0 | 1 | 2 | 3 |
| 0 | 1 | 2 | 3 |

图题 6.1

| 0 | 0 | 0 | 0 |
|---|---|---|---|
| 1 | 1 | 1 | 1 |
| 2 | 2 | 2 | 2 |
| 3 | 3 | 3 | 3 |

图题 6.2

| 0 | 0 | 1 | 1 |
|---|---|---|---|
| 0 | 0 | 1 | 1 |
| 0 | 2 | 2 | 2 |
| 2 | 2 | 3 | 3 |

图题 6.3

　　6.4　在题 6.3 的基础上，令 $d=1$，$\theta=0°$，计算由灰度共生矩阵抽取的纹理特征系数：二阶矩、熵和相关性。

6.5　选择几幅图像，用傅里叶变换的方法得到其频谱图像，理解用傅里叶频域方法分析纹理的原理。

6.6　编程实现用极坐标表示的功率谱分析，并用题 6.5 中的图像进行测试。

# 英 汉 对 照 表

## A

| | |
|---|---|
| active contour | 主动轮廓 |
| angular second moment | 角二阶矩 |
| animation | 动画 |
| anisotropy | 各向异性 |
| autocorrelation function | 自相关函数 |
| average edge values | 平均边缘值 |

## B

| | |
|---|---|
| Bayes formula | 贝叶斯公式 |
| B-spline function | B样条函数 |

## C

| | |
|---|---|
| central moment | 中心矩 |
| chain code | 链码 |
| coarseness | 粗糙度 |
| compress | 压缩 |
| conditional probability | 条件概率 |
| content-based image retrieval | 基于内容的图像检索 |
| contrast | 对比度 |
| clip | 剪切 |
| color coherence vector | 颜色聚合矢量 |
| color correlogram | 颜色相关图 |
| color moments | 颜色矩 |
| color histogram | 颜色直方图 |
| color image | 彩色图像 |
| color set | 颜色集 |
| column | 列 |
| coordinate | 坐标 |
| cosine transform | 余弦变换 |
| close | 闭操作 |
| cluster | 聚类 |

cluster center 聚类中心

cluster prominence 集群突出

cluster shade 集群荫

cumulative histogram 累加直方图

## D

description 描述

differential operators 微分算子

digital image 数字图像

dilate 膨胀

directionality 方向度

divergence 分散度

duality 对偶性

## E

edge 边缘

edge detection and description 边缘提取与描述

edge orientation histograms 边缘方向直方图

effective average gradient 有效平均梯度

element 基元

energy function 能量函数

entropy 熵

erode 腐蚀

Euler 欧拉

evolution algorithm 进化算法

exhaustive search 穷举搜索

## F

feature detection 特征提取

Fourier descriptor 傅里叶描绘子

Fourier transform 傅里叶变换

fractal Brown model 分形布朗模型

fractal dimension 分维

fractal geometry 分形几何学

frequency domain 频域

frequency spectrum 频谱

fuzzy C-means 模糊C均值

fuzzy connectness 模糊连通度

fuzzy logic 模糊逻辑

## G

Gaussian mixture model 混合高斯建模

| generalized co-occurrence matrix | 广义共生矩阵 |
| Gibbs | 吉布斯 |
| graphics | 图形 |
| gray code | 格雷码 |
| gray level | 灰度值 |
| gray-level co-occurrence matrix | 灰度共生矩阵 |

## H

| high-pass filtering | 高通滤波 |
| histogram | 直方图 |
| hit-miss transform | 击中或击不中变换 |
| hue | 色调 |
| homogeneity component | 均匀性分量 |

## I

| illumination | 亮度 |
| image | 图像 |
| image analysis | 图像分析 |
| image content | 图像内容 |
| image enforcement | 图像增强 |
| image processing | 图像处理 |
| image segmentation | 图像分割 |
| image understanding | 图像理解 |
| immune algorithm | 免疫算法 |
| information theory | 信息论 |
| intensity | 强度 |
| interactive image segmentation | 交互式图像分割 |

## K

| Kirsh operator | Kirsh 算子 |
| kernel function | 核函数 |

## L

| Laplacian pyramid | 拉普拉斯塔型分解 |
| Lagrange multipliers | 拉格朗日乘子 |
| Laplacian | 拉普拉斯 |
| least squares method | 最小二乘法 |
| linelikeness | 线向度 |
| locality | 局部性 |

## M

| Markov | 马尔可夫 |
| Markov random field | 马尔可夫随机场 |

| maximum likelihood estimation | 最大似然估计 |
| mathematical morphology | 数学形态学 |
| maximum entropy | 最大熵 |
| mean | 均值 |
| membership | 隶属度 |
| 2-mode method | 双峰法 |
| moment | 矩 |
| moment of inertia | 惯性矩 |
| morphology | 形态学 |
| morphology analysis | 形态学分析 |
| multi-resolution | 多分辨率 |
| multi-scale geometry | 多尺度几何 |

## N

| neural network | 神经网络 |
| normal distribution | 正态分布 |

## O

| object feature component | 物体特征分量 |
| object recognition | 目标识别 |
| open | 开操作 |
| optimal path | 最优路径 |
| oscillation | 振荡 |

## P

| parameter space | 参数空间 |
| pattern recognition | 模式识别 |
| posterior probability | 后验概率 |
| pixel | 像素 |
| probability density function | 概率密度函数 |
| prior knowledge | 先验知识 |
| pyramidal directional filter bank | 塔形方向滤波器组 |

## Q

| quadtree | 四叉树 |

## R

| redundant wavelet transform | 冗余小波变换 |
| region growing algorithm | 区域生长法 |
| region segmentation and description | 区域分割与描述 |
| regularity | 规整度 |
| region adjacency graph | 区域邻接图 |
| related coefficient | 相关系数 |

| | |
|---|---|
| remote sensing images | 遥感图像 |
| ripple | 涟漪 |
| robustness | 鲁棒性 |
| roughness | 粗糙度，粗略度 |
| row | 行 |

## S

| | |
|---|---|
| saturation | 饱和度 |
| search engine | 搜索引擎 |
| second-order statistic | 二次统计量 |
| segmentation | 分割 |
| semantic | 语义 |
| sensitive | 敏感 |
| Shannon theorem | 香农定理 |
| shape description and analysis | 形状描述与分析 |
| sharpen | 锐化 |
| shortest path | 最短路径 |
| signal to noise ratio，SNR | 信噪比 |
| similarity | 相似性 |
| singularity | 奇异性 |
| skeleton | 骨架 |
| smooth | 平滑 |
| spatial elements | 空间元素 |
| spatial histogram | 空间直方图 |
| spot | 点 |
| split and merge algorithm | 分裂合并法 |
| stochastic expectation maximization | 随机最大期望 |
| structure element | 结构元素 |
| sub-range cumulative histogram | 局部累加直方图 |

## T

| | |
|---|---|
| template matching | 模板匹配 |
| texture feature | 纹理特征 |
| texture image analysis | 纹理图像分析 |
| texture primitive | 纹理基元 |
| thinning | 细化 |
| threshold | 阈值 |
| thresholding | 阈值化 |
| time domain | 时域 |
| top-hat transformation | 高帽变换 |